KB020202

사건 · 사례 중심

행정심판

이경열 저

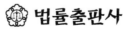 법률출판사

머리말

저자가 행정사사무실을 개업했을 당시인 2010년만 해도 현행 행정사법 이전으로, 행정사 시장은 경력 행정사들의 무대였다. 허허벌판에 첫발을 뗐을 때, 다행히도 행정심판 분야에서 프로들과의 경쟁에서 주눅 들지 않고 버틸 수 있었던 것은 저자가 행정심판위원회와 유사한 국민고충처리위원회에서 조사관으로 일했던 경력이 도움이 되었기 때문이다. 아무튼, 2022년 잘하던 일을 마감하고 은퇴를 결심하기까지 나름 아쉬움이 많았지만, 이 책을 저술할 기회를 얻게 되어 돌이켜보면 참 잘한 결정이었다고 생각한다.

이 책은 현업 행정사들에게는 참고용 도서로 활용되고, 행정심판 작성 경험이 없는 초보 분들에게는 지침서가 되었으면 하는 마음에서 저술하였다. 책 분량은 적은

편은 아니나 행정심판작성에 크게 도움이 되지 않는 원론적인 내용은 줄이고 다양한 업종의 행정심판청구사례 수록에 비중을 두었다.

수록된 행정심판청구사례는 저자가 지난 10여 동안 행정사로 일하면서 수임했던 1,000여 건의 행정처분 사건에 대해 중앙 및 각 시도 행정심판위원회에 청구했던 행정심판을 업종과 유형을 구분하여 선별한 사건이며, 업종의 종류는 일반·휴게음식점, 단란·유흥주점, 노래연습장, 게임방, 운전면허. 숙박업소, 청소년 담배판매, 건설업체, 과징금, 건축허가, 병원, 극장 등이다.

누구나 행정심판을 일단 청구하게 되면 사건이 어떻게 재결될 것인지 궁금하지 않을 수 없다. 어떤 사건에 대한 재결 결과는 행정심판위원회의 고유 권한으로 알 수 없지만, 일반적으로는 갑론을박이 요구되는 까다로운 사건을 제외한 보통의 사건들은 위원회에서 미리 정해놓은 자체 심의 기준이 적용되는 것으로 알고 있다. 그래서 어느 정도 심의 기준을 알고 행정심판을 진행한다면 많은 도움이 되리라 믿는다.

저자는 행정사를 시작하고 은퇴 시까지 10여 년간 청구했던 1,000여 건의 행정심판에 대한 재결 결과를 기록 관리했었다. 그래서 이 책을 저술하면서 기록된 자료를 꼼꼼히 유형별로 분석 정리하면서 어떤 사건이 인용이나 일부 인용이 많고, 어떤 사건은 기각률이 높은지에 대한 정형화된 기준을 알게 되었다. 물론 이 자료는 행정심판위원회에서 활용하는 심의 기준과는 차이가 있겠지만, 저자가 분석한 자료도 1,000여 건의 재결결과를 통해 얻은 자료이니만큼 내용 면에서 심의기준으로 활용할 만한 가치가 있다고 믿는다. 그래서 1000여 건의 재결 결과를 분석정리한『행정심판 심의기준』이란 명제로 이 책에 수록하였다. 나름 시간을 투자하여 얻은 자료이니만큼 현업 행정사들이 유익한 참고자료로 활용하였으면 한다.

부록으로 행정사의 기본 영역인 청원서, 탄원서, 반성문, 진정서, 녹취록 작성방법과 사례를 수록하고, 이외 창업 행정사에게 도움이 될 수 있도록 초기 영업전략에 대해서도 기술하였다.

책이 초판으로 내용에 부족한 면이 있을 것으로 안다. 그래서 이 부분은 앞으로 독자들의 관심 속에 보완할 기회가 주어지길 기대한다.

끝으로 이 책이 발간될 수 있도록 애써주신 법률출판사 편집부 직원분들과 김용성 사장님, 그리고 처음부터 끝까지 지도와 격려를 해주신 김수영 코칭(coaching)님께 감사드린다.

2024년 4월

저자 이경열

제1편   행정심판 총관

제2편 행정심판청구사례

제3편 집행정지 신청

【 부 록 】

제1편 행정심판 총관

1. 행정심판 개요

1) 행정심판이란

행정청의 위법 · 부당한 처분 그밖에 공권력의 행사 · 불행사 등으로 권리나 이익을 침해받은 국민이 행정기관에 제기하는 권리구제절차로 비용이 무료이며 신속 간편하다.

2) 행정심판위원회

행정심판 청구사건을 심리 · 의결하기 위하여 설치한 합의제 행정기관으로 중앙행정심판위원회와 시 · 도행정심판위원회 등으로 구분된다.

3) 행정심판 청구기관

행정청의 처분 또는 부작위에 대한 심판청구는 해당 행정청의 직근 상급행정기관에 설치된 행정심판위원회에서 심리 · 재결한다. 일반적으로 중앙부처 행정심판은 중앙행정심판위원회에서, 시 · 군 · 구 행정심판은 각 시 · 도지사 소속의 행정심판위원회, 이외 감사원 등 10여 개 행정청의 행정심판은 당해 행정심판위원회에 한다.

4) 행정심판 종류

- **취소심판**

행정청의 위법 또는 부당한 처분을 취소하거나 변경하는 행정심판

- **무효 등 확인심판**

행정청의 처분효력 유무 또는 존재 여부를 확인하는 행정심판

■ 의무이행심판

당사자의 신청에 대한 행정청의 위법 또는 부당한 거부처분이나 부작위에 대하여 일정한 처분을 하도록 하는 행정심판

5) 행정심판 청구 기간

처분이 있음을 알게 된 날부터 90일 이내 또는 처분이 있었던 날부터 180일 이내에 청구해야 한다. 청구 기간 중 어느 하나라도 도과하면 해당 심판청구는 부 적법한 청구로서 각하된다.

6) 행정심판 청구방법

■ 온라인 청구

온라인 행정심판은 인터넷을 통해 언제 어디서나 PC, 모바일 기기를 이용하여 편리하게 행정심판을 청구할 수 있다. 온라인으로 행정심판을 청구하면 진행 상황 및 재결결과를 신속하게 확인할 수 있는 장점이 있다(공동인증서, 휴대전화 등 인증 필요).

■ 서면청구

서면으로 작성하여 제출하는 행정심판 청구로, 서식은 중앙행정심판위원회 홈페이지에서 내려 받거나 처분청이나 위원회의 민원실에서 받아 작성하면 된다. 작성된 행정심판청구서는 1부를 복사하여 처분청이나 위원회로 방문 또는 우편으로 제출한다.

7) 자주 쓰는 행정심판 용어

■ 청구인

행정심판 청구 당사자

■ **피청구인**

행정심판 청구의 대상인 처분 등을 행한 행정청(처분청)

■ **청구서**

행정심판을 청구하고자 하는 경우 작성하여 제출하는 문서로 작성된 청구서는 피청구인의 수만큼 부본을 첨부하여 처분청이나 행정심판위원회로 제출하여야 한다.

■ **심리**

행정심판위원회가 행정심판 청구사건의 사실관계 및 법률관계를 명백히 밝히기 위하여 당사자 및 관계인의 주장과 반박을 듣고, 그를 뒷받침하는 증거 기타의 자료 등을 수집 · 조사하는 것을 말한다.

■ **재결**

행정법상 분쟁에 대한 행정심판청구에 대하여 행정심판위원회가 행하는 판단을 말한다.

■ **인용재결**

청구사건에 대한 심리결과 심판청구가 이유 있고, 당초의 처분이나 부작위가 위법 또는 부당하다고 인정하여 청구인의 주장을 받아들이는 내용의 재결이며, 인용재결은 당초의 처분을 직접 취소 · 변경하거나, 처분청에 대하여 당해 처분의 취소 · 변경 또는 필요한 처분을 할 것을 명할 수도 있다.

■ **일부 인용재결**

청구사건에 대한 심리결과 청구인의 심판청구가 일부 이유 있고, 처분청의 처분이 위법하지는 않지만, 재량권의 행사가 적정하지 않다고 인정하여 청구인의 주장을 일부 받아들이는 내용의 재결이다. 일부 인용재결이 있으면, 당초의 처분을 감경하거나 일부 변경하게 된다.

■ 사정재결

취소심판이나 의무이행심판의 절차에서, 다투어지고 있는 처분 또는 부작위가 위법 또는 부당하다고 인정되면 인용재결을 하는 것이 원칙이지만, 예외적으로 심판청구가 이유 있다고 인정되는 경우에도 이를 인용하는 것이 현저히 공공복리에 적합하지 아니하다고 인정하는 때에 그 심판청구를 기각하는 재결을 말한다. 사정재결을 할 때는 상급기관은 직접 청구인에 대하여 상당한 구제방법을 취하거나 피청구인인 행정청에 상당한 구제방법을 취할 것을 명할 수 있다.

■ 각하재결

청구사건에 대한 요건 심리결과 심판청구 요건을 갖추지 못하여 적법하지 않기 때문에 본안에 대한 심리를 거절하는 재결을 말한다. 각하재결은 심판청구에 대한 요건 심리만으로 행하는 재결이다.

■ 처분

행정청이 행하는 구체적 사실에 관한 법 집행으로서의 공권력의 행사 또는 그 거부, 그 밖에 이에 따르는 행정작용을 말한다.

■ 처분청

행정심판 청구의 대상이 처분 등을 행한 행정청을 말한다. 피청구인과 같은 의미다.

■ 취하

청구인은 심판청구에 대한 의결이 있을 때까지 심판청구를 취하할 수 있다. 심판청구를 취하하면 처음부터 심판청구가 없는 것으로 된다.

▪ 답변서

청구인의 행정심판청구에 대하여 상대방인 피청구인(처분청)이 자신의 주장을 기재한 문서를 말한다. 통상 청구인의 주장에 대한 반박과 자신의 처분이 적법·타당함을 기재한다.

▪ 부작위

행정청이 당사자의 신청에 대하여 상당한 기간 내에 일정한 처분을 하여야 할 법률상 의무가 있음에도 불구하고 이를 하지 아니하는 것을 말한다.

▪ 이의신청

청구인의 절차적 권리를 보장하기 위하여 청구인의 지위승계 허가신청, 피청구인 경정신청, 심판참가 허가신청, 청구변경신청에 대하여 위원회의 불허가 결정 시, 이에 대한 불복 처리절차를 말하며, 불허가 결정서 정본을 받은 날부터 7일 이내에 위원회에 이의신청할 수 있다.

▪ 처분이 있은 날

행정청이 통지·공고 기타의 방법으로 처분을 하여, 상대방이 그 처분에 대한 인식 여부와 관련 없이 처분의 효력이 발생한 날을 말한다.

▪ 처분이 있음을 안 날

행정청의 통지·공고 기타의 방법으로 처분이 있었음을 현실적으로 알게 된 날을 의미한다. 보통 행정청의 처분을 기재한 문서가 도착하면 처분이 있음을 알았다고 본다.

8) 행정심판 업무처리 절차

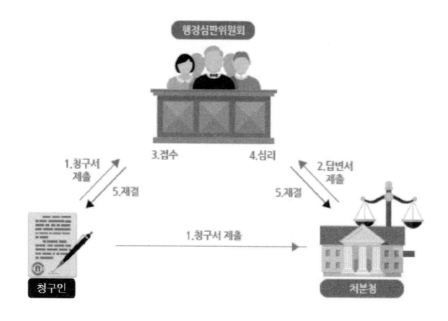

1. 행정심판의 청구서 제출

청구인은 행정심판청구서 2부를 작성, 처분청(처분을 한 행정기관)이나 행정심판위원회에 제출한다.

2. 답변서 제출

처분청은 청구인의 행정심판청구에 대해 10일 이내 답변서를 작성 위원회에 제출하고, 위원회는 피청구인의 답변서를 청구인에게 송달 하여 피청구인의 답변내용을 알려준다.

「보충서면 제출」

청구인은 피청구인의 답변내용에 대해 반박을 하거나 이전의 주장을 보완하고자 할 때는 보충 서면을 작성 제출한다.

2. 행정심판 1,000여건 재결결과로 분석한『행정심판심의 기준』

(1,000여건의 행정심판재결결과 분석자료)

1) 인용률이 높은 사례

① 법 규정을 잘못 적용한 경우

② 행정청이 명백하게 신뢰 보호의 원칙을 위반한 사건

③ 함정수사가 명백한 사건

④ 폭행, 위협, 협박 등 상황에서 발생한 사건

⑤ 법령의 확대해석으로 과잉처벌이 인정되는 사건

2) 일부 인용률이 높은 사례

① 업소가 영세한 경우(신고면적이 10평 내외)

② 개업 후 2~3개월 이내 경험 없이 사건이 발생한 경우

③ 통상을 벗어난 과잉단속으로 인정되는 경우

④ 사소한 부주의로 사건이 발생한 경우

⑤ 강압적인 분위기에서 위반행위가 발생한 경우

⑥ 상대의 기망행위에 의해 사건이 발생한 경우

⑦ 정식재판에서 벌금이 감액되거나 선고유예처분 되는 경우

⑧ 영업허가취소, 등록취소 등 배제처분의 경우(반윤리적 사건은 제외)

⑨ 봉사활동이나 기부 등 사회에 헌신한 실적, 표창장 등이 입증된 경우

⑩ 청소년 주류제공의 경우, 청소년이 대학생이거나 직장인인 경우

⑪ 청소년 주류제공의 경우, 청소년을 성인으로 착각할 만한 타당한 이유가 있
는 경우

⑫ 행정처분을 이행할 수 없을 정도의 심각한 어려움에 부닥친 경우(심각한 건
강상태, 병약한 노부모나 장애인 가족부양, 과다한 부채 등 입증)

3) 기각률이 높은 사례

① 청소년 나이가 만 16세 이하(특히 중학생)

② 일반음식점에서 청소년 주류제공으로 검찰 벌금 100만 원 이상 받은 사건

③ 청소년에게 양주 등 고가의 술을 판매한 사건

④ 청소년에게 제공한 술량이 많은 사건(1인당 소주 2병 기준)

⑤ 과실이 아닌 고의나 상습적인 위반의 경우

⑥ 청소년 유해업소(유흥 · 단란주점)에서 청소년을 종업원으로 고용 또는 출입시킨 경우

⑦ 성매매알선 및 조장 행위가 있는 사건

⑧ 같은 사유로 행정처분 3차 이상 받은 사건

⑨ 이전 행정처분일부터 발생일까지 1년 이내 재발생으로 가중 처벌된 사건

⑩ 행정처분절차 진행 중에 사건 재발생으로 병합처리 된 사건

4) 위법건축법 이행강제금이 감면되는 경우

위법건축물로 이행강제금이 부과된 사건은 행정심판재결 전까지 위법상태를 시정 하거나 처분청이 추인하여 적법한 상태로 된 경우 일부 인용된다.

5) 기타 일부 인용이나 기각사례

① 국민 보건상 인체의 건강을 해칠 유려가 있는 썩거나 상한 음식, 반찬 재사용, 유통기한 경과 식품 보관 및 판매 등의 심의는 비교적 엄격한 편으로, 근거 없는 변명은 통하지 않는다. 단 인용 또는 일부 인용되는 경우는 유통기한 경과 식품의 경우 보관이유가 판매업종과 직접 관계없는 식재료로 입증이 되는 등 합당한 사유가 있는 경우 등은 일부 인용된다(일반음식점 행정심판사례 ⑯ 번 참조).

② 노래연습장 접객원 고용(도우미)은 함정단속으로 위반을 유도한 경우 등을 제외하고 대부분 기각된다.

③ 유흥주점에서 발생한 사건의 행정심판은 특별한 경우를 제외하고 정상참작 없이 거의 기각된다.

④ 영업장 무단확장 및 영업장 외 영업의 행정심판사건은 대부분 기각이다. 단 과잉단속이 인정되거나 무단확장의 경우 위반내용이 추후 시정된 경우는 일부 인용된다.

6) 음주운전 행정심판 기각이 되는 경우(중앙행정심판위원회 자료)

① 청구인의 위반행위가 「도로교통법」 제93조 제1항에 반드시 취소하도록 규정하고 있는 유형
  ○ 삼진아웃에 해당하는 자(도로교통법 개정으로 2019년 6월 25일부터 2회 적용)
  ○ 음주운전 측정 불응자
  ○ 결격자가 운전면허를 취득한 경우
  ○ 허위 또는 부정한 방법으로 운전면허를 취득한 자
  ○ 정지 기간에 운전면허증 또는 운전면허증을 갈음하는 증명서를 발급받은 자.
  ○ 수시 또는 정기 적성검사 미필 또는 불합격
  ○ 자동차나 원동기장치 자전거를 훔치거나 빼앗은 자
  ○ 단속 중인 경찰공무원 등을 폭행한 자
  ○ 미등록 자동차를 운전한 자
  ○ 연습운전면허의 취소 사유가 있었던 자
  ○ 다른 법률에 따라 다른 행정기관의 장이 운전면허의 취소처분을 요청한 자
② 법규위반 정도가 중대하여 심판청구를 기각한 사례
  ○ 자동차를 이용한 범죄로 면허가 취소된 전력이 있는 청구인이 음주운전으로 면허가 취소된 사건
  ○ 10년 이내 사망사고전력이 있던 청구인이 음주운전으로 면허가 취소된 사건

○ 운전면허 정지 기간 중의 운전

○ 청구인이 자동차를 이용한 범죄(감금)를 범한 경우

○ 청구인이 운전면허증을 대여한 경우

③ 행정심판 청구 시 청구요건을 충족하지 못하여 행정심판 대상이 되지 못하는 대표적인 각하 사례

○ 청구 기간이 지나간 경우(처분이 있음을 안 날로부터 90일, 있는 날로부터 180일 초과)

○ 처분성이 없는 경우(단순 벌점 부과, 결격 기간 부여)

3. 기각률이 높은 사건의 대응 방법

가. 과실이 많아 기각확률이 높은 사건은, 처분의 위법 부당을 논하는 것보다, 과실을 인정하고 고의가 아니었음을 해명하는 편이 낫다. 그리고 반성하며 앞으로 어떻게 하겠다는 다짐을 보여주면서 신변의 어려운 처지와 형편을 진심으로 호소하는 것이 유리하다.

나. 행정심판 청구에 도움이 되는 자료는 자신이 사회에 이바지한 실적으로 이런 내용을 기술하고 봉사실적이나 표창장 사본을 첨부하면 효과가 크다. 이외 노부모 부양, 장애인 가족, 과다한 의료비, 부채 등에 대해도 사정을 설명하며 근거자료를 첨부하면 도움을 받을 수 있다.

다. 행정심판 건수가 비교적 많은 일반음식점의 청소년 주류제공사건에서 검찰 벌금이 100만 원 이상인 경우, 행정심판에서 기각될 확률이 높다. 이런 경우는 청구인에게 법원 약식명령이 나오면 정식재판을 청구하게 하여, 벌금을 70만 원 이하로 낮추도록 해야 한다. 정식재판청구 결과를 보면 실제 벌금이 70만 원 이하로 감액조치 되는 경우가 많고 선고유예 되는 예도 있다.

라. 진행 방법은 행정처분이 나오기 이전이면 피청구인에게 정식재판 결과가 나올 때까지 처분을 연기해 달라고 의견을 제출하고, 이미 행정심판이 청구된 경우는 행정심판위원회에 보충 서면을 통해 정식재판 결과가 나올 때까지 행정심판 심리기일을 연기해 달라고 요청하면 된다. 참고로 정식재판이 시작하여 끝나기까지는 짧게는 3개월 길게는 6개월이 소요된다.

마. 기각확률이 높은 사건을 수임했을 경우, 초동단계에서부터 반성문, 탄원서를 제출하고, 목격자 등 도움이 될만한 증거료 확보, 평소 사고 예방을 위한 영업주의 노력 흔적까지 확보하여 사건대응에 노력을 보여야 한다. 이런 노력에도 사건이 기각된다면 의뢰인으로부터 원망은 듣지 않는다.

바. 마지막으로 사건이 복잡하거나 불리한 경우 행정심판위원회에 구술심리신청서를 제출하여 심의일에 청구인이 직접 참석하여 심의위원들과 대면하여 상황 설명을 하는 경우 유리하다.

4. 법령에 명시된 행정처분 감경 기준

가. 행정처분사건이 법령에 따라 감경되는 사유는 식품위생법 시행규칙 행정처분기준 별표23 1. 일반기준에 아래와 같이 명시되어 있다.

나. 다음 각 목의 어느 하나에 해당하는 경우에는 행정처분의 기준이, 영업정지 또는 품목·품목 류 제조 정지의 경우에는 정지 처분 기간의 2분의 1 이하의 범위에서, 영업허가 취소 또는 영업장 폐쇄의 경우에는 영업정지 3개월 이상의 범위에서 각각 그 처분을 경감 할 수 있다.

다. 위반사항 중 그 위반의 정도가 경미 하거나 고의성이 없는 사소한 부주의로 인한 것인 경우

라. 해당 위반사항에 관하여 검사로부터 기소유예의 처분을 받거나 법원으로
부터 선고유예의 판결을 받은 경우로서 그 위반사항이 고의성이 없거나 국
민 보건상 인체의 건강을 해할 우려가 없다고 인정되는 경우

제2편 행정심판청구사례

1. 일반음식점 행정처분 행정심판

1) 일반음식점 청소년 주류제공 영업정지처분취소 행정심판

■ 행정심판법 시행규칙 [별지 제30호서식] 〈개정 2012.9.20〉

행정심판 청구서

접수번호	접수일	
청구인	성명 ○○○	
	주소 0000시 00구 00번길 00, 000동 000호	
	주민등록번호(외국인등록번호) 000000-0000000	
	전화번호 000-0000-0000	
[ ] 대표자 [ ] 관리인 [ ] 선정대표자 [ ] 대리인	성명	
	주소	
	주민등록번호(외국인등록번호)	
	전화번호	
피청구인	○○시 ○○구청장	
소관 행정심판위원회	[ ]중앙행정심판위원회 [v] ○○시·도행정심판위원회 [ ]기타	
처분 내용 또는 부작위 내용	피청구인이 0000.00.00. 청구인에게 한 영업정지 2개월 (0000.00.00~0000.00.00) 행정처분	
처분이 있음을 안날	0000.00.00.	
청구 취지 및 청구 이유	별지와 같습니다.	
처분청의 불복 절차 고지 유무	유	
처분청의 불복절차 고지 내용	이 사건 처분이 있음을 안 날부터 90일 이내에 행정심판 또는 행정소송을 제기할 수 있습니다.	
증거 서류	별첨 증거 서류 1-8	

「행정심판법」 제28조 및 같은 법 시행령 제20조에 따라 위와 같이 행정심판을 청구합니다.

0000년 00월 00일

청구인 ○○○ (인)

○○○○○ 행정심판위원회 귀중

첨부서류	1. 대표자, 관리인, 선정대표자 또는 대리인의 자격을 소명하는 서류(대표자, 관리인, 선정대표자 또는 대리인을 선임하는 경우에만 제출합니다.) 2. 주장을 뒷받침하는 증거서류나 증거물	수수료 없음

청 구 취 지

피청구인이 0000.00.00.자 청구인에 대하여 한 일반음식점 영업정지 2개월 (0000.00.00~0000.00.00) 행정처분은 이를 취소한다는 재결을 구합니다.

청 구 이 유

1. 행정처분 개요

청구인은 0000시 00구 00로 00번 길 0(000, 0동, 0층) 소재에서 "ㅇㅇㅇ"이라는 상호의 일반음식점을 0000.00.00 피청구인으로부터 신고(면적 : 00.00㎡)를 득하여 영업하던 중, 0000.00.00. 00시경, 청소년 주류판매 사건 발생으로, 청구인이 ㅇㅇ경찰서에서 청소년 보호법 위반으로서 조사를 받고 ㅇㅇ지방검찰청에서 50만 원 약식 기소되어, 피청구인으로부터 식품위생법 제44조 제2항 4호 위반, 제75조 및 시행규칙 제89조에 근거하여 이 사건 영업정지 처분을 받았습니다.

2. 청소년 주류제공 경위

가. 청구인이 운영하는 일반음식점은 일명 포차 식당이며, 청구인이 개업 초기부터 직접 운영하고 있습니다. 청소년 주류제공 발생 경위입니다. 식당은 평소 청구인과 주방장 1명, 홀 서빙 종업원 1명이 영업하는데, 사건 발생 당일은 청구인은 급한 일로 평상시보다 집에 먼저 들어간 날이기에 식당영업은 3일 전에 들어온 종업원(ㅇㅇㅇ, 여, 23세) 혼자 맡아 일하고 있었습니다.

나. 종업원 혼자 일하는 밤 10시경 남자 손님 3명이 들어왔습니다. 이들의 외모는 건장한 체격이었지만, 약간 어려 보여 신분증 제시를 요구하였습니다. 그때 손님 한 명이 종업원을 빤히 쳐다보면서 "사장님 어디 가셨나 봐요?" 그러면서 "우리 며칠 전에도 왔는데" 하며 단골처럼 말했습니다.

다. 당시 종업원은 식당에 근무한 지가 3일째 되는 날로, 손님이 단골손님처럼 행세하며 종업원이 자기들을 몰라주고 귀찮게 군다는 표정으로 빤히 쳐다보기까지 하자 심리적인 부담을 느꼈습니다. 그래도 청소년 나이확인은 잘해야 한다는 영업주의 당부가 떠올라 재차 신분증 제시를 요구하였습니다. 그러자 손님 한 명이 내가 대표로 제시하면 믿겠느냐 하면서 선뜻 주민등록증을 보여주는데 만 19세 성인이었습니다. 다른 2명은 우리 작년에 청소년 졸업한 사람이라 농담하면서 배고프니 주문이나 빨리 받으라고 채근하자 종업원은 신분증 확인을 중단하고 주문을 받아 술과 안주(소주 2병, 안주, 40,000원 상당)를 제공하였습니다.

라. 그리고 약 40분이 지난 시간에 경찰관이 청소년 주류제공 제보를 받고 출동하여 3명 손님의 나이를 확인하니, 신분증을 제시한 1명을 제외하고 2명이 만 18세 청소년으로 밝혀졌습니다.

마. 청구인은 식당에 문제가 발생했다는 종업원의 전화를 받고 급히 도착했을 때는 경찰관은 이미 사건 조사를 마치고 돌아간 상태였습니다. 종업원에게 당시의 상황에 대해 자초지종 듣고 난 후, 사실을 확인하고자 CCTV를 돌려보니, 실재 3명 중 1명만 확인하는 장면을 확인할 수 있었습니다. 이 일로 영업주인 청구인이 청소년 보호법 위반으로 조사를 받았습니다.

3. 이사건 처분의 가혹함과 부당성

가. 0000.00.00 피청구인으로부터 영업정지 사전통지서가 도착했습니다. 청구인은 사건 발생 당시 종업원이 손님 3명에 대해 신분증 제시를 요구했던 CCTV 장면을 첨부하여, 고의가 아님을 해명하면서 영업정지 2개월 처분의 부당함에 대해 이의를 제기하고 정상 참작을 요구하였습니다.

나. 식품위생법 시행규칙 [별표 23] 행정처분 기준을 참조하면 사건의 위반 정도

가 가볍거나 고의성이 없는 사소한 부주의로 인한 것이면 정지 처분 기간의 2분의 1 이하의 범위에서 경감 할 수 있다는 규정이 있습니다. 그러함에도 사소한 부주의에 해당하는 이 사건에 대해 피청구인은 행정처분 최고 기준인 영업정지 2개월을 단행하였습니다. 이는 행정 편의주의적인 처분으로 가혹하고 부당한 처분입니다.

4. 청구인의 현재의 처지와 형편

가. 청구인 사정을 말씀드리겠습니다. 가족은 아내와 고등학생인 두 아들이 있으며, 3년 전 직장에서 일하다가 넘어져 고관절 골절로 장애 4급 등급을 받은 후 힘든 일은 못 하고 있습니다. 아내는 2년 전까지 옷가게를 하다가 영업 부진으로 문을 닫으면서 부채를 해결하지 못해 현재 신용회복 상태에 있습니다.

나. 식당영업은 팬데믹 이후 영업규제로 손님이 끊겨 운영자금이 부족하여 자영업자 대출 5,000만 원을 받아 충당하였습니다. 앞으로 영업을 해야지 대출금도 갚고 가족을 부양할 수 있는데 2개월 동안 문을 닫으면 살아갈 대책이 없습니다.

5. 결론

행정심판위원님 이사건 주류제공은 고의성이 없는 사소한 부주의임에도 영업정지 2개월 처분을 단행한 것은 지나치게 가혹한 처분에 해당하며, 한편 이건 행정처분으로 얻는 공익적 효과보다 한 가정이 입는 손실이 너무 크다 할 것으로 이 처분은 재고되어야 합니다.
행정심판위원회에서 이사건 행정처분이 취소되거나 영업정지 기간이 감경되도록 재결하여 주시기 바랍니다.

증 거 서 류

1. 갑 제1호증 : 행정처분 공문

1. 갑 제2호증 : 영업신고증

1. 갑 제3호증 : 사업자등록증

1. 갑 제4호증 : 업소임대차계약서

1. 갑 제5호증 : 복지카드

1. 갑 제6호증 : 은행대출확인서

1. 갑 제7호증 : 주민등록등본

1. 갑 제8호증 : CCTV 자료화면

0000년 00월 00일

청구인 ○ ○ ○ (인)

○○○○○시 행정심판위원회 귀중

영업정지 2개월 처분된 이 사건은 행정심판위원회에서 일부 인용 재결로 영업정지 1개월로 감경되었다.

2) 일반음식점 청소년 주류제공 영업정지처분취소 행정심판

■ 행정심판법 시행규칙 [별지 제30호서식] 〈개정 2012.9.20〉

행정심판 청구서

접수번호		접수일	
청구인	성명 ○○○		
	주소 0000시 00구 00번길 00, 000동 000호		
	주민등록번호(외국인등록번호) 000000-0000000		
	전화번호 000-0000-0000		
[ ] 대표자 [ ] 관리인 [ ] 선정대표자 [ ] 대리인	성명		
	주소		
	주민등록번호(외국인등록번호)		
	전화번호		
피청구인	○○시 ○○구청장		
소관 행정심판위원회	[ ]중앙행정심판위원회 [v] ○○시·도행정심판위원회 [ ]기타		
처분 내용 또는 부작위 내용	피청구인이 0000.00.00. 청구인에게 한 영업정지 2개월 (0000.00.00~0000.00.00) 행정처분		
처분이 있음을 안날	0000. 00. 00.		
청구 취지 및 청구 이유	별지와 같습니다		
처분청의 불복 절차 고지 유무	유		
처분청의 불복절차 고지 내용	이 사건 처분이 있음을 안 날부터 90일 이내에 행정심판 또는 행정소송을 제기할 수 있습니다.		
증거 서류	별첨 증거 서류 1-7		

「행정심판법」 제28조 및 같은 법 시행령 제20조에 따라 위와 같이 행정심판을 청구합니다.
0000년 00월 00일
청구인 ○○○ (인)

○○○○○ 행정심판위원회 귀중

첨부서류	1. 대표자, 관리인, 선정대표자 또는 대리인의 자격을 소명하는 서류(대표자, 관리인, 선정대표자 또는 대리인을 선임하는 경우에만 제출합니다.) 2. 주장을 뒷받침하는 증거서류나 증거물	수수료 없음

청 구 취 지

피청구인이 0000.00.00.자 청구인에 대하여 한 일반음식점 영업정지 2개월 (0000.00.00~0000.00.00) 행정처분은 이를 취소한다는 재결을 구합니다.

청 구 이 유

1. 행정처분 개요

청구인은 00도 00시 000길 00.0000 000호(00동) 소재에서 00000이라는 상호의 일반음식점을 0000.00.00 신고(면적 : 000㎡)를 득하여 운영하던 중, 0000.00.00. 청소년에게 술을 판매되는 사건이 발생 되어, 술을 제공했던 종업원(ㅇㅇㅇ, 남, 00세)이 ㅇㅇ 경찰서에서 조사를 받고 ㅇㅇ 지방검찰청에서 약식기소(벌금 70만 원)되어, 피청구인으로부터 식품위생법 제44조 제2항 4호 위반, 제75조 및 시행규칙 제89조에 근거하여 이사건 영업정지 2개월 처분을 받았습니다.

2. 주류제공사건 발생 경위

가. 청구인 일반음식점은 일명 포차 식당으로 청구인이 종업원 2명을 고용하여 운영합니다. 청소년 주류제공 경위입니다.

사건 발생 당시 식당에는 청구인을 대신하여 종업원(ㅇㅇㅇ, 남, 00세)이 영업을 하고 있었습니다. 밤 8시경 남자 손님 4명이 들어 와 술을 주문하였습니다. 종업원이 보니 그중 2명은 며칠 전에 신분증을 확인하고 술을 제공했던 손님이고, 2명은 처음 보는 손님이기에 처음 온 2명에게만 신분증 제시를 요구하였습니다. 손님은 핸드폰에 저장된 신분증을 보여주면서 자기들 4명은 모두 학교 친구라고 하였습니다. 그리고 손님들은 더는 얘기할 틈도 주지 않고 서로 욕하면서 떠들더니 2명은 화장실에 가서 나오지 않고 있고, 그 순간 다른 테이블의 호출이 있자, 종업원은 마음이 조급해 지면서, "손님들 대화 내용을 보아 성인이 맞겠지" 하는 생각이 앞서 나이확인을 생략하고 술과 안주(소주 2병, 골뱅이 무침, 35,000원)을 제공하였습니다.

나. 그런데 약 30분 지난 시간에, 경찰관이 청소년신고를 받고 출동하여 손님 4명의 나이를 확인하니 당일 핸드폰에 저장된 신분증을 제시한 2명이 미성년자로 밝혀졌습니다. 종업원은 이전에 신분증을 확인했던 2명에게 며칠 전 왔을 때 제시한 신분증은 어떻게 된 것이냐고 경찰관 앞에서 따지듯이 물었으나 손님은 묵묵부답이었습니다. 결국, 종업원이 신분증 확인 없이 손님에게 술을 제공한 것으로 적발되어 종업원이 청소년 보호법 위반으로 경찰 조사를 받았습니다.

3. 고의가 아닌 사건을 정상참작 없이 행정처분기준을 그대로 적용 처분한 것은 가혹합니다.

가. 이번 사건은 청소년에게 주류가 제공된 것은 사실이지만 발생 경위를 살펴보면 처음부터 나이확인을 하지 않고 술을 제공하려는 의도가 아니었습니다. 2명은 이전에 확인했던 손님이고 2명은 상황대처를 잘못하여 그리된 것으로 어떤 이득을 바라여 술을 제공한 것이 아닙니다.

나. 행정처분으로 제재를 가하기 위해서는 그 행위가 고의였는지 순간의 방심에서 비롯된 것인지 구분되어야 함에도 이건 처분은 고의로 행한 사건과 동일한 기준을 적용하였습니다. 이는 행정편의주의적 처분으로 재량권의 남용입니다.

4. 결론

가. 영업 불황으로 적자가 누적되어 이를 충당하기 위해 영업자 대출 5천만 원을 받아 충당하였으나 이도 모자라 임대료가 3개월째 밀린 상태입니다. 무엇보

다 식당운영은 가족의 유일한 생계수단인데 식당 문을 2개월 닫으면 거동이 불편한 노모(85세)와 5식구와 살아갈 대책이 없습니다.

나. 행정심판위원회에서 이 사건 발생에 고의가 없었던 점과 개업 이후 6년 동안 사고 없이 운영한 노력, 그리고 청구인의 어려움 등을 종합적으로 검토해주시어 영업정지가 감경되도록 재결하여 주시기 바랍니다.

증 거 서 류

1. 갑 제1호증 : 행정처분 공문
1. 갑 제2호증 : 영업신고증
1. 갑 제3호증 : 사업자등록증
1. 갑 제4호증 : 업소임대차계약서
1. 갑 제5호증 : 은행 대출확인서
1. 갑 제6호증 : 주민등록등본
1. 갑 제7호증 : 자녀 학생증 사본

0000년 00월 00일

청구인 ○ ○ ○ (인)

○ ○ ○ 행정심판위원회 귀중

영업정지 2개월 처분된 이 사건은, 정황으로 보아 업소의 과실이 작지 않지만, 행정심판위원회에서 일부 인용재결로 20일 감경되었다.

3) 일반음식점 청소년 주류제공 영업정지처분취소 행정심판

■ 행정심판법 시행규칙 [별지 제30호서식] 〈개정 2012.9.20〉

행정심판 청구서

접수번호		접수일	
청구인	성명 ○○○		
	주소 0000시 00구 00번길 00, 000동 000호		
	주민등록번호(외국인등록번호) 000000-0000000		
	전화번호 000-0000-0000		
[ ] 대표자 [ ] 관리인 [ ] 선정대표자 [ ] 대리인	성명		
	주소		
	주민등록번호(외국인등록번호)		
	전화번호		
피청구인	○○시 ○○구청장		
소관 행정심판위원회	[ ]중앙행정심판위원회 [v] ○○시·도행정심판위원회 [ ]기타		
처분 내용 또는 부작위 내용	피청구인이 0000.00.00. 청구인에게 한 영업정지 2개월 (0000.00.00~0000.00.00) 행정처분		
처분이 있음을 안날	0000.00.00.		
청구 취지 및 청구 이유	별지와 같습니다		
처분청의 불복 절차 고지 유무	유		
처분청의 불복절차 고지 내용	이 사건 처분이 있음을 안 날부터 90일 이내에 행정심판 또는 행정소송을 제기할 수 있습니다.		
증거 서류	별첨 증거 서류 1-8		

「행정심판법」 제28조 및 같은 법 시행령 제20조에 따라 위와 같이 행정심판을 청구합니다.

0000년 00월 00일

청구인 ○○○ (인)

○○○○○○ 행정심판위원회 귀중

첨부서류	1. 대표자, 관리인, 선정대표자 또는 대리인의 자격을 소명하는 서류(대표자, 관리인, 선정대표자 또는 대리인을 선임하는 경우에만 제출합니다.) 2. 주장을 뒷받침하는 증거서류나 증거물	수수료 없음

청 구 취 지

피청구인이 0000.00.00. 청구인에 대하여 한 일반음식점 영업정지 2개월 (0000.00.00~0000.00.00) 처분은 이를 취소한다는 재결을 구합니다.

청 구 이 유

1. 행정처분 개요

청구인은 0000시 00구 000로 000(00동) 소재에서 「○○○」이라는 일반식당을 0000.00.00. 피청구인으로부터 신고(면적 : 00㎡)를 득하여 영업하던 중, 0000.00.00. 청소년 주류제공사건이 발생하여, 영업주인 청구인이 ○○ 경찰서에서 청소년 보호법 위반으로 조사를 받고 ○○○○ 지방검찰청에서 50만 원 약식기소 되어, 피청구인으로부터 식품위생법 제44조 제2항 4호 영업자 등의 준수사항 위반으로 같은 법 75조와 식품위생법 시행규칙 제89조 별표23 규정이 적용된 이사건 행정처분을 받았습니다.

2. 청소년 주류제공 경위

가. 청구인 업소는 00평 규모의 작은 식당으로 종업원 1명과 함께, 주간에는 김밥 등 커피, 음료를 팔고 밤에는 맥주, 소주 등 주류를 판매하는 일반음식점입니다. 0000.00.00일은 청구인이 심한 몸살로 업소를 수일간 나가지 못하게 되어, 그동안은 종업원에게 영업을 맡겼었습니다. 그런데 너무 오래 업소를 비우면 영업에 차질이 발생할 것 같은 걱정이 앞서, 사건 당일은 회복이 안 된 상태지만 식당에 나갔습니다. 그런데 독한 약에 취해 몸을 정상적으로 가눌 수 없어 종업원에게 홀 영업을 맡기고 청구인은 주방에 들어가 비몽사몽 상태로 쉬고 있었습니다.

나. 그 시간 업소에 남녀 손님 2명 들어 왔습니다. 종업원은 이들이 이틀 전에 왔던 손님이고 그때 신분증을 통해 성인임을 확인한 후 술을 제공한 손님임을

금방 알 수 있었습니다. 확실하게 기억하는 이유는 손님들이 지난번 왔을 때 좁은 식당에서 큰 소리로 오늘 고등학교 졸업기념일이라며 너무 떠들어 신경을 쓰게 하던 손님이었기 때문입니다. 그래서 사건 당일 종업원은 이전의 기억이 확실하여 나이확인을 하지 않고 술과 안주(맥주 2병, 안주 1개, 35,000원)를 제공하였습니다.

다. 청구인이 한참을 주방에서 쉬고 있는데 홀에서 손님들의 대화 소리가 들려 나가 보니 홀에서 술을 마시는 2명의 손님의 나이가 어려 보였습니다. 그래서 종업원에게 "쟤들 나이검사 했어?"라고 물었고 종업원은 "그래 언니 없을 때 왔던 애들인데 그때 검사했어"라고 대답하여 청구인은 수고하라는 말을 하고는 다시 주방에 들어가 쉬고 있었습니다.

라. 그런데 잠시 후 경찰관이 청구인 식당에서 미성년자가 술을 마신다는 제보가 접수되었다며 출동했습니다. 경찰관이 홀에 있는 손님의 나이를 확인하니 1명이 미성년자로 밝혀졌습니다. 종업원은 경찰관이 보는 앞에서 며칠 전에 나에게 보여준 신분증은 어떻게 된 것이냐고 물었지만 손님은 언제 그랬느냐는 듯이 아무 말이 없었습니다. 입증할 수 있는 CCTV도 없어 나이확인도 없이 청소년에게 술을 제공한 것으로 적발되었습니다.

3. 이사건 처분의 가혹함

가. 청구인은 지금까지 젊은 층 손님은 누구도 예외 없이 나이확인 하는 것을 원칙으로 알고 영업해왔습니다. 그러다 보니 나이든 손님에게까지 신분증을 요구하는 때도 있어 불평도 듣고 까다로운 사람으로 취급받을 때도 있었습니다. 종업원에게는 돈 적게 벌더라도 복잡하게 만들지 말고 원칙대로 하자고 하면서 청구인이 그렇게 실천했습니다. 그러함에도 이번 청소년 주류제공 발생은 사실이기에 영업주로서 큰 책임을 통감하고 있습니다.

나. 이 사건 행정처분에 대해 다음과 같이 주장합니다. 종업원이 신분증을 확인하지 않은 것은 며칠 전 왔었을 때 나이를 확인하였기 때문이며 어떤 이득을 위해 술을 판 것이 아니라는 것이 객관적으로 나타났고, 식당 개업 이후 12년 동안 아무런 사고 없이 영업해온 것만으로도 식당의 영업철학을 인정받을 수 있습니다. 그러함에도 피청구인은 이런 사유를 전혀 참작하지 않고 행정처분 최고의 양정인 영업정지 2개월을 처분한 것은 비례의 원칙을 위반한 과잉처분에 해당합니다.

4. 청구인의 형편과 처지

가. 어려운 형편과 처지를 말씀드립니다. 청구인은 현재 0000만 원 전셋집에 살고 있으며, 가족은 14년 전에 남편과 이혼하고 생계를 위해 식당을 차려 식당에서 발생 되는 수입만으로 살아가고 있습니다. 적은 수입이지만 절약하여 친정집 어머니(74세)와 남동생(강직성 척추 장애)의 생활비와 치료비를 보내주고 있습니다. 평생 돌봐야 할 가족입니다.

5. 결론

행정심판위원님! 피청구인은 이사건 처분을 함에 있어 ① 종업원의 행위에서 고의를 찾을 수 없는 점 ② 12년 동안 아무사고 없이 식당을 잘 운영해 온 노력 ③ 청구인 신변에 처한 어려움, 등이 반영되지 않은 채로 행정처분 규정을 그대로 적용하여 처분하였습니다. 이는 행정편의주의적인 처분으로 재량권의 남용에 해당합니다. 행정심판에서 이사건 처분을 취소해 주시거나 영업정지 기간을 감경하여 주시기 바랍니다.

증 거 서 류

1. 갑 제1호증 : 행정처분 공문
1. 갑 제2호증 : 영업신고증

1. 갑 제3호증 : 사업자등록증

1. 갑 제4호증 : 주민등록등본

1. 갑 제5호증 : 가족관계증명서

1. 갑 제6호증 : 업소임대차 계약서

1. 갑 제7호증 : 집 전세계약서

1. 갑 제8호증 : 남동생 진단서

0000년 00월 00일

청구인 ○○○ 인

○○○○○ **행정심판위원회 귀하**

영업정지 2개월 처분된 이 사건은 행정심판 진행 중에 법원에 정식재판을 청구하여 6개월 후에 무혐의로 판결되어, 행정심판에서 인용재결로 행정처분이 취소되었다.

4) 일반음식점 청소년 주류제공 영업정지처분취소 행정심판

■ 행정심판법 시행규칙 [별지 제30호서식] 〈개정 2012.9.20〉

행정심판 청구서

접수번호	접수일	
청구인	성명 ○○○	
	주소 0000시 00구 00번길 00, 000동 000호	
	주민등록번호(외국인등록번호) 000000-0000000	
	전화번호 000-0000-0000	
[ ] 대표자 [ ] 관리인 [ ] 선정대표자 [ ] 대리인	성명	
	주소	
	주민등록번호(외국인등록번호)	
	전화번호	
피청구인	○○시 ○○구청장	
소관 행정심판위원회	[ ]중앙행정심판위원회 [v] ○○시 · 도행정심판위원회 [ ]기타	
처분 내용 또는 부작위 내용	피청구인이 0000.00.00. 청구인에게 한 영업정지 1개월 (0000.00.00~0000.00.00) 행정처분	
처분이 있음을 안날	0000.00.00.	
청구 취지 및 청구 이유	별지와 같습니다	
처분청의 불복 절차 고지 유무	유	
처분청의 불복절차 고지 내용	이 사건 처분이 있음을 안 날부터 90일 이내에 행정심판 또는 행정소송을 제기할 수 있습니다.	
증거 서류	별첨 증거 서류 1-9	

「행정심판법」 제28조 및 같은 법 시행령 제20조에 따라 위와 같이 행정심판을 청구합니다.

0000년 00월 00일

청구인 ○○○ (인)

○○○○○ 행정심판위원회 귀중

첨부서류	1. 대표자, 관리인, 선정대표자 또는 대리인의 자격을 소명하는 서류(대표자, 관리인, 선정대표자 또는 대리인을 선임하는 경우에만 제출합니다.) 2. 주장을 뒷받침하는 증거서류나 증거물	수수료 없음

청 구 취 지

피청구인이 0000.00.00.자 청구인에 대하여 한 일반음식점 영업정지 1월 (0000.00.00-0000.00.00) 행정처분은 이를 취소한다는 재결을 구합니다.

청 구 이 유

1. 행정처분 개요

가. 청구인은 00도 00로 00번 길 00. 00 상가 0층 소재에서 ○○○식당을 0000.00.00. 피청구인으로부터 신고(면적 : 00.00㎡) 받아 영업하던 중 0000.00.00. 청소년 주류판매로 청구인이 ○○ 경찰서 조사와 ○○ 지방검찰청에서 기소유예처분으로 피청구인으로부터 식품위생법 제44조 제 2항 4호, 같은 법 75조와 식품위생법 시행규칙 제89조 별표23 규정이 적용된 이사건 행정처분을 받았습니다.

2. 이 사건 발생 경위

가. 청구인 업소는 일명 치킨 호프집으로 젊은 층이 많이 이용하는 업소이며, 평소 청구인과 집사람이 영업합니다. 그런데 사건 당일은 집사람이 나오지 못한 날로(암 수술 후 토요일은 집에서 휴식함) 토요일에만 고용한 종업원(○○○, 여, 00세)과 함께 청구인이 영업하고 있었습니다.

나. 밤 9시경 청구인은 치킨 주문 전화를 받고 배달을 나갔으며, 식당에는 종업원 혼자서 일하고 있었습니다. 그 시간 남자 손님 5명이 들어왔습니다. 종업원이 보기에 어려 보여 신분증 제시를 요구했습니다. 그때, 5명 중 2명은 담배를 피우기 위해 밖으로 나갔기 때문에 우선 3명에게 신분증 제시를 요구하여 확인하니 만 19세와 20세의 성인이었습니다. 손님들은 술과 통닭을 주문하였지만, 종업원은 2명이 밖에서 들어 올 때까지 술을 제공하지 않고 있다

가, 들어온 것을 확인하고는 2명에게 신분증 제시를 요구하였습니다. 2명은 뒷주머니에서 지갑을 꺼내면서 이 집은 올 때마다 신분증을 보여주어야 하느냐며 귀찮게 군다는 식으로 불평하였습니다. 이 말을 들은 종업원은 "자신이 성인이니까 저렇게 확신하면서 얘기하겠지!"하는 생각으로 나이확인을 생략하고 술과 안주(소주 1명, 치킨 1마리, 25,000원)를 제공하였습니다.

다. 청구인이 배달을 마치고 들어오니 경찰관이 청소년신고를 받고 업소에 막 출동하여 테이블 손님들의 나이를 확인하고 있었습니다. 그런데 일행 5명 중, 나중 신분증을 확인하지 않았던 2명이 만 18세 청소년으로 밝혀졌습니다.

3. 개업 이후 철저한 영업원칙으로 13년 동안 사고 없이 영업했는데 이번 큰 과오가 있었습니다. 죄송하고 송구합니다.

가. 청구인 업소의 주 고객은 30대 이하의 젊은 층이 많습니다. 이런 이유로 가끔 청소년들이 섞여 들어와 술을 주문하는 사례를 적발한 적이 여러 번 있었기에, 꼼꼼하게 확인하지 않으면 큰일이 발생할 수 있다는 불안감에 신분증을 확인하는 과정에 조금이라도 글이 희미하거나 이상한 생각이 들면 준비한 후레쉬를 비추어 확인하곤 했습니다.

나. 이런 철저한 원칙을 세워 청구인 부부가 실천하고 종업원을 교육하며, 영업해왔기에 개업 이후 현재까지 13년간 아무 사고 없이 영업해왔었는데 이번 큰 과오가 있었습니다. 죄송하고 송구합니다.

4. 생활이 어렵지만, 봉사와 기부를 우선하는 삶을 살았습니다.

가. 청구인 부부는 비록 작은 식당을 운영하지만, 식당에서 나오는 이익을 지역사회 어려운 분들과 나누며 살아야 한다는 생각으로 0000년부터 "○○ 종합사회복지관"에 목욕 세탁 등 봉사활동에 참여하고 일정량의 치킨을 기부해

왔으며. 시민단체에서 운영하는 "○○○사람들"(방과 후 아동학교)에게 정기적인 기부를 해오고 있습니다. 이는 작은 봉사와 기부지만 이웃과 더불어 살고자 하는 청구인의 신조를 실천한 것입니다. 이런 말씀은 청구인 업소에서 어떤 이득을 바라고 청소년에게 술을 파는 파렴치한 업소가 아님을 간접적으로 말씀드리고자 함을 이해하여 주시기 바랍니다.

나. 식당운영은 가족(아내, 자식 2명)의 유일한 생계수단입니다. 10여 년 전에 낙상사고로 척추와 다리 부상으로 수술을 받고 지체 장애 5급 판정을 받은 이후, 힘든 일은 하지 못하고 있습니다. 경제적으로 자식들 학비 등 뒷바라지하며 사는 과정에 0000년 1억을 대출받고, 0000년에 다시 5천만 원을 대출받았습니다. 이사건 영업정지 1개월을 대신하여 과징금을 내면 영업이 가능했으나 현금납부가 어려워 영업정지를 택했습니다.

행정심판위원님께서 고의가 아닌 정황과 13년 동안 아무사고 없이 운영해왔던 실적 그리고 청구인의 여건 등을 종합적으로 검토해주시어 영업정지 기간을 감경하여 주시기 바랍니다.

증거 서류

　　1. 갑 제1호증 : 행정처분 공문
　　1. 갑 제2호증 : 영업신고증
　　1. 갑 제3호증 : 사업자등록증
　　1. 갑 제4호증 : 주민등록등본
　　1. 갑 제5호증 : 부채증명서
　　1. 갑 제6호증 : 장애인 증명서
　　1. 갑 제7호증 : 사회복지봉사활동 실적인증서

1. 갑 제8호증 : 기부금 영수증 2매

1. 갑 제9호증 : 표창(감사)장 3매

0000년 00월 00일

청구인 ○ ○ ○ 인

○ ○ ○ 행정심판위원회 귀중

영업정지 2개월 대상인 이 사건은 검찰에 탄원서를 제출하여 기소유예 처분 받아, 처분청에서 영업정지 1개월이 처분되어 행정심판을 청구, 일부 인용재결로 영업정지 7일로 감경받았다. 1개월이 7일로 감경된 것은 드문 사례로 어려운 가운데 봉사와 기부로 나눔을 실천했던 청구인의 삶을 참작해 준 결과다.

5) 일반음식점 청소년 주류제공 3차 영업정지처분취소 행정심판

■ 행정심판법 시행규칙 [별지 제30호서식] 〈개정 2012.9.20〉

행정심판 청구서

접수번호		접수일	
청구인	성명 ○○○		
	주소 0000시 00구 00번길 00, 000동 000호		
	주민등록번호(외국인등록번호) 000000-0000000		
	전화번호 000-0000-0000		
[ ] 대표자 [ ] 관리인 [ ] 선정대표자 [ ] 대리인	성명		
	주소		
	주민등록번호(외국인등록번호)		
	전화번호		
피청구인	○○시 ○○구청장		
소관 행정심판위원회	[ ]중앙행정심판위원회 [v] ○○시·도행정심판위원회 [ ]기타		
처분 내용 또는 부작위 내용	피청구인이 0000.00.00. 청구인에게 한 영업정지 4개월 (0000.00.00~0000.00.00) 행정처분		
처분이 있음을 안날	0000.00.00.		
청구 취지 및 청구 이유	별지와 같습니다		
처분청의 불복 절차 고지 유무	유		
처분청의 불복절차 고지 내용	이 사건 처분이 있음을 안 날부터 90일 이내에 행정심판 또는 행정소송을 제기할 수 있습니다.		
증거 서류	별첨 증거 서류 1-6		

「행정심판법」 제28조 및 같은 법 시행령 제20조에 따라 위와 같이 행정심판을 청구합니다.

0000년 00월 00일

청구인 ○○○ (인)

○○○○○ 행정심판위원회 귀중

첨부서류	1. 대표자, 관리인, 선정대표자 또는 대리인의 자격을 소명하는 서류(대표자, 관리인, 선정대표자 또는 대리인을 선임하는 경우에만 제출합니다.) 2. 주장을 뒷받침하는 증거서류나 증거물	수수료 없음

청 구 취 지

피청구인이 0000.00.00.자 청구인에 대하여 한 일반음식점 영업정지 4개월 (0000.00.00~0000.00.00) 행정처분은 이를 취소한다는 재결을 구합니다.

청 구 이 유

1. 행정처분 개요

청구인은 000도 00시 000길(00동) 소재에서 "000000"이라는 상호의 일반음식점을 0000.00.00 피청구인으로부터 신고(면적 : 00.00㎡)받아 운영하던 중, 청소년 주류제공사건이 1차 0000.00.00, 2차 0000.00.00, 3차 0000.00.00. 발생하여 청소년 보호법 위반으로 청구인이 ○○ 경찰서에서 조사를 받고 ○○○○ 검찰청 ○○ 지청에서 기소됨으로, 피청구인으로부터 식품위생법 제44조 제2항 4호 위반, 제75조 및 시행규칙 제89조에 근거하여 이사건 행정처분을 받았습니다.

2. 사건 발생 경위

가. 청구인 식당에서 발생한 청소년 주류제공 경위입니다. 0000.00.00. (1차), 자정쯤 처음 손님 1명이 들어와 곧 친구 2명이 온다고 하며 술을 미리 주문하였습니다. 신분증을 통해 성인임을 확인하고 술을 제공하고 곧 도착한다는 2명에 대하여도 기본세팅을 해준 다음에 주방에 들어가 일하고 있는데, 경찰관이 청소년신고를 받고 출동하였습니다. 홀에 나가보니 1명이 있던 테이블에 2명이 추가로 들어와 3명이 합석해 있었고 나중에 들어온 2명이 청소년으로 밝혀졌습니다. 2명은 청구인이 주방에서 일하는 시간에 들어와 합석했는데 주방에서 일하느라 알지 못했습니다.

나. 0000.00.00. (2차), 자정쯤 주말이라 바빴습니다. 늦은 시간인데도 바쁘게 혼자서 주방과 홀을 왔다 갔다 하며 일하다 보니 테이블도 치우지 못하는 상태였습니다, 그때 친구가 청구인의 식당일을 돕기 위해 왔습니다. 친구에게

는 홀 서빙을 부탁하고 청구인은 주방에서 조리하고 있었는데 자정이 막 지난 시간에 경찰관이 청소년 주류제공 신고를 받고 출동했습니다. 경찰관이 손님의 나이를 확인하니 손님 3명 중 2명이 청소년으로 밝혀졌습니다. 도와주러 왔던 친구가 경험이 없다 보니 손님의 외모만 살피고 술을 제공한 것입니다.

다. 0000.00.00. (3차), 청구인이 영업하는데 밤 10시쯤 남자 손님 3명이 들어와 술을 주문하였습니다. 청구인이 신분증 제시를 요구하여 나이를 확인하니 3명 모두 성인이었습니다. 그래서 술을 제공하였습니다. 잠시 후 남자 2명이 들어왔습니다. 그때도 신분증을 통해 나이를 확인했는데 성인이었습니다. 당시는 청소년 주류제공 사건이 계류 중이었기에, 젊은 손님만 들어와도 바짝 긴장되고 떨리기도 하여 신분증을 긴장하면서 확인했던 기억이 생생합니다. 두 테이블 손님들은 시간 간격을 두고 들어왔지만 서로 아는 사이였습니다. 처음에는 서로 왔다 갔다 하며 술을 마시더니 나중에는 테이블을 붙여 놓고 술을 마셨습니다. 술을 마시는 중간에 손님들은 담배 피우고 전화 걸기 위해 식당 밖을 들락날락하였는데, 청구인도 누가 나가고 들어온 자체를 파악할 수 없었습니다. 술자리가 끝날 무렵 경찰관이 청소년신고를 받고 출동하였습니다. 그런데 테이블에는 애초보다 3명이 더 들어와 8명이 앉아 있었으며 그중 4명이 청소년으로 밝혀졌습니다.

3. 이사건 처분의 가혹함

가. 이사건 청소년 주류제공은 3차 모두 청구인의 과실이 있음을 인정합니다. 인건비를 줄이려고 종업원 없이 주방과 홀을 오가며 영업하는 과정에 발생한 사건이었습니다. 주류제공 경위는 설명한 바와 같이, 청구인이 청소년에게 술을 팔아 어떤 작은 이익이라도 얻기 위해 고의로 술을 판매하지 않았음을 알 수 있습니다.

나. 그러함에도 피청구인은 가중처벌조항을 적용하여 영세영업주에게 폐업 명령이나 다름없는 영업정지 4개월을 단행했습니다. 이는 지나치게 가혹한 처분

으로 이로 인해 얻어지는 공익과 사익을 비교 형량할 때도 한 개인이 입는 피해가 너무 크다 할 것입니다.

4. 결론

행정심판 위원님! 개인적 사정을 말씀드리면, 오래전에 남편과 이혼하였고 남매를 키웠습니다. 남매는 따로 살지만, 아직 제 역할을 못하여 청구인이 돕는 처지이고 현재 거주하는 거처는 보증금 000만 원에 월 00만 원 월세방입니다. 식당 운영이 생계수단으로 수입이 끊기고 더구나 4개월 동안 식당 문을 닫으면 도저히 회생할 수 없습니다. 이런 제반 상황을 통찰해주시어 이사건 영업정지 4개월을 일부라도 감경하는 재결을 내려주시기 바랍니다.

증 거 서 류

1. 갑 제1호증 : 행정처분 공문
1. 갑 제2호증 : 영업신고증
1. 갑 제3호증 : 사업자등록증
1. 갑 제4호증 : 업소임대차계약서
1. 갑 제5호증 : 집 월세계약서
1. 갑 제6호증 : 주민등록등본

0000년 00월 00일

청구인 ○ ○ ○ (인)

○ ○ ○도 행정심판위원회 귀중

영업정지 4개월 처분된 이 사건은 행정심판위원회에서 기각재결 되었습니다. 가중처벌에 대해 심판으로 집행정지 신청도 기각되었다.

6) 신분증위조 청소년주류제공 영업정지처분취소 행정심판

■ 행정심판법 시행규칙 [별지 제30호서식] 〈개정 2012.9.20〉

행정심판 청구서

접수번호	접수일	
청구인	성명 ○○○	
	주소 0000시 00구 00번길 00, 000동 000호	
	주민등록번호(외국인등록번호) 000000-0000000	
	전화번호 000-0000-0000	
[ ] 대표자 [ ] 관리인 [ ] 선정대표자 [ ] 대리인	성명	
	주소	
	주민등록번호(외국인등록번호)	
	전화번호	
피청구인	○○시 ○○구청장	
소관 행정심판위원회	[ ]중앙행정심판위원회 [v] ○○시·도행정심판위원회 [ ]기타	
처분 내용 또는 부작위 내용	피청구인이 0000.00.00. 청구인에게 한 영업정지 6일 (0000.00.00~0000.00.00) 행정처분	
처분이 있음을 안날	0000.00.00.	
청구 취지 및 청구 이유	별지와 같습니다	
처분청의 불복 절차 고지 유무	유	
처분청의 불복절차 고지 내용	이 사건 처분이 있음을 안 날부터 90일 이내에 행정심판 또는 행정소송을 제기할 수 있습니다.	
증거 서류	별첨 증거 서류 1-7	

「행정심판법」 제28조 및 같은 법 시행령 제20조에 따라 위와 같이 행정심판을 청구합니다.

0000년 00월 00일

청구인 ○○○ (인)

○○○○○ 행정심판위원회 귀중

첨부서류	1. 대표자, 관리인, 선정대표자 또는 대리인의 자격을 소명하는 서류(대표자, 관리인, 선정대표자 또는 대 리인을 선임하는 경우에만 제출합니다.) 2. 주장을 뒷받침하는 증거서류나 증거물	수수료 없음

청 구 취 지

피청구인이 0000.00.00.자 청구인에 대하여 한 일반음식점 영업정지 6일 (0000.00.00~0000.00.00.) 행정처분은 이를 취소한다는 재결을 구합니다.

청 구 이 유

1. 사건 개요

청구인은 00시 00구 00로 00길 00(00동 0가) 소재에서 "○○○○"이라는 상호의 일반음식점을 0000.00.00 피청구인으로부터 신고(면적 : 00.00㎡)받아 운영하던 중, 0000.00.00. 저녁 00경 청소년에게 술을 판매하여 남편(○○○, 00세)이 ○○ 청소년 보호법 위반으로 ○○ 경찰서에서 조사를 받고 ○○○○ 지방검찰청에서 무혐의처분으로 피청구인으로부터 식품위생법 제44조 제2항 4호 위반, 제75조 및 시행규칙 제89조에 근거 이사건 영업정지 행정처분을 받았습니다.

2. 사건 발생 경위

가. 청구인 일반음식점은 0000.00.00 개업 이후부터 청구인 남편(000, 00세)이 운영합니다. 청소년 주류제공 경위입니다. 0000.00.00 밤 00경 여자 손님 3명이 들어와 술을 주문하였습니다. 3명 중 2명은 주민등록증을 확인하니 성인이었고, 1명은 테이블에 지갑을 놓고 화장실에 간 상태였는데, 일행 중 1명이 화장실에 간 친구의 지갑을 대신 열어 신분증을 보여주는데 성인이었습니다. 그때 막 화장실에서 나오는 손님의 외모를 보았을 때도 신분증 사진과 비슷했습니다. 그래서 술과 안주(맥주 3명, 안주 1개, 43,000원)를 주문받고 제공하였습니다.

나. 그런데 약 30분 후 경찰관이 식당에서 청소년에게 술을 판다는 제보를 받고 출동하여, 손님 나이를 확인하니 3명이 청소년으로 확인되었는데 이들의 주민등록증은 생년월일이 고쳐진 위조된 주민등록증이었습니다. 경찰관은 즉

시 청소년들을 주민등록증 위조 혐의로 동행해 갔습니다. 이후 청구인 남편은 청소년 보호법 위반으로 ○○ 경찰서에 출두하여 조사를 받았으나 ○○○○ 지방검찰청에서 혐의없음으로 수사가 종결되었습니다.

다. 그런데 피청구인은 청소년이 일단 술을 마신 사실이 있어 검찰에서 혐의없음으로 종결되었을지라도 식품위생법에 의거 영업정지 2개월의 10/9 감면규정이 적용되어 영업정지 6일의 행정처분은 받아야 한다면서 이사건 행정처분을 단행했습니다.

3. 이 사건 처분의 위법 부당성

가. 식품위생법시행규칙 제89조〔별표23〕행정처분기준 1. 일반기준 15호 행정처분을 낮출 수 있는 내용에는 ① 검사로부터 기소유예처분의 경우는 정지 기간의 2분의 1 이하 범위에서 경감 할 수 있고 ② 차목(식품접객업자가 청소년의 신분증 위조 변조 또는 도용으로 청소년인 사실을 알지 못하였거나 폭행 또는 협박으로 인하여 청소년임을 확인하지 못한 사정이 인정되어 불기소처분이나 선고유예판결을 받은 상황에 해당하는 경우에는 10분의 9 이하의 범위로 한다. 라고 규정되어 있지만,

나. 2018.11.23. 식품위생법 제75조 1항 관련 조항("신분증 위조·변조 또는 도용으로 청소년인 사실을 알지 못했거나 폭행 또는 협박으로 청소년임을 확인하지 못한 사정이 인정되어 불송치 또는 불기소를 받거나 선고유예 판결을 받으면 해당 행정처분을 면제한다") 개정으로 행정처분이 면제 대상입니다.

4. 결론

그러므로 행정심판위원회에서 피청구인이 관계 법령을 오해하여 잘못 적용하여 처분한 이건 행정처분은 취소한다는 재결을 내려주시기 바랍니다.

증 거 서 류

1. 갑 제1호증 : 행정처분공문
1. 갑 제2호증 : 영업신고서
1. 갑 제3호증 : 사업자등록증
1. 갑 제4호증 : 불기소이유서
1. 갑 제5호증 : 관련법령 사본
1. 갑 제6호증 : 업소임대차계약서
1. 갑 제7호증 : 주민등록등본

0000년 00월 00일

청구인 : ○ ○ ○ (인)

○ ○ ○ ○시 행정심판위원회 귀중

영업정지 6일 처분된 이 사건은 행정심판위원회에서 인용재결로 영업정지가 취소되었다.

7) 녹취록에 의해 사술로 밝혀진 주류제공 영업정지처분취소 행정심판

■ 행정심판법 시행규칙 [별지 제30호서식] 〈개정 2012.9.20〉

행정심판 청구서

접수번호	접수일	
청구인	성명 ○○○	
	주소 0000시 00구 00번길 00, 000동 000호	
	주민등록번호(외국인등록번호) 000000-0000000	
	전화번호 000-0000-0000	
[ ] 대표자 [ ] 관리인 [ ] 선정대표자 [ ] 대리인	성명	
	주소	
	주민등록번호(외국인등록번호)	
	전화번호	
피청구인	○○시 ○○구청장	
소관 행정심판위원회	[ ]중앙행정심판위원회 [v] ○○시·도행정심판위원회 [ ]기타	
처분 내용 또는 부작위 내용	피청구인이 0000.00.00. 청구인에게 한 식품위생과징금 00,000,000원 부과처분	
처분이 있음을 안날	0000.00.00.	
청구 취지 및 청구 이유	별지와 같습니다	
처분청의 불복 절차 고지 유무	유	
처분청의 불복절차 고지 내용	이 사건 처분이 있음을 안 날부터 90일 이내에 행정심판 또는 행정소송을 제기할 수 있습니다.	
증거 서류	별첨 증거 서류 1-9	

「행정심판법」 제28조 및 같은 법 시행령 제20조에 따라 위와 같이 행정심판을 청구합니다.

0000년 00월 00일

청구인 ○○○ (인)

○○○○○ 행정심판위원회 귀중

첨부서류	1. 대표자, 관리인, 선정대표자 또는 대리인의 자격을 소명하는 서류(대표자, 관리인, 선정대표자 또는 대 리인을 선임하는 경우에만 제출합니다.) 2. 주장을 뒷받침하는 증거서류나 증거물	수수료 없음

청 구 취 지

피청구인이 0000.00.00. 청구인에 대하여 한 일반음식점 식품위생과징금 00,000,000원의 처분을 취소한다는 재결을 구합니다.

청 구 원 인

1. 행정처분 개요

가. 청구인은 0000.00.00일부터 피청구인으로부터 "○○○○"라는 일반음식점 신고(면적 : 000.00㎡)를 받아 00시 00구 00로 00길 00, 0층 소재에서 식당을 운영하던 중, 0000.00.00. 청소년에게 주류를 제공한 사건이 발생하여 술을 제공한 종업원(○○○. 여, 00세)이 청소년 보호법 위반으로 ○○경찰서에서 조사를 받고 ○○○○ 지방검찰청에서 기소유예처분을 받아, 피청구인으로부터 식품위생법 제44조, 식품위생법 제75조, 같은 법 제82조와 같은 법 시행규칙 제89조에 근거 영업정지 1월에 갈음하는 식품위생과징금 00,000,000원을 부과 받았습니다.

2. 청소년 주류제공 발생 경위

가. 청구인은 0000.00.00.부터 00구 00동에서 ○○○○이라는 일반음식점을 종업원 4~5명을 고용하여 운영하고 있습니다. 청소년 주류제공 경위입니다. 당일 0시 00경 청구인은 집에서 식당에 출근하는 시간이었고, 식당에는 종업원 3명이 일하고 있었습니다. 그 시간 평소 단골손님(○○○, 남, 0세, 이하 김○○ 이라 칭한다)이 남자 손님 1명을 데려왔습니다. 이때 종업원이 주문을 받기 위해 테이블에 가니, 김○○은 종업원에게 사장님이 오늘 좀 늦으시네 하면서 같이 온 청년을 자신의 후배라고 소개하면서 술을 주문하였습니다.

나. 종업원은 김○○이 사장도 서로 알고 지내는 사이고, 종업원 자신도 알고 있는

데 김ㅇㅇ이 같이 온 청년을 자기 후배라고 소개까지 하여 청년이 당연히 성인이겠지 라는 생각에 나이확인을 하지 않고 술과 안주(소주 1병, 맥주 1병, 안주 1개, 35,000원)를 제공하였습니다.

다. 약 ㅇㅇ분이 지나서 김ㅇㅇ은 먼저 일어나 계산을 마치고 식당을 나가고 테이블에는 청년 혼자서 남은 술을 마시고 있었는데 약 10분이 지나 경찰관이 청구인 식당에서 청소년이 술을 마시고 있다는 신고를 받고 출동하였습니다. 경찰관은 손님의 나이를 확인하니 만 18세 청소년으로 밝혀졌습니다.

3. 이 사건 처분의 위법 부당성

가. 청구인은 당일 식당에서 사건이 발생하였다는 종업원의 연락을 받고 급히 식당에 도착하여 상황을 들어보니, 청소년을 동행했던 손님은 자주 오는 김ㅇㅇ임을 알고 석연치 않은 느낌이 들어 CCTV를 몇 번 돌려보았는데, 이 사건 발생은 우연히 아니라는 것을 직감할 수 있었습니다.

나. 그래서 김ㅇㅇ의 전화번호를 알아내어 전화하였습니다. 청구인은 단도직입적으로 "같이 온 손님이 청소년이라는데 당신이 일부러 넣은 것 아니냐" 하니 김ㅇㅇ는 난 그런 적이 없는데 무슨 소리냐 하며 전화를 일방적으로 끊었습니다.

다. 그런데 다음날 새벽에 김ㅇㅇ에게서 다음과 같은 핸드폰 메시지가 3번 왔습니다.

【문자 메시지 ①~③】

① ㅇㅇ월 ㅇㅇ일 01 : 10 : "이상한 생각 말고 모든 건 다른 이유 없이, 상투 머리에 마빡 매니져 행실 때문."

② 00월 00일 01 : 15 : "매니저가 당장 사라지지 않으면 반복될 것 같고 생각지 못할 또 다른 수많은 재앙이~"

③ 00월 00일 01 : 16 : "다른 이유 다른 이는 죄가 없으니 딱 이 말이 끝. 그럼 이만."

라. 상기 문자 메시지에서 손님 김○○이 지칭한 상투머리 마빡 매니저라고 호칭한 사람은 현재 청구인 식당에서 일하는 매니저(○○○, 여, 00세)로 평소 김○○과는 관계가 좋지 않은 사이였습니다. 그 이유는 매니저가 김○○과는 인사도 안 하고 모른 체 무시하면서 다른 손님에게는 깍듯하게 대하는 것에 대한 불만이었습니다. 그리고 언젠가 김○○이 청구인에게도 불친절한 매니저는 해고되어야 한다고 말한 적이 있었습니다.

마. 청구인은 김○○으로부터 문자를 받고, 김○○이 청소년을 식당에 고의로 데려와 술을 마시게 한 후 경찰에 신고한 사실을 확증하게 되었고, 이를 증거로 남기고자 다음날 김○○에게 전화를 걸어 청소년을 데려온 이유 등에 대해 통화하면서 녹음하여 별첨 녹취록을 만들었습니다. 녹취록은 전체 내용 중 일부만 요약했습니다(전체 내용은 녹취록 참조).

【녹취록 6면, 9면 내용】

(녹취록 6면)

- 청구인 사장(○○○) : 그렇다고 미성년자를 넣으면 어떻게 합니까?
- 손님(김○○) : 저는 두 번 정도 눈치 줬고, 거기서 사장님 만날 때 분명히 저는 두 번 정도 얘기했는데요.

(녹취록 9면)

- 청구인 사장(○○○) : 이 가게는 매니저 가게가 아니잖아요. 제 생계인데 그거를 민자를 어저께 같이 와서 그렇게 넣어버리면 저는 영업정지를 만약에 맞

으면 엄청난 피해예요. 저는 그렇잖아요?

– 손님(김○○) : 알고 있습니다.

– 청구인 사장(○○○) : 그런 불만이 있으면 저한테 오셔 갖고 '이러 이러해'(이하 생략) ※ 전체 대화는 첨부된 녹취록 참조

4. 결론

가. 청소년이 청구인 식당에서 술을 마신 것은 사실이나, 이 사건은 손님과 매니저와의 사적 감정에서 비롯된 것으로 매니저와 사이가 좋지 않은 손님이 매니저를 해고하지 않는 청구인을 보복하기 위해 범의를 품고 청소년을 대동하여 함께 술을 마시고 경찰에 신고한 것입니다. 이 사실은 문자 메시지와 녹취록이 입증하고 있습니다.

나. 단순 사적 감정으로 청구인에게는 전 재산이며 가족의 생계 도구인 식당에 해를 끼칠 목적으로 한 이런 행위는 반사회적 범죄행위로 영업주를 보호하는 못 해줄망정 행정벌을 단행한 피청구인의 행정행위는 무책임한 행정편의주의적 처분에 해당합니다. 행정심판위원회에서 위법 부당하게 처분된 이사건 행정처분을 취소한다는 재결을 하여 주시기 바랍니다.

입 증 서 류

1. 갑 제1호증 : 행정 처분공문서

1. 갑 제2호증 : 식품 위생과징금 고지서

1. 갑 제3호증 : 영업신고증 사본

1. 갑 제4호증 : 사업자등록증 사본

1. 갑 제5호증 : 0000.00.00. 핸드폰 문자 내용

1. 갑 제6호증 : 0000.00.00. 전화통화 녹취록

1. 갑 제7호증 : 주민등록등본

1. 갑 제8호증 : 업소 임대차계약서

1. 갑 제9호증 : 은행대출확인서

0000년 00월 00일

청구인 ○ ○ ○ (인)

○ ○ ○시 행정심판위원회 귀중

식품위생과징금 00,000,000원 부과처분은 행정심판위원회에서 인용재결로 행정처분이 취소되었다. 녹취록이 증거능력으로 반영된 것이다.

8) 일반음식점에서 주류만 판매 영업정지처분취소 행정심판

■ 행정심판법 시행규칙 [별지 제30호서식] 〈개정 2012.9.20〉

행정심판 청구서

접수번호	접수일	
청구인	성명 ○○○	
	주소 0000시 00구 00번길 00, 000동 000호	
	주민등록번호(외국인등록번호) 000000-0000000	
	전화번호 000-0000-0000	
[ ] 대표자 [ ] 관리인 [ ] 선정대표자 [ ] 대리인	성명	
	주소	
	주민등록번호(외국인등록번호)	
	전화번호	
피청구인	○○시 ○○구청장	
소관 행정심판위원회	[ ]중앙행정심판위원회 [v] ○○시·도행정심판위원회 [ ]기타	
처분 내용 또는 부작위 내용	피청구인이 0000.00.00. 청구인에게 한 영업정지 15일 (0000.00.00~0000.00.00) 행정처분	
처분이 있음을 안날	0000.00.00.	
청구 취지 및 청구 이유	별지와 같습니다	
처분청의 불복 절차 고지 유무	유	
처분청의 불복절차 고지 내용	이 사건 처분이 있음을 안 날부터 90일 이내에 행정심판 또는 행정소송을 제기할 수 있습니다.	
증거 서류	별첨 증거 서류 1-7	

「행정심판법」 제28조 및 같은 법 시행령 제20조에 따라 위와 같이 행정심판을 청구합니다.

0000년 00월 00일

청구인 ○○○ (인)

○○○○○ 행정심판위원회 귀중

첨부서류	1. 대표자, 관리인, 선정대표자 또는 대리인의 자격을
	   소명하는 서류(대표자, 관리인, 선정대표자 또는
	   대리인을 선임하는 경우에만 제출합니다.)
	2. 주장을 뒷받침하는 증거서류나 증거물
		수수료
		없음

청 구 취 지

피청구인이 0000.00.00.자 청구인에 대하여 한 일반음식점 영업정지 15일 (0000.00.00.~0000.00.00.) 행정처분은 취소한다는 재결을 구합니다.

청 구 이 유

1. 행정처분개요

청구인은 00시 00구 00로 000길 0(00동, 00층) 소재에서 "ㅇㅇㅇㅇ"이라는 상호의 일반음식점을 0000.00.00 피청구인으로부터 신고(면적 : 000㎡)를 받아 운영하던 중, 0000.00.00. 피청구인으로부터 "일반음식점에서 주류만 판매하는 행위"를 한 이유로 0000.00.00. 피청구인으로부터 식품위생법 제44 및 74조, 제75조, 식품위생법시행규칙 제89조 별표23(Ⅱ.개별기준 3. 식품접객업 10. 타. 3)에 근거 이사건 행정처분을 받았습니다.

2. 사건 발생경위

가. 청구인 일반음식점은 일명 카페 형태의 업소로서, 무대 위에서 곡을 연주하는 악사가 있으며, 메뉴는 맥주, 위스키, 포도주, 샴페인, 보드카 종류의 주류와 안주는 과일 안주, 마른안주, 야채 볶음, 해물 떡볶이, 참 스테이크 등이 주류종류에 따라 제공되고 있습니다.

나. 0000.00.00. 00시경 피청구인 합동단속반이 업소 위생점검을 포함 준수사항 위반 여부를 점검하기 위해 출동하였습니다. 단속반원은 청구인 업소가 일반음식점이지만 무대가 있는 카페 형태의 영업을 하는 것에 대해 주시하고 무대 위의 상태를 중점적으로 점검하면서 무대 위 영상자막시설과 종업원 1명에 대해 보건증 미소지로 적발하였습니다. 그러나 다음날 무대 위 영상자막시설은 법상 문제가 없고, 종업원 보건증 미 소자는 다음날 기 발급자임이 확인되어 종결되었습니다.)

다. 합동단속반이 점검을 마치고 나가려는 순간에 단속반 중 한 명이 테이블에 놓인 메뉴판을 꼼꼼하게 관찰하더니 청구인을 불러 이 업소 메뉴판은 위스키, 보드카, 와인, 맥주 등 주류종류와 가격만이 표기되었다. 일반음식점에서 음식은 취급하지 않고 주류만 판매하는 것이 아니냐 하면서 일반음식점에서 주류만을 취급하는 것은 식품위생법 위반이라며 메뉴판을 근거로 적발확인서에 서명토록 하였습니다. 청구인은 정신없는 와중에 제대로 읽어보지도 못한 채 서명하였습니다.

3. 이 사건 처분의 위법 부당성

가. 업소 메뉴판에 표기된 주류종류와 가격은, 골든블루 다이아몬드 30만 원, 샴페인 돔페리뇽블랑 60만 원, 보드카 30만 원, 맥주 세트 18만 원이며, 메뉴판에 표기는 없지만, 주류종류에 수반되어 제공되는 안주는 마른안주, 과일안주, 야채 볶음, 해물 떡볶이, 참 스테이크 등입니다. 이외 손님의 주문에 따라 라면도 끓여 줍니다.

나. 업소의 영업방식은 손님이 메뉴판에서 주류를 선택하여 주문하면 주류종류에 따라 차별하여 안주가 제공하고 있으며 실재 주방에는 주방장이 별도 근무하고 있어 주류별로 주문이 들어오면 해당하는 안주를 즉석에서 조리하여 제공합니다. 혹 식사를 못 한 손님이 요기를 원하면 떡볶이나 스테이크, 라면도 조리하여 제공합니다. 더 설명해 드리면 메뉴판에 별도로 안주의 종류와 가격을 표기하지 못한 이유는, 주류종류에 따라 안주가 구분되어 제공되며 주류가격에 안주가 포함된 사실을 손님들은 다 알고 있기 때문입니다.

다. 만약, 일반음식점에서 메뉴판에 주류만 표기된 것이 위법사항이 되어 처벌될 수 있다는 것을 알았다면, 메뉴판을 제작할 때 주류종류와 가격만을 표시하지 않고 당연히 안주 종류와 가격도 별도 표시하였을 것입니다. 청구인은 경험이 부족하여 메뉴판 제작에 신경을 쓰지 못한 것은 인정하고 메뉴판을 다시 제작했습니다.

라. 식품위생법에 일반음식점 메뉴판에 음식이나 주류종류를 표기할 때 어떻게 해야 한다는 세부적 지침은 없습니다. 영업주가 영업에 도움이 되도록 제작하면 되는 것입니다. 그러함에도 메뉴판에 주류만 표기되었다고 문제 삼아 행정벌을 가하는 것은 행정편의주의적인 자의적 판단으로 이는 재량권을 남용한 위법부당한 처분입니다.

마. 판례는 국가가 국민에게 침해적인 행정처분을 하는 경우 헌법상 요구되는 명확성의 원칙에 따라 그 근거가 되는 행정법규를 더욱 엄격하게 해석 적용하여야 하고, 행정처분의 상대방에게 지나치게 불리한 방향으로 확대해석이나 유추해석은 아니 된다고 명시하였습니다.

4. 결론

피청구인은 행정처분을 하면서 명확성의 원칙을 위배하고 확대해석하여 무리하게 행정처분을 단행하였습니다. 이는 무책임한 행정으로 재량권을 일탈한 사례입니다. 행정심판위원회에서 위법부당하게 처분된 이사건 행정처분을 취소하는 재결을 내려주시기 바랍니다.

증 거 서 류

1. 갑 제1호증 : 행정처분공문서
1. 갑 제2호증 : 영업허가증
1. 갑 제3호증 : 사업자등록증
1. 갑 제4호증 : 이전(적발당시) 메뉴판
1. 갑 제5호증 : 새로 제작한 메뉴판

1. 갑 제6호증 : 업소 임대차계약서

1. 갑 제7호증 : 주민등록등본

0000년 00월 00일

청구인 : ○ ○ ○ (인)

○○○○시 행정심판위원회 귀중

영업정지 1개월 처분된 이 사건은 행정심판위원회에서 인용재결로 영업정지
처분이 취소되었다.

9) 7080 라이브카페 가무행위 영업정지처분취소 행정심판

■ 행정심판법 시행규칙 [별지 제30호서식] 〈개정 2012.9.20〉

행정심판 청구서

접수번호		접수일	
청구인	성명 ○○○		
	주소 0000시 00구 00번길 00, 000동 000호		
	주민등록번호(외국인등록번호) 000000-0000000		
	전화번호 000-0000-0000		
[ ] 대표자 [ ] 관리인 [ ] 선정대표자 [ ] 대리인	성명		
	주소		
	주민등록번호(외국인등록번호)		
	전화번호		
피청구인	○○시 ○○구청장		
소관 행정심판위원회	[ ]중앙행정심판위원회 [v] ○○시·도행정심판위원회 [ ]기타		
처분 내용 또는 부작위 내용	피청구인이 0000.00.00. 청구인에게 한 영업정지 1개월 (0000.00.00~0000.00.00)행정처분		
처분이 있음을 안날	0000.00.00.		
청구 취지 및 청구 이유	별지와 같습니다		
처분청의 불복 절차 고지 유무	유		
처분청의 불복절차 고지 내용	이 사건 처분이 있음을 안 날부터 90일 이내에 행정심판 또는 행정소송을 제기할 수 있습니다.		
증거 서류	별첨 증거 서류 1-6		

「행정심판법」제28조 및 같은 법 시행령 제20조에 따라 위와 같이 행정심판을 청구합니다.

0000년 00월 00일

청구인 ○○○ (인)

○○○○○ 행정심판위원회 귀중

첨부서류	1. 대표자, 관리인, 선정대표자 또는 대리인의 자격을 소명하는 서류(대표자, 관리인, 선정대표자 또는 대리인을 선임하는 경우에만 제출합니다.) 2. 주장을 뒷받침하는 증거서류나 증거물	수수료 없음

청 구 취 지

피청구인이 0000.00.00자 청구인에 대하여 한, 일반음식점 영업정지 1개월 (0000.00.00-0000.00) 처분은 이를 취소한다는 재결을 구합니다.

청 구 이 유

1. 행정처분 개요

청구인은 00도 00시 0000로 0길 00(00동) 지하 1층 소재에서 '○○'이라는 일반음식점을 0000.00.00. 영업신고(면적 : 00.00㎡)을 득하여 영업하던 중, 0000.00.00. 손님이 무대 위에서 노래 부르도록 허락하였다는 사유로 청구인이 식품위생법 위반으로 ○○ 경찰서에서 조사를 받고, ○○ 지방검찰청에서 100만 원 약식기소되어 피청구인으로부터 식품위생법 제36조, 제44조 및 제74조, 제75조에 근거, 이사건 행정처분을 받았습니다.

2. 사건이 적발된 경위

가. 청구인 업소는 일반음식점으로 무대 위에서 악사가 음악을 틀어주면서 반주에 맞추어 노래를 불러주는 일명 7080형태인 라이브카페입니다. 밤 00시경 청구인은 주방에서, 종업원 1명은 홀에서, 악사는 무대에서 각자 일하고 있었습니다.

나. 당시 홀에는 일행 5명의 손님이 술을 마시고 있었는데. 무대 위에서 신나는 음악이 흘러나오자 일행 중 2명이 무대 위로 갑자기 뛰어 올라와 1명은 음악에 맞추어 춤을 추고 1명은 악사에게 마이크를 달라고 하였으나 악사가 손님이 무대 위에서 노래 부르는 것을 허용하지 않는다고 말하자 술에 취한 손님은 음향기기 밑에 있던 마이크를 발견하고는 악사 허락도 없이 가져다가 노래를 부르기 시작했습니다.

다. 이런 분위기를 보고 테이블에서 술을 마시던 동료 일행 3명도 일시에 무대 위로 올라가 마이크를 교대로 돌리며 노래를 부르기 시작했습니다. 이런 경우 중단시키는 방법은 악사가 음향을 끄면 되는데 자칫 분위기를 임의대로 깨뜨리면 시비가 발생할 수 있다는 생각에 제지하지 않고 그런 상태로 약 20분이 지났습니다. 그런데 일반음식점에서 단란주점 영업을 하고 있다는 제보를 받고 경찰관이 출동했습니다. 경찰은 청구인이 무대 위에서 손님이 가무를 하도록 허용한 것으로 확인서를 받아갔습니다.

3. 이사건 처분의 부당성

가. 일반적으로 법 적용은 평상시 상황이 반영되고 있습니다. 그러나 이 사건은 돌발적으로 발생한 상황을 제지하지 못하여 발생한 사건입니다. 그러함에도 피청구인은 가무가 이루어진 당시의 상황은 고려하지 아니하고 결과만 근거하여 행정처분을 단행한 것은 행정 편의주의적인 소극적 행정입니다.

나. 행정심판위원님! 이사건 업소의 과실은 일상적인 행위가 아니고 악사가 적절한 대처를 못 하여 순식간에 발생한 과실이었습니다. 오랫동안 영업이 부진하여 임대료 체납 등 어려움을 겪고 있는 영업주의 처지를 참작해 주시어 영업정지 처분이 감경되도록 재결하여 주시기 바랍니다.

증거서류

  1. 갑 제1호증 : 행정처분 공문

  1. 갑 제2호증 : 영업허가증

  1. 갑 제3호증 : 사업자등록증

  1. 갑 제4호증 : 대출확인서

  1. 갑 제5호증 : 업소 임대차계약서

  1. 갑 제6호증 : 주민등록등본

0000년 00월 00일

청구인 ○ ○ ○ (인)

○ ○ ○ ○ 행정심판위원회 귀중

영업정지 1개월 처분된 이 사건은 행정심판위원회에서 기각재결 되었다.

10) 영업주 유흥접객행위 영업정지처분취소 행정심판

■ 행정심판법 시행규칙 [별지 제30호서식] 〈개정 2012.9.20〉

행정심판 청구서

접수번호		접수일	
청구인		성명 ○○○	
		주소 0000시 00구 00번길 00, 000동 000호	
		주민등록번호(외국인등록번호) 000000-0000000	
		전화번호 000-0000-0000	
[ ] 대표자 [ ] 관리인 [ ] 선정대표자 [ ] 대리인		성명	
		주소	
		주민등록번호(외국인등록번호)	
		전화번호	
피청구인		○○시 ○○구청장	
소관 행정심판위원회		[ ]중앙행정심판위원회 [v] ○○시·도행정심판위원회 [ ]기타	
처분 내용 또는 부작위 내용		피청구인이 0000.00.00. 청구인에게 한 영업정지 1개월 (0000.00.00~0000.00.00)행정처분	
처분이 있음을 안날		0000.00.00.	
청구 취지 및 청구 이유		별지와 같습니다	
처분청의 불복 절차 고지 유무		유	
처분청의 불복절차 고지 내용		이 사건 처분이 있음을 안 날부터 90일 이내에 행정심판 또는 행정소송을 제기할 수 있습니다.	
증거 서류		별첨 증거 서류 1-6	

「행정심판법」 제28조 및 같은 법 시행령 제20조에 따라 위와 같이 행정심판을 청구합니다.
0000년 00월 00일
청구인 ○○○ (인)

○○○○○ 행정심판위원회 귀중

첨부서류	1. 대표자, 관리인, 선정대표자 또는 대리인의 자격을
	   소명하는 서류(대표자, 관리인, 선정대표자 또는 대
	   리인을 선임하는 경우에만 제출합니다.)
	2. 주장을 뒷받침하는 증거서류나 증거물
		수수료
		없음

청 구 취 지

피청구인이 0000.00.00자 청구인에 대하여 한, 일반음식점 영업정지 1개월(0000.00.00.~0000.00.00) 처분을 취소한다는 재결을 구합니다.

청 구 이 유

1. 행정처분 개요

청구인은 00시 00시 0000길 00 소재에서 '0000'이라는 상호의 일반음식점 0000.00.00. 영업신고(면적 : 00.00㎡)을 득하여 영업하던 중, 0000.00.00. 일반음식점 유흥접객행위로 적발되어 청구인이 식품위생법 위반으로 ○○ 경찰서에서 조사를 받고 ○○ 지방검찰청에서 50만 원 약식기소되어 피청구인으로부터 식품위생법 제36조, 제44조 및 제71조, 제75조, 식품위생법시행규칙 제89조 별표23에 근거, 이사건 행정처분을 받았습니다.

2. 사건 발생 경위

가. 청구인 일반음식점은 주간에는 분식과 커피, 음료를 팔고, 야간에는 맥주 등 주류를 판매하는 10평 규모의 작은 카페 형태의 식당으로 종업원 없이 혼자 영업하고 있습니다.

나. 유흥접객행위로 신고 된 경위입니다. 0000.00.00. 밤 0시경 평상시와 같이 혼자서 영업하는 있는데 남자 손님 3명이 들어왔습니다. 손님들은 맥주와 안주를 주문하여 자정이 가깝게 대화하며 술을 마셨습니다. 자정쯤 2명은 먼저 나가고 1명만 술에 취해 남아 있었습니다. 1명은 술을 추가 주문하면서 청구인에게 술 한 잔 받고 일하라고 권했습니다. 그 시간 업소에는 다른 손님도 한 팀 있었을뿐더러, 손님이 술에 많이 취한 것 같아 몸이 좋지 않아 술을 마실 수 없다고 정중하게 거절하였습니다. 그런데도 손님은 맥주 한잔인데 뭘 그러느냐면서 섭섭하다는 표정을 지었습니다. 영업하는 처지에서 손님의 권유를 계속 거절하는 것도 부담이 되어 결국 손님 테이블에 앉아 따라주는 맥

주도 한잔 받아 마시고 따라주면서 잠시 대화를 나누었습니다. 그 시간은 20분 이내였습니다.

다. 그런 이후 손님은 계산서를 가져오라고 하였습니다. 계산서 합계는 먼저 나간 2명과 함께 마셨던, 맥주 19병과 안주를 포함하여 105,000원이었습니다. 그런데 손님은 50,000원만 던져주며 받으라고 했습니다. 청구인은 마신 술값이 모자란다며 더 줄 것을 요구하였습니다.

라. 그러자 손님은 돌변하여 "술집에서 종사자가 손님 옆자리에 앉자 술을 마시면 유흥접대에 해당하는 줄 모르느냐? 고 했습니다. 청구인은 내가 아가씨도 아니고 나이 60이 된 영업주로 손님 체면 살려주려고 몸 상태가 안 좋은 데도 술 한 잔 주고받은 것이 무슨 유흥접대에 해당하느냐는 말로 쏘아주었습니다. 손님은 그럼 경찰관을 불러 유흥접대행위에 해당하는지를 물어보자고 했습니다. 그래서 마음대로 하라고 하자, 손님은 실재 112에 신고하였고 곧 경찰관이 출동했습니다.

마. 청구인은 경찰관에게 팁도 받지 않았으며 손님이 술 한잔 마시고 일하라는 두 번의 제안을 거절할 수가 없어 잠시 앉자 술 한 잔 마시며 대화한 것뿐이라고 사실 그대로 진술했습니다. 그러나 경찰관은 영업주도 일단 손님 테이블에 앉아 술을 마신 것이 사실이면 접대행위가 된다고 말하며 위법하다고 적발했습니다.

3. 이사건 처분의 위법 부당성

가. 식품위생법에서 유흥접객행위가 되려면 일반음식점이나 단란주점에서 영업주가 유흥접객원을 고용하여 유흥접객행위를 하게 하거나, 종업원의 이러한 행위를 조장하거나 묵인하는 행위의 금지만을 규정하고 있을 뿐, 영업자 자신이 직접 접객행위를 한 행위에 대하여는 명시적으로 식품접객업자의 준수사항으로 규정한 바가 없다고 했으며,

나. 판례에서도 식품접객 업주가 유흥접객원의 고용 없이 영업자 본인이 접객행위를 한 행위에 대해 행정벌에 처함은 별론으로 하더라도 식품접객업자를 유흥접객원으로 당연히 포함되는 것으로 보아 제재적 대상이라고 할 수 없을 것이라 했습니다. 그러므로 영업주인 청구인은 식품위생법 제44조 제1항 및 같은 법 시행규칙 제57조 [별표17] 제6호 타목 1을 위반하였다고 보기는 어려워 청구인에게 처한 영업정지 1개월 행정명령은 위법 부당하다 할 것입니다.

4. 결론

행정심판위원회에서 이사건 행정처분에 대한 법률적인 판단을 해주시어 영업정지 처분이 취소되는 재결을 하여 주시기 바랍니다.

증 거 서 류

1. 갑 제1호증 : 행정처분 공문
1. 갑 제2호증 : 영업허가증
1. 갑 제3호증 : 사업자등록증
1. 갑 제4호증 : 업소 임대차계약서
1. 갑 제5호증 : 집 월세계약서
1. 갑 제6호증 : 주민등록등본

0000년 00월 00일

청구인 ○ ○ ○ (인)

○ ○ ○ 행정심판위원회 귀하

> 영업정지 1개월 처분된 이 사건은 행정심판위원회에서 인용 재결되어 영업정지 처분이 취소되었다. 영업주의 접대는 유흥접객행위가 아니라는 판례가 참고된 것이다.

11) 종업원 유흥접객행위 영업정지처분취소 행정심판

■ 행정심판법 시행규칙 [별지 제30호서식] 〈개정 2012.9.20〉

행정심판 청구서

접수번호		접수일	
청구인		성명 ○○○	
		주소 0000시 00구 00번길 00, 000동 000호	
		주민등록번호(외국인등록번호) 000000-0000000	
		전화번호 000-0000-0000	
[ ] 대표자 [ ] 관리인 [ ] 선정대표자 [ ] 대리인		성명	
		주소	
		주민등록번호(외국인등록번호)	
		전화번호	
피청구인		○○시 ○○구청장	
소관 행정심판위원회		[ ]중앙행정심판위원회 [v] ○○시·도행정심판위원회 [ ]기타	
처분 내용 또는 부작위 내용		피청구인이 0000.00.00. 청구인에게 한 영업정지 1개월 (0000.00.00~0000.00.00) 행정처분	
처분이 있음을 안날		0000.00.00.	
청구 취지 및 청구 이유		별지와 같습니다	
처분청의 불복 절차 고지 유무		유	
처분청의 불복절차 고지 내용		이 사건 처분이 있음을 안 날부터 90일 이내에 행정심판 또는 행정소송을 제기할 수 있습니다.	
증거 서류		별첨 증거 서류 1-8	

「행정심판법」 제28조 및 같은 법 시행령 제20조에 따라 위와 같이 행정심판을 청구합니다.
0000년 00월 00일
청구인 ○○○ (인)

○○○○○ 행정심판위원회 귀중

첨부서류	1. 대표자, 관리인, 선정대표자 또는 대리인의 자격을
	   소명하는 서류(대표자, 관리인, 선정대표자 또는
	   대리인을 선임하는 경우에만 제출합니다.)
	2. 주장을 뒷받침하는 증거서류나 증거물
		수수료
		없음

청 구 취 지

피청구인이 0000.00.00.자 청구인에 대하여 한, 일반음식점 영업정지 1개월(0000.00.00~0000.00.00.) 행정명령은 이를 취소한다는 재결을 구합니다.

청 구 이 유

1. 행정처분 개요

청구인은 0000시 00구 0000길 00 소재에서 '0000'이라는 상호의 일반음식점을 피청구인에게 영업신고(면적 : 00.00㎡)을 득하여 영업하던 중, 0000.00.00 밤 0시 업소종업원 ○○○(여, 00세)의 유흥접객행위로 종업원이 식품위생법위반으로 ○○ 경찰서에서 조사를 받고, ○○○○ 지방검찰청에서 50만 원 약식기소되어, 피청구인으로부터 식품위생법 제44조3항 위반내용으로, 같은 법 제75조 제1항 및 같은 법 식품위생법시행규칙 제89조 별표23(Ⅱ.개별기준 3. 식품접객업 10. 가. 1)에 근거, 이사건 행정처분을 받았습니다.

2. 종업원 유흥접객행위 발생 경위

가. 청구인 일반음식점 "○○"은 일명 카페 형태로 운영하는 일반음식점으로 낮 시간대는 분식 위주로 운영하고 밤에는 주류를 전문으로 영업하고 있습니다. 유흥접객행위로 적발된 당시의 상황을 말씀드리겠습니다. 0000.00.00. 00 : 00경은 청구인은 집에 들어가고, 업소에는 야간근무 종업원 2명이 일하고 있었습니다.

나. 그 시간 남자 손님 2명이 들어왔습니다. 종업원 중 1명(○○○, 여, 00세 이 사건 행위자) 이 손님이 주문한 술과 안주를 제공하고 다른 서빙을 하고 있는데, 손님의 호출이 있어 테이블에 가보니 옆자리에 앉기를 권하였습니다. 종업원은 근래 주변 일반음식점에서 동석하여 손님과 술을 마시다가 유흥접대로 취급되어 처벌을 받은 사실을 알고 있기에, 처음에는 종업원이 손님과 동

석하여 술을 마실 수 없다고 말하자 손님은 부담 없이 대화나 하자는데 무슨 문제가 되느냐면서 옆자리에 앉기를 거듭 요구하였습니다. 종업원은 손님의 제안을 더 거절할 수 없어 합석하여 술잔을 주고받고 하였습니다.

다. 그런 시간이 약 20분 지나고 종업원이 할 일이 있어 일어나야겠다고 하자 손님은 갑자기 종업원 손을 잡고 자리에 앉히더니 지금부터 재미있게 놀자고 하면서 어깨를 껴안고 허벅지를 만지기 시작했습니다. 종업원은 우리 업소는 그런 집이 아니라고 하면서 손을 뿌리치고 일어나자, 손님은 기분 나쁘다며 계산도 하지 않고 그냥 나가려고 하였습니다. 종업원은 계산하지 않으면 무전취식으로 신고하겠다고 하자, 손님은 일반음식점에서 종업원이 술 따라 주면 걸리는 것 모르느냐 하면서 큰소리치며 신고할 배짱 있으면 하라는 식이었습니다. 종업원은 손님을 무전취식과 성추행으로 112에 신고하였습니다.

라. 출동한 경찰관은 손님과 종업원의 주장을 듣고 녹화된 CCTV를 확인하더니 여종업원이 손님과 동석하여 술을 따라주고 마신 것은 식품위생법 위반이고, 손님이 여종업원 허벅지를 만진 것은 성추행에 해당한다며 여종업원과 손님을 동행해 갔습니다.

3. 이사건 행정처분의 부당성

가. 이 지역은 유흥주점과 단란주점이 많은 상업지역으로 이들 업종은 가끔 일반음식점에서 행해지는 접대행위를 감시하여 경찰에 신고하는 사례가 종종 있습니다. 때론 주변 일반음식점을 문을 닫게 할 악의적인 목적으로 파파라치를 고용하여 위법을 조장하는 사례도 있었습니다.

나. 청구인 업소종업원이 손님의 제안을 거절할 수 없어 동석하여 술을 따라 주고받은 것은 사실이지만 유흥접객행위는 하지 않았습니다. 식품위생법에서 유흥접객원이란 하나의 직업으로 특정업소에서 손님과 함께 술을 마시거나 노래 또는 춤

으로 손님의 유흥을 돋워주고 영업주로부터 보수를 받거나 손님으로부터 팁을 받는 사람을 말합니다.

다. 종업원은 손님에게서 팁을 받은 적도 없고 오히려 손님이 무례한 행동에 대하여 경찰에 무전취식과 성추행으로 신고한 장본인입니다. 만약에 종업원이 유흥접객행위를 했다면 경찰에 신고한다는 생각은 못 했을 것입니다. 이런 주장은 CCTV 영상을 확인하면 다 알 수 있습니다.

라. 그러함에도 피청구인은 자초지종 사실 파악을 하지 않고 종업원의 행위를 유흥접객행위로 단정하여 행정처분을 단행한 것은 재량권을 남용한 것으로 이 사건 처분은 부당합니다.

4. 청구인의 형편과 처지

가. 개인적으로 청구인은 다른 곳에서 식당을 운영하다가 큰 손해를 보고 식당을 접게 된 후, 사는 집 전세를 줄이고 창업자금 9천만 원을 대출받아 마이너스 상태에서 현재의 식당을 개업했습니다. 현재 거주하는 집은 보증금 3천만 원에 월 60만 원입니다. 이런 상태에서 영업정지 1개월 동안 문을 닫게 될 경우, 임대료, 대출이자, 생계비 등을 감당할 방도가 없습니다.

5. 결론

존경하는 행정심판위원님! 청구인은 평상시 법 위반으로 문제가 되면 어렵게 창업한 식당이 끝장이 난다는 각오로 준수사항을 철저히 지키며 영업했습니다. 이 사건은 종업원이 손님의 제안을 끝까지 거절하지 못하고 동석하여 술을 한잔 따라주고 받아 마신 것이 문제가 되었으나, 식품위생법에서 정의하는 유흥접객행위는 아닙니다. 행정심판위원회에서 이런 제반 사안을 밝혀주시어 이사건 행정처분이 취소되는 재결을 내려주시기 바랍니다.

증 거 서 류

1. 갑 제1호증 : 행정처분공문서
1. 갑 제2호증 : 영업신고증
1. 갑 제3호증 : 사업자등록증
1. 갑 제4호증 : 업소 임대차계약서
1. 갑 제5호증 : 집 월세계약서
1. 갑 제6호증 : 병원진단서
1. 갑 제7호증 : 대출확인서
1. 갑 제8호증 : 주민등록등본

0000년 00월 00일

청구인 ○ ○ ○ (인)

○ ○ ○ ○ ○ **행정심판위원회 귀하**

> 영업정지 1개월 처분된 이 사건은 행정심판위원회에서 일부 인용 재결되어 영업정지 15일로 감경되었다.

12) 영업장 외 영업 영업정지취소처분취소 행정심판

■ 행정심판법 시행규칙 [별지 제30호서식] 〈개정 2012.9.20〉

행정심판 청구서

접수번호		접수일	
청구인	성명 ㈜○○○○		
	주소 0000시 00구 00번길 00, 000동 000호		
	주민등록번호(외국인등록번호) 000000-0000000		
	전화번호 000-0000-0000		
[ ] 대표자 [ ] 관리인 [v] 선정대표자 [ ] 대리인	성명 ○○○		
	주소 0000시 00구 00로 00번지 0		
	주민등록번호(외국인등록번호)		
	전화번호 000-0000-0000		
피청구인	○○시 ○○구청장		
소관 행정심판위원회	[ ]중앙행정심판위원회 [v] ○○시·도행정심판위원회 [ ]기타		
처분 내용 또는 부작위 내용	피청구인이 0000.00.00. 청구인에게 한 영업정지 7일 (0000.00.00~0000.00.00) 행정처분		
처분이 있음을 안날	0000.00.00.		
청구 취지 및 청구 이유	별지와 같습니다		
처분청의 불복 절차 고지 유무	유		
처분청의 불복절차 고지 내용	이 사건 처분이 있음을 안 날부터 90일 이내에 행정심판 또는 행정소송을 제기할 수 있습니다.		
증거 서류	별첨 증거 서류 1-6, 첨부서류 1		

「행정심판법」 제28조 및 같은 법 시행령 제20조에 따라 위와 같이 행정심판을 청구합니다.

0000년 00월 00일

청구인 : ㈜0000 대표 000 (인)

○○○○○ 행정심판위원회 귀중

첨부서류	1. 대표자, 관리인, 선정대표자 또는 대리인의 자격을 소명하는 서류(대표자, 관리인, 선정대표자 또는 대 리인을 선임하는 경우에만 제출합니다.) 2. 주장을 뒷받침하는 증거서류나 증거물	수수료 없음

청 구 취 지

피청구인이 0000.00.00.자 청구인에 대하여 한 일반음식점 영업정지 7일
(0000.00.00~0000.00.00) 행정처분은 이를 취소한다는 재결을 구합니다.

청 구 이 유

1. 행정처분 개요

청구인은 0000.00.00.부터 00. 00구 000길 00, 0층 0호(00동) 소재에서 "ㅇ
ㅇㅇㅇ" 상호의 일반음식점을 0000.00.00. 신고(000.00㎡)를 득하여, 영업하
던 중, 0000.00.00. 영업장 앞면 공터 부분에서 영업한 행위로 피청구인에게 적
발되어, 식품위생법 제37조4항을 위반하여, 같은 법 제75조 제1항 및 같은 법 시
행규칙 제89조 별표23(개별기준 3. 식품접객업 8호. 아2)에 근거, 이사건 행정
처분을 받았습니다.

2. 영업장 외 영업부분으로 지적된 공간

가. 청구인이 운영하는 ㅇㅇㅇㅇ 일반음식점은 경양식 레스토랑으로 법인인 ㈜
   ㅇㅇㅇㅇ(대표자 ㅇㅇㅇ 외 0명)이 영업하고 있습니다.

나. 식당이 소재한 건물은 지상 00층 건물로 0층까지는 일면 푸드코트(식당전
   용) 입니다. 식당 입구에서 식당 영업공간 사이에는 건물설계 당시부터 식당
   전용 20㎥ 규모의 공간이 있는데 평소에는 식당 휴게공간으로 사용하다가
   중식 시간 손님이 갑자기 밀릴 때는 불가피하게 잠시 영업시설로 이용하였
   는데, 민원이 접수되었다 하여 피청구인은 이를 영업장 외 영업으로 적발하
   였습니다.

3. 이사건 처분의 위법 부당성

가. 청구인 식당 앞 편의 공간은 애초부터 식당전용 편의 공간으로 설계되었기

때문에 평상시 휴게공간으로 사용하기도 하고 단체관광객 등 내부시설이 부족할 때에 영업시설로 활용했습니다. 이는 도로를 점유하거나 불법 시설물을 설치하여 영업한 것과는 구분이 됩니다.

나. ○○구 ○○○거리 호프집들의 경우 지역 살리기 차원에서 야간시간에 이면도로를 허용하여 옥외영업을 합법화해주기도 하고, 일부 지자체에서는 관광특구 지역에 테라스영업을 허용하는 곳도 점차 증가하고 있습니다. 이런 시책은 비록 식품위생법에 저촉되더라도 지역경제와 상인들의 생계를 우선한 정책적인 고려입니다.

다. 통상 영업장 외 영업은 도로를 무단 점용하여 시민에게 지장을 주거나 임시 시설물 설치하여 그곳에서 영업하는 행태인데, 이건 영업장 외 영업시설은 식당 내 휴게실을 잠시 영업공간으로 이용한 것으로 공공에 불편을 주는 영업장 외 영업행위와는 구분됩니다. 이를 위법으로 단정하여 행정벌을 가하는 것은 자영업자들의 영업 의지를 꺾는 지나친 규제행정입니다.

4. 결론

영업장 외 영업에 대하여는 근래 여러 지방자치단체에서 영업주를 보호하는 정책으로 조례나 규칙을 제정하여 폭넓게 허용하고 있습니다. 이런 시점에 규제를 강화하여 누구에게도 피해가 없는 시설을 불법이라며 적발하고 행정벌을 가하는 것은 소극적인 행정행위로 재고되어야 합니다.

행정심판위원회에서 소극적이고 규제 일변도인 피청구인 행정행위의 부당함을 지적해 주시고 이 사건 행정처분이 취소되도록 재결하여 주시기 바랍니다.

입 증 방 법

1. 갑 제1호증 : 행정처분공문서

1. 갑 제2호증 : 영업신고증

1. 갑 제3호증 : 사업자등록증

1. 갑 제4호증 : 공용부분 사진

1. 갑 제5호증 : 법인등기부등본

1. 갑 제6호증 : 업소 전대차계약서

첨 부 서 류

1. 대표자 선정서

0000년 00월 00일

청구인 : ㈜ ○ ○ ○ ○ 대표 ○ ○ ○ (인)

○ ○ ○ ○ ○시 행정심판위원회 귀중

영업정지 15일 처분된 이 사건은 행정심판위원회에서 기각재결 되었다.

13) 영업장 외 영업 과징금부과처분취소 행정심판

■ 행정심판법 시행규칙 [별지 제30호서식] 〈개정 2012.9.20〉

행정심판 청구서

접수번호	접수일	
청구인	성명 ○○○	
	주소 0000시 00구 00번길 00, 000동 000호	
	주민등록번호(외국인등록번호) 000000-0000000	
	전화번호 000-0000-0000	
[ ] 대표자 [ ] 관리인 [ ] 선정대표자 [ ] 대리인	성명	
	주소	
	주민등록번호(외국인등록번호)	
	전화번호	
피청구인	○○시 ○○구청장	
소관 행정심판위원회	[ ]중앙행정심판위원회 [v] ○○시·도행정심판위원회 [ ]기타	
처분 내용 또는 부작위 내용	피청구인이 0000.00.00. 청구인에게 한 식품위생과징금 0,000,000원 부과처분	
처분이 있음을 안날	0000.00.00.	
청구 취지 및 청구 이유	별지와 같습니다	
처분청의 불복 절차 고지 유무	유	
처분청의 불복절차 고지 내용	이 사건 처분이 있음을 안 날부터 90일 이내에 행정심판 또는 행정소송을 제기할 수 있습니다.	
증거 서류	별첨 증거 서류 1-7	

「행정심판법」 제28조 및 같은 법 시행령 제20조에 따라 위와 같이 행정심판을 청구합니다.

0000년 00월 00일

청구인 ○○○ (인)

○○○○○ 행정심판위원회 귀중

첨부서류	1. 대표자, 관리인, 선정대표자 또는 대리인의 자격을 소명하는 서류(대표자, 관리인, 선정대표자 또는 대 리인을 선임하는 경우에만 제출합니다.) 2. 주장을 뒷받침하는 증거서류나 증거물	수수료 없음

<h1>청 구 취 지</h1>

피청구인이 0000.00.00.자 청구인에 대하여 한 식품위생과징금 0,000,000원 부과처분은 이를 취소한다는 재결을 구합니다.

<h1>청 구 이 유</h1>

1. 행정처분 개요

청구인은 00시 00구 0000으로 0길 00(00동) 1층 소재에서 '00'이라는 일반음식점을 0000.00.00. 영업신고(면적 : 00.00㎡)을 득하여 영업하던 중, 0000.00.00. 영업장 외 영업(2차)행위로 적발되어, 피청구인으로부터 식품위생법 제36조, 제37조 위반으로 같은 법 제75조 제1항에 근거, 같은 법 시행규칙 제89조 별표 23 기준을 적용하여 영업정지 7일에 갈음하는 식품위생과징금 0,000,000원을 부과 받았습니다.

2. 영업장 외 영업 적발 경위

가. 청구인 식당은 ○○ 걷고 싶은 거리에 접한 일반음식점으로, 이곳에서 20년 가까이 영업하면서 ○○ 소금구이 맛집으로 언론에 소개되어 젊은 층 손님과 아시안 관광객이 많이 찾는 식당입니다. 그래서 외국 관광객을 위한 간판도 별도 부착했습니다.

나. 저녁 시간 손님이 몰려 식당이 꽉 찬 경우에는 식당 앞에 접이식 테이블을 내놓고 영업을 했으나 언젠가부터 이 지역에 옥외영업으로 민원이 많이 제기되고 있어, 청구인 식당도 영업장 외 영업으로 적발되어, 0000.00.00. 1차 시정명령을 받았기 때문에 가중처벌되는 2차 적발을 피하려고 손님이 밖에서 내기하여 불만과 불편이 초래되더라도 영업장 외 영업을 하지 않았습니다.

다. 영업 상황과 애로를 말씀드리면, 식당 손님의 60%는 아시안 관광객 손님이 관광지도를 보고 찾아오는데 이때 식당에 손님이 꽉 차게 되면 손님들이 식당 밖에서 30분 이상 기다리는 경우가 많습니다. 국내인이라면 기다리는 시간이 길어지면 다른 식당에도 가지만, 소문을 듣고 지도를 보고 찾아온 외국 관광객들은 자리가 날 때까지 끝까지 순번이 올 때까지 밖에서 기다리다가 먹기 때문에, 영업주로서 미안한 마음이 항상 존재하였습니다. 그래서 위법이 되지 않는 범위에서 대기하는 관광객들에게 편의를 제공하려는 생각에 식당 처마 밑 위치에 의자를 내놓고 손님들이 앉자 대기하도록 하였는데 누군가 이를 신고하여 출동한 피청구인 단속반이 이를 영업장 외 영업행위로 적발하였습니다.

3. 이사건 처분의 위법 부당성

가. 음식점에서 영업장 외 영업이란 일반적으로 영업장 내에서 조리한 음식을 영업장 면적 범위를 초과한 장소에서 판매하는 영업행위를 말합니다. 이건 영업장 외 영업 적발 당시의 상황은 적발 당일도 관광객 대기 손님이 많아 영업장 앞 공간에 간이의자 10여 개를 식당 처마 경계에 바짝 붙여 내놓아 손님이 의자에 앉자 대기토록 한 것뿐인데 이를 영업장 외 영업이라 확대해석하여 단속한 것은 과잉단속으로 재량권의 남용입니다.

4. 결론

행정심판위원회에서 영업장 외 영업으로 적발한 피청구인의 행위가 적법한지를 확인해주시고, 이사건 행정처분의 부당함을 심의하여 주시어 과징금부과처분을 취소한다는 재결을 내려주시기 바랍니다.

증 거 서 류

1. 갑 제1호증1 : 행정처분공문서

1. 갑 제1호증2 : 행정처분명령서

1. 갑 제1호증3 : 과징금부과 고지서

1. 갑 제2호증 : 영업신고증

1. 갑 제3호증 : 사업자등록증

1. 갑 제4호증 : 외국인을 위한 맛집 간판 사진

1. 갑 제5호증 : 의자에 대기 중인 손님 사진

1. 갑 제6호증 : 업소 임대차계약서

1. 갑 제7호증 : 주민등록등본

0000년 00월 00일

청구인 ○ ○ ○ (인)

○ ○ ○ ○ 시 행정심판위원회 귀중

영업정지7일에 해당하는 과징금 0,000,000원은 행정심판에서 일부 인용 재결로 영업정지 3일에 갈음하는 과징금으로 대체되었습니다. 영업장 외 영업은 대부분 기각되나 과잉단속이 인정되어 일부 인용되었다.

14) 신뢰보호의원칙 위반 행정처분 영업정지처분취소 행정심판

■ 행정심판법 시행규칙 [별지 제30호서식] 〈개정 2012.9.20〉

행정심판 청구서

접수번호	접수일	
청구인	성명 ○○○	
	주소 0000시 00구 00번길 00, 000동 000호	
	주민등록번호(외국인등록번호) 000000-0000000	
	전화번호 000-0000-0000	
[ ] 대표자 [ ] 관리인 [ ] 선정대표자 [ ] 대리인	성명	
	주소	
	주민등록번호(외국인등록번호)	
	전화번호	
피청구인	○○시 ○○구청장	
소관 행정심판위원회	[ ]중앙행정심판위원회 [v] ○○시·도행정심판위원회 [ ]기타	
처분 내용 또는 부작위 내용	피청구인이 0000.00.00. 청구인에게 한 영업정지 15일 (0000.00.00~0000.00.00) 행정처분	
처분이 있음을 안날	0000.00.00.	
청구 취지 및 청구 이유	별지와 같습니다	
처분청의 불복 절차 고지 유무	유	
처분청의 불복절차 고지 내용	이 사건 처분이 있음을 안 날부터 90일 이내에 행정심판 또는 행정소송을 제기할 수 있습니다.	
증거 서류	별첨 증거 서류 1-6	

「행정심판법」 제28조 및 같은 법 시행령 제20조에 따라 위와 같이 행정심판을 청구합니다.

0000년 00월 00일

청구인 ○○○ (인)

○○○○○ 행정심판위원회 귀중

첨부서류	1. 대표자, 관리인, 선정대표자 또는 대리인의 자격을 소명하는 서류(대표자, 관리인, 선정대표자 또는 대리인을 선임하는 경우에만 제출합니다.) 2. 주장을 뒷받침하는 증거서류나 증거물	수수료 없음

청 구 취 지

피청구인이 0000.00.00.자 청구인에 대하여 한 일반음식점 영업정지 15일 (0000.00.00~0000.00.00) 행정처분은 이를 취소한다는 재결을 구합니다.

청 구 이 유

1. 사건 개요

청구인은 0000.00.00.부터 피청구인으로부터 "○○○포차"라는 일반음식점 허가(000.00㎡)를 받아 00시 00구 00로 00길 00, (00동) 소재에서 영업하던 중, 0000.00.00. 00시경 식당 앞 공간에 접이식 테이블 5개를 펴고 영업하다가 경찰 단속반에 영업장 외 영업행위 3차 위반으로, 식품위생법 제36조, 제37조를 위반으로 피청구인으로부터 이사건 행정처분을 받았습니다.

2. 사건 발생 경위

가. 청구인 식당은 2차선 도로변 건물 1층에 소재한 포차 식당입니다. 영업장 외 영업은 금요일과 토요일에 손님이 한꺼번에 몰리는 퇴근 시간에 한해 식당 앞 공간에 이동식 테이블을 펴고 영업을 하는 형태인데, 청구인은 아래와 같이 3차에 걸쳐 영업장 외 영업으로 적발되었습니다. 0000.00.00. 1차 시정명령, 0000.00.00 2차 영업정지 7일에 갈음하는 과징금 0,000,000원 처분, 0000.00.00. 3차 이사건 영업정지 15일, 의 행정처분을 받았습니다.

나. 청구인은 이사건 3차 행정처분 이전은, 이미 2차 처분을 받은 상태이기에, 다시 적발되면 가중처벌로 영업정지 15일이 처분되는 것을 알기 때문에, 비록 인근 식당에서 영업장 외 영업을 하더라도 가중처벌이 두려워 일절 영업장 외 영업을 하지 않았습니다.

다. 그런데 이번 경찰 합동단속 며칠 전, 서울신문과 중앙경제에서 메르스 피해

상인 돕기 차원에서 00구가 00시 최초로 영업장 외 영업을 한시적으로 허용한다는 신문 보도가 있었습니다. 피청구인에게도 확인한 결과 영업장 외 영업시간과 면적이 제한 되는 범위에서 가능하다는 답변을 들었습니다.

라. 다음은 0000년 0월 00일 서울신문 기사입니다.

"00구가 00시 처음으로 오는 10월까지 음식점 주변 옥외영업 단속을 한시적으로 중단하기로 해 화제다. 이는 최근 메르스 사태로 매출이 급감한 동네 음식점에 힘을 보태고 활력을 잃은 지역 경제에 숨통을 틔우려는 조치로 풀이된다." (중간 생략)

> (기사 내용 요약)
> 대상 : 일반음식점, 휴게음식점, 제과점
> 시간 : 오후 6시~10시
> 범위 : 식품접객업소 신고 된 객석 면적의 50% 내 옥외영업

마. 이 기사에 대해 청구인은 물론 인근 식당 업주들은 피청구인의 지역경제 살리기 차원에서 조치한 결정에 크게 감사하며 청구인도 옥외영업 허용범위 내에서 옥외영업을 시작하였습니다.

바. 그런데 0000.00.00. 밤 0시경 00 경찰서에서 영업장 외 영업 합동단속이 나왔습니다. 당시 청구인과 주변 식당 영업주들은 단속 경찰관에게 구청에서 한시적으로 허용한 옥외영업을 단속하는 것은 부당하다고 항의했습니다. 경찰은 민원이 접수되고 영업장 외 영업행위 자체가 법에 위반되어 어쩔 수 없이 단속하지 않을 수 없다면서 단속을 집행하였습니다. 상인들은 비록 경찰에서 단속했더라도 한시적으로 영업장 외 영업을 허용한 피청구인이 내부적으로 종결을 해 줄 거라는 기대를 했습니다. 그런데 피청구인은 경찰 단속 통보를 그대로 받아들여 이사건 행정처분을 단행하였습니다.

3. 이사건 처분의 위법 부당성

가. 이사건 처분은 신뢰 보호의 원칙을 위반하였습니다.

「대법원 2001.9.28. 선고 2000두8684 판결, 대법원 2006.2.24. 선고 2004두13592 판결, 대법원 2006.2.24. 선고 2004두13592 판결, 내용에는, 일반적으로 행정상의 법률관계에 있어서 행정청의 행위에 대하여 신뢰 보호의 원칙이 적용되기 위해서는, 첫째 행정청이 개인에 대하여 신뢰의 대상이 되는 공적인 견해표명을 하여야 하고, 둘째 행정청의 견해표명이 정당하다고 신뢰한 데에 대하여 그 개인에게 귀책사유가 없어야 하며, 셋째 그 개인이 그 견해표명을 신뢰하고 이에 상응하는 어떠한 행위를 해야 했고, 넷째 행정청이 위 견해표명에 반하는 처분을 함으로써 그 견해표명을 신뢰한 개인의 이익이 침해되는 결과가 초래되어야 하며, 마지막으로 견해표명에 따른 행정처분을 할 때 이로 인하여 공익 또는 제삼자의 정당한 이익을 현저히 해할 우려가 있는 경우가 아니어야 한다고 명시하고 있습니다.」

나. 영업장 외 영업을 한시적으로 허용한다는 보도가 없었다면 청구인의 경우 3차 위반으로 가중처벌이 되기 때문에 영업을 하지 않았을 것입니다. 이건 영업장 외 영업은 전적으로 식당 영업허가권자인 피청구인의 공적인 허락이 있었기 때문입니다.

다. 그러함에도 피청구인은 이 사건 행정처분은 피청구인이 실시한 단속이 아니고 경찰에서 위법사항을 적발하여 통보된 건이기에 어쩔 수 없이 행정처분의 대상이 되었다는 주장입니다. 그러나 행정청과 국민 간의 법률적이고 공적인 약속은 신뢰 보호의 원칙에 따라 지켜져야 합니다. 그러함에도 공적인 약속에 반대되는 처분을 하였다면 이는 신뢰보호의원칙을 위반한 것입니다.

4. 결론

행정청이 시민에게 한 약속은 지켜져야 합니다. 그러나 피청구인은 자신이 한 약속을 스스로 깨버리고 이를 믿고 따르는 시민에게 행정벌을 가했습니다. 이는 행정청에서 금과옥조처럼 여겨야 할 신뢰 보호 원칙을 저버리는 행위입니다. 행정심판위원회에서 이를 확인해주시어 이건 영업정지 처분이 취소되도록 재결하여 주시기 바랍니다.

증거 서류

1. 갑 제1호증 : 행정처분공문서
1. 갑 제2호증 : 영업신고증
1. 갑 제3호증 : 사업자등록증
1. 갑 제4호증 : 신문기사 2매(서울신문, 아세아경제)
1. 갑 제5호증 : 업소 임대차계약서
1. 갑 제6호증 : 주민등록등본

0000년 00월 00일

청구인 ○ ○ ○ (인)

○ ○ ○ ○시 행정심판위원회 귀중

영업정지 15일 처분된 이 사건은 행정심판위원회에서 인용재결로 영업정지가 취소되었다.

15) 유통기한 경과 제품 판매목적보관 과징금부과처분취소 행정심판

■ 행정심판법 시행규칙 [별지 제30호서식] 〈개정 2012.9.20〉

행정심판 청구서

접수번호	접수일	
청구인	성명 ㈜○○○○	
	주소 0000시 00구 00번길 00, 000동 000호	
	주민등록번호(외국인등록번호) 000000-0000000	
	전화번호 000-0000-0000	
[ ] 대표자 [ ] 관리인 [v] 선정대표자 [ ] 대리인	성명 ○○○	
	주소 0000시 00구 00로 00번지 0	
	주민등록번호(외국인등록번호)	
	전화번호 000-0000-0000	
피청구인	○○시 ○○구청장	
소관 행정심판위원회	[ ]중앙행정심판위원회 [v] ○○시·도행정심판위원회 [ ]기타	
처분 내용 또는 부작위 내용	피청구인이 0000.00.00. 청구인에게 한 식품위생과징금 00,000,000원 부과처분	
처분이 있음을 안날	0000.00.00.	
청구 취지 및 청구 이유	별지와 같습니다	
처분청의 불복 절차 고지 유무	유	
처분청의 불복절차 고지 내용	이 사건 처분이 있음을 안 날부터 90일 이내에 행정심판 또는 행정소송을 제기할 수 있습니다.	
증거 서류	별첨 증거 서류 1-9, 선정대표자선정서 1.	

「행정심판법」 제28조 및 같은 법 시행령 제20조에 따라 위와 같이 행정심판을 청구합니다.

0000년 00월 00일

청구인 : ㈜ ○○○○ 대표 ○○○ (인)

○○○○○ 행정심판위원회 귀중

첨부서류	1. 대표자, 관리인, 선정대표자 또는 대리인의 자격을 소명하는 서류(대표자, 관리인, 선정대표자 또는 대 리인을 선임하는 경우에만 제출합니다.) 2. 주장을 뒷받침하는 증거서류나 증거물	수수료 없음

청 구 취 지

피청구인이 0000.00.00.자 청구인에 대하여 한, 식품위생과징금 00,000,000원 부과처분은 이를 취소한다는 재결을 구합니다.

청 구 이 유

1. 행정처분 개요

청구인은 00시 00구 000호 00(00동, 0층) 소재에서 "○○ 포차"라는 음식점을 0000.00.00. 피청구인으로부터 신고(면적 : 000.00㎡) 받아 운영하던 중, 냉장고에 유통기한이 지난 어묵을 보관하다가 0000.00.00. 피청구인 위생점검반에 적발되어, 피청구인으로부터 "유통기한 경과 식품 조리목적 판매보관"으로 식품위생법 제44조 제1항 및 같은 법 시행규칙 제57조 별표17, 같은 법 제75조 제1항과 같은 법 시행규칙 89조 별표23, 행정처분 기준Ⅱ. 개별기준 3. 식품접객업 10호 가목 4항에 근거하여 이사건 행정처분을 받았습니다.

2. 유통기한 경과 식품 보관 경위

가. 청구인 일반음식점은 주식회사 ○○○ 법인이 운영하는 포차 형태의 식당으로, 위치는 00구 00동 00 상권에 소재하여 주 고객이 대학생 등 젊은 고객층이며 식당 메뉴는 00 등 20여 종류의 술안주입니다.

나. 식당 냉장고에서 유통기한이 지난 어묵이 발견된 경위입니다. 청구인 식당은 규모가 비교적 큰 편으로 모든 식자재는 주방장 책임으로 당일 소비를 원칙으로 당일 소비할 분량에 맞추어 주문해 왔습니다. 그런데 0월 00일 어묵 주문량이 평소보다 많은 분량이 주문된 이유는 식당에 식재료를 공급하는 회사가 0월 00일~0월 00까지 추석 연휴로 휴무하기 때문에 이에 대비하여 식자재를 넉넉하게 구매한 조치입니다.

다. 공급된 어묵은 추석 연휴 기간 거의 소비되고 5봉지가 남았는데 다른 식재료를 냉장실에 추가로 넣는 과정에 어묵 5봉지가 냉장실 뒤로 밀려 보관된 것입니다. 주방장도 이 사실을 모르고 있었고 결국 어묵은 유통기한이 지난 채로 방치되었던 것입니다.

3. 이사건 처분의 위법 부당성

가. 식품위생법 시행규칙 제57조 별표17 제6호. 식품접객업자 준수사항 카목의 내용을 보면, 식품접객업자가 유통기한이 경과된 원료 또는 완제품을 조리 판매의 목적으로 보관하거나 이를 음식물의 조리에 사용하여서는 아니 된다. 라고 규정하고 있고 이를 위반한 경우는 영업정지나 과징금처분의 행정벌을 받게 되어있습니다.

나. 이 경우, 행정벌을 받는 경우는 식품접객업자가 유통기한이 경과된 원료 또는 완제품을 조리판매의 목적으로 보관하거나 이를 음식물의 조리에 사용하였을 경우입니다. 그러나 청구인 식당의 경우는 전혀 다릅니다. 팔기 위한 어묵이 아니고 팔고 남은 어묵 잔량이 냉장실 뒷로 밀려 방치되었다가 유통기한이 지났을 뿐입니다.

다. 사실이 이러함에도 피청구인은 유통기한이 지난 식품이 냉장고에 보관된 것만으로 이를 조리목적으로 보관한 것이라 단정하여 행정처분 기준을 그대로 적용, 행정벌을 과하는 것은 재량권의 남용으로 이건 처분은 부당합니다.

라. 이건 과징금은 적발된 시점의 전년도 총매출액을 기준 하여 산정되었으나 이를 살펴보면 실재로 지출된 인건비, 재료비, 관리비 등이 반영되지 않아 실재보다 과도하게 부과된 측면이 있어 재산정이 필요합니다.

4. 결론

그러므로 피청구인이 판매 목적 유통기한 경과 식품 보관이란 주장은 사실과 다르며, 과징금도 기계적 산출로 불합리하게 부과되었습니다. 행정심판위원회에서 이 사건 과징금부과를 취소하여 주시기 바랍니다.

입 증 방 법

1. 갑 제1호증 : 과징금 처분공문서
1. 갑 제2호증 : 과징금 고지서
1. 갑 제3호증 : 영업신고증 사본
1. 갑 제4호증 : 사업자등록증 사본
1. 갑 제5호증 : 법인 등기부등본
1. 갑 제6호증 : 상가임대차계약서
1. 갑 제7호증 : 유통기한 초과식품(어묵 사진)
1. 갑 제8호증 : 연휴 직전일 식자재 납품 명세서
1. 갑 제9호증 : 연휴 다음날 식자재 납품 명세서

첨 부 서 류

1. 선정대표자선정서

0000년 00월 00일

청구인 : ㈜ 0000 대표 ○ ○ ○(인)

○ ○ ○ ○ ○ **행정심판위원회 귀중**

영업정지 15일에 갈음하는 이사건 식품위생과징금 00,000,000원 부과처분은 행정심판위원회에서 기각재결 되었다.
통상 유통기한경과 등 먹는 식품에 대한 행정심판은 합당한 해명이 아니면 기각 재결된다.

16) 유통기한 경과 제품 판매목적보관 영업정지처분취소 행정심판

■ 행정심판법 시행규칙 [별지 제30호서식] 〈개정 2012.9.20〉

행정심판 청구서

접수번호		접수일	
청구인	성명 ○○○		
	주소 0000시 00구 00번길 00, 000동 000호		
	주민등록번호(외국인등록번호) 000000-0000000		
	전화번호 000-0000-0000		
[ ] 대표자 [ ] 관리인 [ ] 선정대표자 [ ] 대리인	성명		
	주소		
	주민등록번호(외국인등록번호)		
	전화번호		
피청구인	○○시 ○○구청장		
소관 행정심판위원회	[ ]중앙행정심판위원회 [v] ○○시·도행정심판위원회 [ ]기타		
처분 내용 또는 부작위 내용	피청구인이 0000.00.00. 청구인에게 한 영업정지 15일 (0000.00.00~0000.00.00) 행정처분		
처분이 있음을 안날	0000.00.00.		
청구 취지 및 청구 이유	별지와 같습니다		
처분청의 불복 절차 고지 유무	유		
처분청의 불복절차 고지 내용	이 사건 처분이 있음을 안 날부터 90일 이내에 행정심판 또는 행정소송을 제기할 수 있습니다.		
증거 서류	별첨 증거 서류 1-11		

「행정심판법」 제28조 및 같은 법 시행령 제20조에 따라 위와 같이 행정심판을 청구합니다.
0000년 00월 00일
청구인 ○○○ (인)

○○○○○ 행정심판위원회 귀중

첨부서류	1. 대표자, 관리인, 선정대표자 또는 대리인의 자격을 소명하는 서류(대표자, 관리인, 선정대표자 또는 대 리인을 선임하는 경우에만 제출합니다.) 2. 주장을 뒷받침하는 증거서류나 증거물	수수료 없음

청 구 취 지

피청구인이 0000.00.00.자 청구인에 대하여 한 일반음식점 영업정지 15일 (0000.00.00~0000.00.00) 행정처분은 이를 취소한다는 재결을 구합니다.

청 구 이 유

1. 행정처분 개요

청구인은 0000.00.00일부터 00군 00읍 0000로 000, 소재에서 "ㅇㅇㅇㅇ"이라는 김밥 전문집을 운영하던 중, 유통기한이 지나간 식품(새우 칩)을 식품창고에 보관하고 있다는 이유로, 0000.00.00. 피청구인 단속반에 적발되어 유통기한 경과 제품 판매목적보관으로, 식품위생법 제44조 제1항 및 같은 법 시행규칙 제57조 별표 17, 같은 법 제75조 제1항과 같은 법 시행규칙 89조 별표23 기준에 근거, 이사건 행정처분을 받았습니다.

2. 유통기한 초과 제품구매 및 보관 경위

가. 피청구인 위생점검반에 의해 유통기한이 경과 한 "새우 칩"은 기름에 튀겨서 부피를 팽창시켜 간식용으로 먹는 식품으로 김밥집에서 소비하는 식재료가 아닙니다.

나. 이 제품을 구매하게 된 경위는 0000.00.00. 00구 00동 소재의 ㅇㅇㅇ 마트에서, 라면 등 공산품을 사면서 사은품으로 증정받은 제품입니다. 그 당시 식품 마트는 자체행사로 일정액 이상 구매고객에게 새우 칩 1kg을 사은품으로 증정하였는데 이때 사은품으로 받은 것입니다.

3. 이사건 행정처분의 위법 부당함.

가. 식품위생법 시행규칙 제57조 별표17 제6호 식품접객업자의 준수사항 카목은 식품접객업자가 유통기한이 지난 원료 또는 완제품을 조리판매의 목적으로

보관하거나 이를 음식물의 조리에 사용하였을 경우, 1차 위반 시 영업정지 15일을 하도록 정하여 있고, 같은 법 제82조 및 같은 법 시행령 제53조 별표 1 제2호에 의하면 영업정지에 갈음하는 기간을 과징금으로 갈음할 수 있다고 규정되어 있습니다.

나. 이 경우 위 법 조항이 적용되기 위해서는 이 사건의 경우, 유통기한이 지난 새우 칩이 "조리판매의 목적으로 보관하거나 음식물의 조리에 사용되었을 경우" 입니다. 그러나 청구인 식당에서는 유통기한이 지난 새우 칩을 보관하게 된 경위는 사은품으로 받아 직원들이 간식으로 먹고 남은 것을 식품창고에 내버려 뒀을 뿐으로 식당에서 판매하기 위해 보관한 것이 아닙니다.

다. 청구인은 이러한 사실을 피청구인에게 의견제출을 통해 자상하게 해명하였음에도, 일단 유통기한이 지난 식품이 식품 재료 창고에 보관되었기 때문에 어쩔 수 없다. 부당하다고 생각하면 행정심판을 청구하여 판단을 받으라면서, 이사건 행정처분을 하였습니다. 이는 무책임한 행정편의주의적 발상에서 처분이 강행된 것으로 재량권의 남용입니다.

4. 결론

가. 청구인은 이 사건에 대해 다음과 같이 위법부당함을 주장합니다. ① 이 사건 새우 칩 구매는 사은품으로 받은 것으로 판매용과 구별됩니다. ② 새우 칩이 김밥 재료로 사용될 수가 없으며, 유통기한이 4개월 이상 지난 새우 칩 반 봉지만이 식품창고에서 발견된 사실 자체는 새우 칩이 그간 식재료로 사용되지 않았다는 다른 증거입니다. ③ ○○○○은 프랜차이즈 업소로 위생, 레시피, 시설, 가격 면에서 일반 김밥과 차별화되어 본사에서 계약이행 여부를 엄격하게 통제하며 업소에서도 자긍심을 가지고 정해진 레시피에 의해 지정된 식재료만을 사용하고 있습니다.

나. 행정심판위원회에서 모든 상황을 파악해 주시어 행정 편의적인 발상에서 재
량권을 남용하여 무책임하게 처분한 이사건 행정처분을 취소하는 재결을 내
려주시기 바랍니다.

증 거 서 류

1. 갑 제1호증 : 행정처분공문서

1. 갑 제2호증 : 영업신고증

1. 갑 제3호증 : 사업자등록증

1. 갑 제4호증 : 사은품으로 받은 새우칩 사진

1. 갑 제5호증 : 새우칩(간식용)과 왕새우(조리용) 비교사진

1. 갑 제6호증 : 의견제출서

1. 갑 제7호증 : 식품회사(사은품으로 지급된)확인서

1. 갑 제8호증 : 본사 식재료 납품 리스트

1. 갑 제9호증 : 새우칩이 김밥재료와 무관하다는 본사확인서

1. 갑 제10호증 : 상가 임대차계약서

1. 갑 제11호증 : 주민등록등본

0000년 00년 00일

청구인 ○ ○ ○ (인)

○ ○ ○ 도 행정심판위원회 귀중

영업정지 15일 처분된 이 사건은 행정심판위원회에서 일부 인용 재결로 영업
정지 7일로 감경되었습니다.
유통기한 초과 행정심판은 대부분 기각이나 합당한 해명이 인정되어 일부 인
용 재결되었다.

17) 무신고업체 제조식품 판매식당 영업정지처분취소 행정심판

■ 행정심판법 시행규칙 [별지 제30호서식] 〈개정 2012.9.20〉

행정심판 청구서

접수번호	접수일	
청구인	성명 ○○○	
	주소 0000시 00구 00번길 00, 000동 000호	
	주민등록번호(외국인등록번호) 000000-0000000	
	전화번호 000-0000-0000	
[ ] 대표자 [ ] 관리인 [ ] 선정대표자 [ ] 대리인	성명	
	주소	
	주민등록번호(외국인등록번호)	
	전화번호	
피청구인	○○시 ○○구청장	
소관 행정심판위원회	[ ]중앙행정심판위원회 [v] ○○시·도행정심판위원회 [ ]기타	
처분 내용 또는 부작위 내용	피청구인이 0000.00.00. 청구인에게 한 영업정지 1개월 (0000.00.00~0000.00.00)행정처분	
처분이 있음을 안날	0000.00.00.	
청구 취지 및 청구 이유	별지와 같습니다	
처분청의 불복 절차 고지 유무	유	
처분청의 불복절차 고지 내용	이 사건 처분이 있음을 안 날부터 90일 이내에 행정심판 또는 행정소송을 제기할 수 있습니다.	
증거 서류	별첨 증거 서류 1-7	

「행정심판법」 제28조 및 같은 법 시행령 제20조에 따라 위와 같이 행정심판을 청구합니다.
0000년 00월 00일
청구인 ○○○ (인)

○○○○○ 행정심판위원회 귀중

첨부서류	1. 대표자, 관리인, 선정대표자 또는 대리인의 자격을 소명하는 서류(대표자, 관리인, 선정대표자 또는 대 리인을 선임하는 경우에만 제출합니다.) 2. 주장을 뒷받침하는 증거서류나 증거물	수수료 없음

청 구 취 지

피청구인이 0000.00.00자 청구인에 대하여 한 일반음식점 영업정지 1개월 (0000.00.00~0000.00.00) 행정처분은 이를 취소한다는 재결을 구합니다.

청 구 이 유

1. 행정처분 개요

가. 청구인은 0000.00.00. 일부터 00시 00구 00로 000) 소재에서 "○○○"이라는 일반음식점을 피청구인으로부터 신고(면적 : 000㎥)받아 운영하던 중, 0000.00.00. 피청구인으로부터 무신고 즉석판매제조가공업자가 제조한 식품을 판매하는 것으로 적발되어, 피청구인으로부터 식품위생법 제4조7호 위반으로, 식품위생법시행규칙 제89조 별표23(개별기준 3. 식품접객업 1호. 사)의거 이사건 행정처분을 받았습니다.

2. 무신고업체 식품 공급 경위

가. 청구인 일반음식점은 한우를 전문하는 프랜차이즈 식당으로 식당에서 사용되는 고기와 무채 등 판매 식재료 모두는 본사인 ○○○○에서 납품해주는 재료를 공급받아 영업하고 있습니다. 그런데 0000.00.00. 피청구인으로부터 "무신고 즉석판매제조가공업자 ○○○○이 제조한 무생채 사용"이란 내용으로 영업정지 1개월 사전처분통지서와 이에 따른 의견을 제출하라는 통보를 받았습니다.

나. 청구인은 행정처분 사전통지에 명시된 "무신고 즉석판매제조가공업자 ○○○○가 제조한 무생채 사용"이라는 내용을 전혀 몰라 피청구인에게 알아본 결과, 프랜차이즈 본사에서 가맹점에 납품한 '무생채'를 즉석판매가공판매업 영업허가를 득하지 않고 제조 판매하다가 0000.00.00. 식품의약품안전처에 적발되었다는 사실을 알게 되었습니다.

다. 이후 식품의약품안전처에서 본사 ○○○○ 거래장부를 확인하는 과정에서 가맹점인 청구인 식당에 무채가 납품된 것이 확인되어 식품의약품안전처는 피청구인에게 식품위생법 제4조7호 위반 "무신고 즉석판매제조가공업자가 제조한 무생채"를 납품받아 사용한 청구인 식당에 식품위생법 위반으로 행정처분을 가하도록 통보한 것입니다.

라. 이에 의견제출을 하여, 본사에서 납품해준 무채를 청구인 식당에서 사용한 것은 사실이나, 본사가 식품위생법을 위반한 상태에서 무생채를 무단으로 제조 판매한 내막까지는 알 수 없었던 것이기에 가맹점인 식당에까지 행정처분을 확대하는 것은 부당하다고 의견을 제출하였습니다.

3. 이사건 처분의 위법 부당성

가. 행정처분은 어떤 위법을 발생하게 한 원인자에게 가하는 것이 상식이며 법의 원칙입니다. 그래서 프랜차이즈 본사가 법을 위반한 것이기에, 당사자가 처벌을 받으면 되는 것이지 아무것도 모르는 납품 받은 업체에까지 처벌을 확대하는 것은 부당한 조치입니다. 부언하면 프랜차이즈 본사와 가맹점과의 관계는 실재 갑과 을의 관계로 계약이 존재하는 한 가맹점은 본사를 신뢰할 수밖에 구조이며 을은 납품되는 물품에 대해서는 믿고 소비하는 것이 오랜 관행입니다. 가맹점이 살아야 본사가 사는 것이 순리인데 본사에서 가맹점을 죽이려고 허가 없이 식품을 제조하여 납품한다는 것은 생각할 수도 없는 것입니다.

나. 그러함에도, 피청구인은 본사와 가맹점과의 특수성을 전혀 고려하지 않고 행정처분 의뢰가 있는 것만으로 가맹점까지 책임을 확대하여 행정벌을 가하는 것은 법의 확대적용이고 재량권의 남용입니다.

4. 결론

비록 식품위생법에 피 납품업체도 처벌 대상이 된다 하더라도 사실상 아무것도 모를 수밖에 없는 가맹점에까지 행정벌을 가하는 것은 법의 확대적용으로 재량권을 남용하는 것입니다. 행정심판위원회에서 불합리함을 판단해주시어 이사건 영업정지 처분을 취소한다는 재결을 하여 주시기 바랍니다.

증 거 서 류

1. 갑 제1호증 : 행정처분공문서
1. 갑 제2호증 : 영업신고증
1. 갑 제3호증 : 사업자등록증
1. 갑 제4호증 : 가맹점계약서
1. 갑 제5호증 : 의견제출서
1. 갑 제6호증 : 임대차계약서
1. 갑 제7호증 : 주민등록등본

0000년 00월 00일

청구인 ○ ○ ○ (인)

○ ○ ○ ○시 행정심판위원회 귀중

영업정지 1개월 처분된 이 사건은 행정심판위원회에서 기각 재결되었다. 정상참작 사유는 있으나, 국민건강에 직결되는 무신고 제품판매 건으로 기각된 것으로 사료 된다.

18) 일반식당 청소년고용 영업정지처분취소 행정심판

■ 행정심판법 시행규칙 [별지 제30호서식] 〈개정 2012.9.20〉

행정심판 청구서

접수번호		접수일	
청구인		성명 ○○○	
		주소 0000시 00구 00번길 00, 000동 000호	
		주민등록번호(외국인등록번호) 000000-0000000	
		전화번호 000-0000-0000	
[ ] 대표자 [ ] 관리인 [ ] 선정대표자 [ ] 대리인		성명	
		주소	
		주민등록번호(외국인등록번호)	
		전화번호	
피청구인		○○시 ○○구청장	
소관 행정심판위원회		[ ]중앙행정심판위원회 [v] ○○시·도행정심판위원회 [ ]기타	
처분 내용 또는 부작위 내용		피청구인이 0000.00.00. 청구인에게 한 영업정지 3개월 (0000.00.00~0000.00.00) 행정처분	
처분이 있음을 안날		0000.00.00.	
청구 취지 및 청구 이유		별지와 같습니다	
처분청의 불복 절차 고지 유무		유	
처분청의 불복절차 고지 내용		이 사건 처분이 있음을 안 날부터 90일 이내에 행정심판 또는 행정소송을 제기할 수 있습니다.	
증거 서류		별첨 증거서류 1-6	

「행정심판법」 제28조 및 같은 법 시행령 제20조에 따라 위와 같이 행정심판을 청구합니다.
0000년 00월 00일
청구인 ○○○ (인)

○○○○○ 행정심판위원회 귀중

첨부서류	1. 대표자, 관리인, 선정대표자 또는 대리인의 자격을 소명하는 서류(대표자, 관리인, 선정대표자 또는 대 리인을 선임하는 경우에만 제출합니다.) 2. 주장을 뒷받침하는 증거서류나 증거물	수수료 없음

청구취지

피청구인이 0000.00.00.자 청구인에 대하여 한 일반음식점 영업정지 3개월
(0000.00.00~0000.00.00)행정처분은 취소한다는 재결을 구합니다.

청구이유

1. 행정처분 개요

청구인은 000, 000, 00번 길 0(00동 1층) 소재에서 「ㅇㅇㅇㅇ」이라는 상호의 일
반음식점을 피청구인으로부터 영업신고(면적 : 00.00㎡)를 받아 운영하던 중,
0000.00.00. 피청구인 위생점검반으로부터 술을 파는 식당에서 청소년을 고용
하여 일을 시키는 것은 청소년 보호법에 위반된다 하여, 0000.00.00. 피청구인
으로부터 "청소년 유해업소 청소년고용행위"로 식품위생법 제44조 제2항 3호
위반, 제75조 및 시행규칙 제89조 별표23에 근거 행정처분을 받았습니다.

2. 사건 발생 경위

가. 청구인 일반음식점은 국수를 전문하는 식당이며, 0000년 개업하여 식당 대
　표자가 아들로 바뀐 적이 있으나, 실재 청구인이 00년간 운영하고 있습니다.
　영업은, 청구인은 주방 일을 총괄하며 아들과 며느리는 종업원과 함께 홀에
　서 일합니다.

나. 청소년(ㅇㅇㅇ, 남, 18세)을 아르바이트로 채용한 경위입니다. 청구인은 식
　당에서 주방청소, 화장실관리, 신발 정리 등 잡일을 맡기기 위한 종업원이 필
　요하여 0000.00.00 이사건 청소년아르바이트를 채용하였습니다. 채용 당시
　청소년이라는 사실을 알고 있기에 부모동의서도 받았습니다. 아르바이트가
　청소년임을 알고도 채용한 것은 비록 식당에서 술은 취급하지만, 술을 전문
　으로 취급하는 업소가 아니고 전 등 안주에 술을 판매하는 일반식당이고 또
　채용 목적도 청소 등 잡일을 맡기기 위해서였기 때문입니다.

다. 그러함에도 청소년고용으로 문제가 발단된 것은 위생점검반이 위생점검을 진행하는 과정에 종업원의 건강진단결과서(보건증)를 확인하는 과정에 18세 청소년이 종업원으로 근무하는 것을 발견하고, 술을 취급하는 식당에서 청소년을 근무시키는 것은 청소년 유해업소 청소년고용에 해당한다며 확인서를 받아가 행정처분을 단행했습니다.

3. 이 사건 처분의 위법 부당성

가. 청소년 보호법 제2조 및 같은 법 시행령 제6조 2항 2에서 거론되는, 식품위생법에서 대통령령으로 정하는 청소년고용금지업소의 범위는 일반음식 점중 음식류의 조리보다는 주류의 판매를 목적으로 하는 소주방, 호프집, 카페 등의 영업형태로 운영되는 영업이라고 법령으로 정의하고 있습니다.

나. 그런데 청구인 식당은 위 범주에 속하지 않습니다. 청구인 식당은 비록 술은 팔지만, 술을 전문적으로 취급하는 주점과는 다릅니다. 그리고 이 사건 위반으로 어떤 처벌도 받지 않았습니다.

다. 이러함에도, 청구인 식당에 청소년 유해업소 청소년고용이란 위반항목을 적용하여 행정처분을 단행한 것은 법의 확대적용이며 재량권의 남용입니다. 그러므로 피청구인이 위법부당하게 처분한 이사건 영업정지 3개월 명령은 마땅히 취소되어야 합니다.

4. 결론

청구인 업소는 20년 이상 지역 맛집으로 알려져 있고, 2대째 가업으로 정직함과 자존심을 지키며 영업해 온 식당입니다. 잘못한 대가가 있다면 응당한 처벌을 따라야 하지만 청소년을 고용하면서 부모의 동의를 받았으며, 식당에서 시키는 일도 홀 청소, 주방청소, 신발 정리 등 잡다한 일입니다.

그러함에도 청소년 유해업소 청소년고용이라는 무거운 법 조항을 적용하여 영업정지 3개월을 처분한 것은, 법의 확대적용이고 재량권을 남용한 위법부당한 처분입니다. 행정심판위원회에서 위법부당함을 밝혀주시어 이사건 행정처분을 취소한다는 재결을 내려주시기 바랍니다.

증 거 서 류

1. 갑 제1호증 : 행정처분 공문
1. 갑 제2호증 : 영업신고증
1. 갑 제3호증 : 사업자등록증
1. 갑 제4호증 : 미성년자취업 부모동의서
1. 갑 제5호증 : 청소년증 사본
1. 갑 제6호증 : 업주 주민등록등본

0000년 00월 00일

청구인   ○ ○ ○ (인)

○ ○ ○ ○ ○ **행정심판위원회 귀중**

영업정지 3개월 처분된 이 사건은 행정심판위원회에서 인용 재결되어 영업정지가 취소되었다.

19) 호프집 청소년고용 영업정지처분취소 행정심판

■ 행정심판법 시행규칙 [별지 제30호서식] 〈개정 2012.9.20〉

행정심판 청구서

접수번호	접수일	
청구인	성명 ○○○	
	주소 0000시 00구 00번길 00, 000동 000호	
	주민등록번호(외국인등록번호) 000000-0000000	
	전화번호 000-0000-0000	
[ ] 대표자 [ ] 관리인 [ ] 선정대표자 [ ] 대리인	성명	
	주소	
	주민등록번호(외국인등록번호)	
	전화번호	
피청구인	○○시 ○○구청장	
소관 행정심판위원회	[ ]중앙행정심판위원회 [v] ○○시·도행정심판위원회 [ ]기타	
처분 내용 또는 부작위 내용	피청구인이 0000.00.00. 청구인에게 한 영업정지 45일 (0000.00.00~0000.00.00) 행정처분	
처분이 있음을 안날	0000.00.00.	
청구 취지 및 청구 이유	별지와 같습니다	
처분청의 불복 절차 고지 유무	유	
처분청의 불복절차 고지 내용	이 사건 처분이 있음을 안 날부터 90일 이내에 행정심판 또는 행정소송을 제기할 수 있습니다.	
증거 서류	별첨 증거 서류 1-6	

「행정심판법」 제28조 및 같은 법 시행령 제20조에 따라 위와 같이 행정심판을 청구합니다.
0000년 00월 00일
청구인 ○○○ (인)

○○○○○ 행정심판위원회 귀중

첨부서류	1. 대표자, 관리인, 선정대표자 또는 대리인의 자격을 소명하는 서류(대표자, 관리인, 선정대표자 또는 대리인을 선임하는 경우에만 제출합니다.) 2. 주장을 뒷받침하는 증거서류나 증거물	수수료 없음

청 구 취 지

피청구인이 0000.00.00.자 청구인에 대하여 한 일반음식점 영업정지 45일(0000.00.00~0000.00.00.)처분은 이를 취소한다는 재결을 구합니다.

청 구 이 유

1. 행정처분 개요

청구인은 000, 000, 000번길 00(00동 0층) 소재에서 「ㅇㅇㅇㅇ」라는 상호의 일반음식점을 피청구인으로부터 신고(면적 : 00.00㎡)를 받아 운영하던 중, 0000.00.00. 식당에서 청소년을 고용하여 일을 시키고 있다는 제보를 받고 출동한 경찰관에게 고용 사실이 확인되어, ㅇㅇ 경찰서에서 청소년 보호법 위반으로 조사를 받고, ㅇㅇ 지방검찰청에서 기소유예 처분받았습니다.

그리고 0000.00.00. 피청구인으로부터 "청소년 유해업소 청소년고용행위"로 식품위생법 제44조 제2항 3호, 제75조 및 시행규칙 제89조 별표23(Ⅱ.개별기준, 3.식품접객업 위반사항 11호, 나항)에 근거, 이사건 행정처분을 받았습니다.

2. 사건 발생 경위

가. 청구인 일반음식점은 젊은 층이 주 고객인 "ㅇㅇ 비어"라는 프랜차이즈 식당으로 생맥주와 치킨, 샐러드, 감자튀김 등의 가벼운 안주를 취급하며, 영업은, 청구인은 직접 종사하지 않고 홀 책임자인 점장을 임명하여 운영하고 있습니다.

나. 청소년고용으로 문제가 발생 된 당시의 상황을 기술하겠습니다. 0000.00.00. 식당에는 주말이라 평상시보다 손님이 많았습니다. 갑자기 손님이 들어오다 보니, 식당 홀 종업원 2명으로 시중들기에는 힘든 상황이 발생하여, 점장이 바쁠 때 시간제로 도움을 받던 동내 아르바이트 학생(ㅇㅇㅇ, 여, 만 18세)에게 연락하여 홀 서빙을 돕도록 하였습니다.

다. 그런데 밤 10시경 경찰관이 출동하였습니다. 술을 파는 청구인 식당에서 미성년자를 고용하였다는 제보가 들어 왔다는 것입니다. 경찰관은 두 가지를 질문하였습니다. 청소년을 종업원으로 고용할 때에는 청소년 부모가 동의해야 하는데, 동의를 받았느냐는 것과, 술을 취급하는 식당은 청소년 유해업소로 청소년을 고용하면 법에 위반되는 사실을 알고 있느냐고 했습니다. 이에 대해, 점장은 지금까지 아르바이트가 대학생 성인인 줄 알았기에 부모의 동의를 받지 않았다는 사실과 일반음식점에서 청소년을 고용하면 법에 위반된다는 사실은 처음 알게 되었다고 답했습니다.

라. 경찰관은 술을 파는 식당에서 미성년자를 고용하여 서빙 일을 하게 한 자체가 법을 위반한 것이라 하면서 "유해업소 청소년고용행위"로 적발해갔습니다. 이후, ○○ 경찰서 조사를 받고 ○○ 검찰청에서 기소유예처분 되어, 피청구인으로부터 이사건 행정처분을 받았습니다.

3. 이 사건 처분의 위법 부당성

가. 식당에서 청소년을 종업원으로 고용한 것은 사실입니다. 다만 식당에서는 생맥주에 치킨 등 간단한 안주만 취급하고 있으며, 당일 고용된 아르바이트 종업원의 하는 일은 홀에서 다른 종업원을 보조하는 일입니다.

나. 그러함에도 청구인 업소를 유흥·단란주점처럼 주류만을 전문으로 취급하는 업소로 간주하여 청소년 유해업소 청소년 주류판매라는 무거운 행정처분기준을 적용하여 영업정지 3개월을 처분한 것은 법의 확대적용으로 재량권의 남용에 해당합니다.

4. 결론

가. 일반음식점과 유흥·단란주점의 엄연하게 업종이 다릅니다. 그래서 일반음

식점에서 청소년고용은 부모의 동의가 있으면 고용이 허용되고 있는 것입니다. 청구인 식당이 규정에 어긋나는 행위가 있다면 청소년을 고용하면서 부모의 동의를 받지 않은 것입니다.

나. 피청구인은 이건 행정처분을 함에 있어, 법을 자의적으로 해석하여 생맥주와 가벼운 안주를 취급하는 청구인 식당을 청소년 유해업소라 단정, 무거운 행정처분기준을 적용하여 처분한 것은 재량권 남용으로 위법부당합니다. 행정심판위원회에서 제반 사항을 검토하시어 이사건 처분을 취소한다는 재결을 내려주시기 바랍니다.

증거 서류

1. 갑 제1호증 : 행정처분 공문
1. 갑 제2호증 : 행정처분명령서
1. 갑 제3호증 : 영업신고증
1. 갑 제4호증 : 사업자등록증
1. 갑 제5호증 : 임대차계약서
1. 갑 제6호증 : 주민등록등본

0000년 00월 00일

청구인 ○○○ 인

○○○ 행정심판위원회 귀중

영업정지 45일인 이 사건은 행정심판위원회에서 일부 인용 재결되어 15일로 감경되었다.

2. 단란 · 유흥주점 행정처분 행정심판

1) 단란주점 청소년 주류제공 영업정지처분취소 행정심판

■ 행정심판법 시행규칙 [별지 제30호서식] 〈개정 2012.9.20〉

행정심판 청구서

접수번호		접수일		
청구인		성명 ○○○		
		주소 0000시 00구 00번길 00, 000동 000호		
		주민등록번호(외국인등록번호) 000000-0000000		
		전화번호 000-0000-0000		
[ ] 대표자 [ ] 관리인 [ ] 선정대표자 [ ] 대리인		성명		
		주소		
		주민등록번호(외국인등록번호)		
		전화번호		
피청구인		○○시 ○○구청장		
소관 행정심판위원회		[ ]중앙행정심판위원회 [v] ○○시 · 도행정심판위원회 [ ]기타		
처분 내용 또는 부작위 내용		피청구인이 0000.00.00. 청구인에게 한 단란주점영업정지 2개월(0000.00.00~0000.00.00) 행정처분		
처분이 있음을 안날		0000.00.00.		
청구 취지 및 청구 이유		별지와 같습니다		
처분청의 불복 절차 고지 유무		유		
처분청의 불복절차 고지 내용		이 사건 처분이 있음을 안 날부터 90일 이내에 행정심판 또는 행정소송을 제기할 수 있습니다.		
증거 서류		별첨 증거 서류 1~9		

「행정심판법」 제28조 및 같은 법 시행령 제20조에 따라 위와 같이 행정심판을 청구합니다.
0000년 00월 00일
청구인 ○○○ (인)

○○○○○ 행정심판위원회 귀중

첨부서류	1. 대표자, 관리인, 선정대표자 또는 대리인의 자격을 소명하는 서류(대표자, 관리인, 선정대표자 또는 대리인을 선임하는 경우에만 제출합니다.) 2. 주장을 뒷받침하는 증거서류나 증거물	수수료 없음

청 구 취 지

피청구인이 0000.00.00.자 청구인에 대하여 한 단란주점 영업정지 2개월 (0000.00.00-0000.00.00) 처분은 이를 취소한다는 재결을 구합니다.

청 구 이 유

1. 사건 개요

가. 청구인은 00시 00로 00번 길 00(00동) 소재에서 ○○○○○라는 상호의 단란 주점을 0000.00.00. 허가(면적 : 000.00㎥) 받아 운영하던 중, 0000.00.00. 밤 0시경 영업 중에 청소년에게 술을 판매되어, ○○ 경찰서에서 조사를 받고 ○○○○ 검찰청 ○○ 지청에서 약식기소 되어, 피청구인으로부터 식품위생법 제44조 제2항 4호 위반, 제75조 및 시행규칙 제89조에 근거하여 이사건 행정처분을 받았습니다.

2. 이 사건 발생 경위

가. 청구인 단란주점은 노래연습장처럼 운영하는 작은 업소입니다. 청소년에게 주류가 제공된 경위입니다. 0000.00.00. 저녁 8시경 평소 청구인을 잘 아는 청년 2명이 2명의 다른 친구를 데리고 왔습니다. 처음 보는 2명은 어려 보였습니다. 그래서 처음 보는 친구들에게 신분증을 보여달라고 하니, 청년 2명은 핸드폰에 저장된 주민등록증을 보여주었는데 2명 모두 성인이었습니다. 청구인은 핸드폰에 저장된 신분증은 인정할 수 없으니 실제 주민등록을 보여 달라고 다시 요청했습니다.

나. 그러자 동내 청년 2명이 친구 2명을 가리키며 "이모 얘들은 00시에 사는 고등학교 친구들인데 오늘 신분증을 가져오지 못했대요. 오늘 제 생일이라 축하 파티해주기 위해 멀리 왔는데 성인이니까 걱정하지 마시고 주문이나 받으세요"라고 했습니다. 그래서 동내 청년들과 고등학교 친구면 성인이고 또 설마 믿고 있는 동내 청년들이 청구인에게 거짓말을 하겠냐는 생각이 앞서

술과 안주(소주 2병, 맥주 3병, 안주 1개, 50,000원)를 제공하였습니다.

다. 그런데 잠시 후 경찰관이 식당에서 청소년이 술을 마시고 있다는 신고를 받고 출동하였습니다. 그리고 손님의 나이를 확인하니 고등학교 동창이라고 했던 2명이 청소년으로 밝혀졌습니다. 청소년 2명은 나이를 고친 주민등록증을 핸드폰으로 촬영하여 청구인에게 보여준 것입니다.

3. 이사건 처분의 가혹함

가. 그러나 이 사건으로 영업정지 2개월을 처분한 것은 가혹합니다. 고의가 아니었기 때문입니다. 고의가 아니라는 해명은 청년들은 평상시 청구인을 이모라고 호칭하고 청구인은 청년들을 조카처럼 대해주었습니다. 청년들이 가끔 들려 배가 고프다 하면 청구인이 라면도 끓여주고 청년들은 업소 청소도 해주고 갔습니다. 이런 관계이기에 청년들이 청구인을 속이리라고는 전혀 생각하지 못했습니다.

나. 어려운 사정을 말씀드립니다. 청구인은 오래전에 남편과 헤어진 후 딸을 키우고 살았습니다. 딸은 현재 00세인데 지적장애를 앓고 있어 제 역할을 못함으로 항상 보호를 받아야 합니다. 그래서 업소 옥탑방을 얻어 수시로 들락거리며 딸을 돌보고 있습니다. 그리고 딸을 키우면서 발생한 우울증이 심하여 정신과 치료를 받고 있습니다. 단란주점이지만 영세하여 작년 1년 영업실적이 3천만 원도 안 됩니다. 그래도 영업을 해야 만이 가족의 생계를 지속할 수 있습니다.

다. 피청구인은 이건 처분으로 관계 법령에서 규정하고 있는 입법 취지를 어느 정도 달성 한 면이 없지 않겠지만, 청구인의 경우 행정처분이행으로 입는 피해가 너무 크다 할 것으로 이 사건 처분은 가혹하여 재고되어야 합니다.

4. 결론

이 사건 발생은 청구인의 과실임을 인정합니다. 앞으로 조심하며 원칙을 지켜 영업하겠습니다. 행정심판위원회에서 제반 상황과 청구인의 어려운 상황을 참작해 주시어 행정처분 취소되거나 영업정지 기간이 감경되도록 재결해주시기 바랍니다.

증 거 서 류

1. 갑 제1호증 : 행정처분 공문
1. 갑 제2호증 : 영업신고증
1. 갑 제3호증 : 사업자등록증
1. 갑 제4호증 : 업소임대차계약서
1. 갑 제5호증 : 집 월세계약서
1. 갑 제6호증 : 딸 복지카드
1. 갑 제7호증 : 병원 차료 경력
1. 갑 제8호증 : 부가가치세 표준증명원
1. 갑 제9호증 : 주민등록등본

0000년 00월 00일

청구인 ○ ○ ○(인)

○ ○ ○도 행정심판위원회 귀중

영업정지 2개월 처분된 이 사건은 행정심판위원회에서 일부 인용 재결되어 영업정지 1개월이 감경되었다.

2) 단란주점 유흥접객원 알선 영업정지처분취소 행정심판

■ 행정심판법 시행규칙 [별지 제30호서식] 〈개정 2012.9.20〉

행정심판 청구서

접수번호		접수일	
청구인	성명 ○○○		
	주소 0000시 00구 00번길 00, 000동 000호		
	주민등록번호(외국인등록번호) 000000-0000000		
	전화번호 000-0000-0000		
[ ] 대표자 [ ] 관리인 [ ] 선정대표자 [ ] 대리인	성명		
	주소		
	주민등록번호(외국인등록번호)		
	전화번호		
피청구인	○○시 ○○구청장		
소관 행정심판위원회	[ ]중앙행정심판위원회 [v] ○○시·도행정심판위원회 [ ]기타		
처분 내용 또는 부작위 내용	피청구인이 0000.00.00. 청구인에게 한 단란주점 영업정지 1개월(0000.00.00~0000.00.00) 행정처분		
처분이 있음을 안날	0000.00.00.		
청구 취지 및 청구 이유	별지와 같습니다		
처분청의 불복 절차 고지 유무	유		
처분청의 불복절차 고지 내용	이 사건 처분이 있음을 안 날부터 90일 이내에 행정심판 또는 행정소송을 제기할 수 있습니다.		
증거 서류	별첨 증거 서류 1-8		

「행정심판법」 제28조 및 같은 법 시행령 제20조에 따라 위와 같이 행정심판을 청구합니다.
0000년 00월 00일
청구인 ○○○ (인)

○○○○○ 행정심판위원회 귀중

첨부서류	1. 대표자, 관리인, 선정대표자 또는 대리인의 자격을 소명하는 서류(대표자, 관리인, 선정대표자 또는 대리인을 선임하는 경우에만 제출합니다.) 2. 주장을 뒷받침하는 증거서류나 증거물	수수료 없음

청 구 취 지

피청구인이 0000.00.00.자 청구인에 대하여 한 단란주점 영업 정지 1개월
(0000.00.00~0000.00.00) 행정처분은 이를 취소한다는 재결을 구합니다.

청 구 이 유

1. 행정처분 개요

청구인은 0000시 00구 00로 00(00동. 0층)에서 "ㅇㅇㅇㅇ"이라는 상호의 단란
주점을 0000.00.000. 피청구인으로부터 허가(면적 : 000.00㎡) 받아 운영하던
중, 0000.00.00일 00시경 당시 영업을 하던 종업원(ㅇㅇㅇ, 여, 00세)의 유흥
접대부 알선행위로 적발되어 ㅇㅇ 경찰서 조사를 받고 0000 검찰청에서 000만
원 약식기소 되어, 피청구인으로부터 식품위생법 제44조 제2항 4호 위반, 제75
조 및 시행규칙 제89조에 근거하여 이사건 행정처분을 받았습니다.

2. 유흥접객원 알선 경위

가. 청구인 업소는 단란주점으로 개업 이후 청구인이 종업원 1명과 운영하고 있
   습니다. 0000.00.00 사건 발생 당시 청구인은 집안일 때문에 집에 있었고,
   업소에는 종업원 ㅇㅇㅇ이 영업하고 있었습니다. 00시경 남자 손님 1명이
   들어와 맥주를 주문하고 노래 도우미 호출을 요청하였습니다.

나. 종업원은 단란주점 도우미 호출은 근래 단속도 심하고 파파라치도 있어 곤란함
   을 우회적으로 표시하며 거절하였으나, 손님은 요즘 일반노래방에서도 도우미
   가 있는데 노래주점에서 도우미가 없다면 누가 오겠느냐, 도우미가 없으면 그냥
   나가겠다면서 도우미를 요구하였습니다. 종업원은 손님의 거듭되는 요구와 다
   른 곳으로 가겠다는 말에 더는 거절하지 못하고 유흥접객원(도우미) 1명을 보도
   방을 통해 불러주었습니다.

다. 손님과 도우미가 약 30분 정도 노래를 부르고 있는데, 경찰관이 노래방 도우미 접대행위 신고를 받고 출동하였습니다. 그런데 손님이 경찰관에게 본인이 도우미와 함께 술 마시고 노래 부르는 장면의 핸드폰 동영상을 제출하였습니다. 알고 보니 손님을 가장한 일명 파파라치가 포상을 목적으로 유흥접객행위를 유도하여 경찰에 신고한 것입니다.

3. 이사건 처분의 위법부당함

가. 이 사건은 파파라치가 포상을 목적으로 종업원을 통해 범의를 유발하게 하고 또 경찰에 신고하여 몰래 촬영한 동영상을 제출한 사건입니다. 이는 반사회적인 비겁한 행위로 배제되어야 합니다. 그러함에도 이러한 사건을 아무런 고려도 없이 사건화하여 행정처분을 단행한 것은 부당합니다.

나. 이 사건과 유사한 사례의 판례를 살펴보면(의정부지법 2019. 4. 18. 선고 2018노1311 판결), 유흥주점을 운영하는 업주에게 경찰관들이 단속 실적을 올리기 위하여 손님으로 가장하고 들어와 성매매할 수 있는 도우미를 불러달라고 요구하자, 그들로부터 주류제공 및 성매매 비용 명목으로 40만 원을 받고 여종업원을 안내함으로써 성매매를 알선하였다고 하여 "성매매 알선 등 행위의 처벌에 관한 법률" 위반으로 기소된 사안에서, 경찰관들의 위와 같은 단속이 범의 유발형 함정수사에 해당한다고 보아 공소를 기각한 제1심 판결이 정당하다고 한 판례가 있습니다.

4. 결론

가. 청구인의 처지를 말씀드리면, 단란주점을 인수하면서 자금이 부족하여 대출과 사채를 얻어 시작했습니다. 대출은 우리은행 0,000만 원, ○○보험회사 0,000만 원, ○○카드 000만 원, 주류대출 0,000만 원이며, 사채도 0,000만 원입니다. 집에는 거동이 불편한 어머니(80세)를 부양하고 있으며 거처하

는 집은 월세입니다. 어려운 형편을 고려해 주시기 바랍니다.

나. 이번 발생한 유흥접객행위는 이유 여하를 막론하고 영업주로서 책임을 느끼며 반성합니다. 그러나 인근 이해관계업체에서 청구인 업소에 위해를 가하기 위해 파파라치를 보내 범의를 유발하게 하여 위법을 조장한 것은 반사회적인 범죄입니다. 사건 발생원인과 청구인의 어려움도 살펴주시어 이 사건 영업정지 기간을 감경해주시고 잔여기간은 식품위생과징금으로 대처 되도록 재결하여 주시기 바랍니다.

증 거 서 류

1. 갑 제1호증 : 행정처분공문서
1. 갑 제2호증 : 영업허가증
1. 갑 제3호증 : 사업자등록증
1. 갑 제4호증 : 대출증명서(보험, 카드론, 주류대출, 사채)
1. 갑 제5호증 : 업소 임대차계약서
1. 갑 제6호증 : 아파트 월세계약서
1. 갑 제7호증 : 주민등록등본
1. 갑 제8호증 : 가족관계증명서

0000년 00월 00일

청구인 ○○○ (인)

○○○○시 행정심판위원회 귀중

영업정지 1개월인 이 사건은 행정심판위원회에서 일부 인용 재결로 15일 과징금으로 대처 되었다.

3) 단란주점 종업원 유흥접객행위 영업정지처분취소 행정심판

■ 행정심판법 시행규칙 [별지 제30호서식] 〈개정 2012.9.20〉

행정심판 청구서

접수번호		접수일	
청구인		성명 ○○○	
		주소 0000시 00구 00번길 00, 000동 000호	
		주민등록번호(외국인등록번호) 000000-0000000	
		전화번호 000-0000-0000	
[ ] 대표자 [ ] 관리인 [ ] 선정대표자 [ ] 대리인		성명	
		주소	
		주민등록번호(외국인등록번호)	
		전화번호	
피청구인		○○시 ○○구청장	
소관 행정심판위원회		[ ]중앙행정심판위원회 [v] ○○시·도행정심판위원회 [ ]기타	
처분 내용 또는 부작위 내용		피청구인이 0000.00.00. 청구인에게 한 단란주점 영업정지 1개월(0000.00.00~0000.00.00) 행정처분	
처분이 있음을 안날		0000.00.00.	
청구 취지 및 청구 이유		별지와 같습니다	
처분청의 불복 절차 고지 유무		유	
처분청의 불복절차 고지 내용		이 사건 처분이 있음을 안 날부터 90일 이내에 행정심판 또는 행정소송을 제기할 수 있습니다.	
증거 서류		별첨 증거 서류 1-7	

「행정심판법」 제28조 및 같은 법 시행령 제20조에 따라 위와 같이 행정심판을 청구합니다.
0000년 00월 00일
청구인 ○○○ (인)

○○○○○ 행정심판위원회 귀중

첨부서류	1. 대표자, 관리인, 선정대표자 또는 대리인의 자격을 소명하는 서류(대표자, 관리인, 선정대표자 또는 대 리인을 선임하는 경우에만 제출합니다.) 2. 주장을 뒷받침하는 증거서류나 증거물	수수료 없음

청 구 취 지

피청구인이 0000.00.00.자 청구인에 대하여 한 단란주점 영업정지 1개월 (0000.00.00~0000.00.00) 처분은 이를 취소한다는 재결을 구합니다.

청 구 이 유

1. 행정처분 개요

가. 청구인은 0000시 00구 00 00번길0, 0층(00동 000-0)에서 "000000)"이라는 상호의 단란주점을 0000.00.00. 피고로부터 허가(면적 : 000.00㎡)받아 운영하던 중, 0000.00.00. 밤 00시 유흥접객행위로 적발되어, 0000.00.00. 피청구인으로부터 식품위생법 제44조 제2항 4호 위반, 제75조 및 시행규칙 제89조에 근거하여 이사건 행정처분을 받았습니다.

2. 유흥접객원 고용 경위

가. 청구인 업소는 술을 마시고 노래를 부를 수 있는 일명 노래주점이며 0000. 00.00 개업 이후 청구인이 운영합니다. 그런데 0000.00.00. ㅇㅇ 경찰서에서 청구인 단란주점에서 0000.00.00. 유흥접객행위를 한 사실에 관해 확인할 것이 있으니 출두하라는 연락이 와 경찰서에 가보니 0000.00.00. 00시 청구인 업소에서 당시 여종업원이 어떤 손님과 함께 노래를 부르고 술을 마시는 영상이 있었습니다.

나. 동영상에 나온 내용은 이렇습니다. 사건 당일 밤 10시경 남자 손님 1명이 들어와 술을 주문하면서 노래 도우미를 요청하였습니다. 청구인은 손님에게 우리 업소는 도우미가 없는 업소라고 하자, 자신은 눈이 나빠 노래책이 잘 안 보이기 때문에 보조할 도우미가 필요하다고 하였습니다. 청구인은 손님에게 근래 파파라치가 극성이라 도우미를 부르면 당장 걸린다고 하자, 손님은 그럼 노래를 부를 수 없으니 어쩔 수 없이 다른 업소로 가야겠다고 하였습니다.

다. 그때 이 상황을 지켜보던 주방종업원이 손님에게 "내가 도우미 해도 되겠느냐"고 손님에게 묻자 손님은 "노래만 찾아주면 된다"고 하자, 종업원은 청구인에게 "언니 내가 들어갈게" 하였으며, 청구인은 눈이 나빠 도우미를 요구하는 손님을 내보낼 수 없다는 생각에 "그렇게 하라"고 했습니다.

라. 손님은 1시간 동안 술과 노래로 시간을 보낸 뒤 술값과 종업원 팁을 지급하고 나갔습니다. 그리고 4개월이 지난 0000.00.00. ○○○ 경찰서에서 동영상 자료 확인을 요청하여 위 사실을 그대로 확인해주었습니다.

3. 이사건 처분의 위법 부당성

가. 이 사건은 파파라치가 포상금을 노리고 업소에 계획적으로 접근, 영업자의 심리를 교묘히 이용하여 위법을 유도한 함정 행위로 우리 사회에서 배제해야 하는 행위이며, 종업원이 도우미를 자청한 것도 유흥이 목적이 아니고 시력이 나쁜 손님의 불편을 도와준다는 차원에서 그런 것입니다. 사실이 이러함에도 피청구인은 정상참작 없이 이건 행정처분을 단행한 것은 재량권의 일탈입니다.

4. 결론

청구인 가족은 노모(86세)와 사고로 척추 장애를 입고 거동을 거의 못하는 남편과 대학생인 두 자식이 있습니다. 유일한 생계수단은 업소 운영으로, 여기에서 나오는 수입으로 가족이 살아야 하는데 장기간 영업 부진으로 임대료도 밀린 상황에서 1개월 동안 문까지 닫게 되면 감당이 되지 않습니다.

행정심판위원회에서 사건의 발생 경위와 청구인의 어려운 형편을 고려해 주시어 영업정지 처분을 취소하여 주시기 바랍니다.

증 거 서 류

1. 갑 제1호증 : 행정처분공문서

1. 갑 제2호증 : 영업허가증

1. 갑 제3호증 : 사업자등록증

1. 갑 제4호증 : 사채 차용증

1. 갑 제5호증 : 은행대출확인서

1. 갑 제6호증 : 업소 임대차계약서

1. 갑 제7호증 : 주민등록등본

0000년 00월 00일

청구인 ○ ○ ○ (인)

○○○○시 행정심판위원회 귀중

영업정지 1개월 처분된 이 사건은 행정심판위원회에서 영업정지 20일로 일부
인용 재결되었다.

4) 단란주점 종업원 유흥접객행위 영업정지처분취소 행정심판

■ 행정심판법 시행규칙 [별지 제30호서식] 〈개정 2012.9.20〉

행정심판 청구서

접수번호		접수일	
청구인		성명 ○○○	
		주소 0000시 00구 00번길 00, 000동 000호	
		주민등록번호(외국인등록번호) 000000-0000000	
		전화번호 000-0000-0000	
[ ] 대표자 [ ] 관리인 [ ] 선정대표자 [ ] 대리인		성명	
		주소	
		주민등록번호(외국인등록번호)	
		전화번호	
피청구인		○○시 ○○구청장	
소관 행정심판위원회		[ ]중앙행정심판위원회 [v] ○○시·도행정심판위원회 [ ]기타	
처분 내용 또는 부작위 내용		피청구인이 0000.00.00. 청구인에게 한 단란주점영업정지 1개월(0000.00.00~0000.00.00) 행정처분	
처분이 있음을 안날		0000.00.00.	
청구 취지 및 청구 이유		별지와 같습니다	
처분청의 불복 절차 고지 유무		유	
처분청의 불복절차 고지 내용		이 사건 처분이 있음을 안 날부터 90일 이내에 행정심판 또는 행정소송을 제기할 수 있습니다.	
증거 서류		별첨 증거서류 1-7	

「행정심판법」 제28조 및 같은 법 시행령 제20조에 따라 위와 같이 행정심판을 청구합니다.
0000년 00월 00일
청구인 ○○○ (인)

○○○○○ 행정심판위원회 귀중

첨부서류	1. 대표자, 관리인, 선정대표자 또는 대리인의 자격을 소명하는 서류(대표자, 관리인, 선정대표자 또는 대 리인을 선임하는 경우에만 제출합니다.) 2. 주장을 뒷받침하는 증거서류나 증거물	수수료 없음

청 구 취 지

피청구인이 0000.00.00자 청구인에 대하여 한 단란주점 영업 정지 1개월 (0000.00.00~0000.00.00) 행정처분은 이를 취소한다는 재결을 구합니다.

청 구 이 유

1. 사건 개요

가. 청구인은 0000시 00구 00로 000(00동, 지하1층)에서 "○○○"이라는 상호의 단란주점을 0000.00.00. 피신청인으로부터 허가(면적 : 00.00㎡)받아 운영하던 중, 0000.00.00일 유흥접객행위로 적발되어, 청구인이 ○○○ 경찰서에서 조사를 받고 ○○○○ 검찰청 ○○ 지청에서 000만 원 약식기소되어, 피청구인으로부터 식품위생법 제44조 제2항 4호 위반, 제75조 및 시행규칙 제89조에 근거, 이건 행정처분을 받았습니다.

2. 사고 발생 경위

가. 청구인이 운영하는 단란주점은 노래하고 술을 마시는 노래주점으로 청구인은 홀에서 일하고 주방에는 청구인 친동생인 ○○○(여, 53세)이 일하고 있었습니다.

나. 사건 발생 경위입니다. 0000.00.00. 밤 00시경 남자 손님 2명이 들어 왔습니다. 손님들은 처음에는 맥주와 마른안주를 주문하여 술을 마시더니 잠시 후 홀에 나와 도우미를 불러달라고 하였습니다. 청구인은 우리 업소는 도우미가 없는 노래주점이라고 하자, 손님은 다 알고 있는데 뭘 그러느냐 내가 시력도 나쁘고 기계치라 도우미 없으면 노래책을 찾을 수 없고, 노래 기계도 잘 못 만진다고 하면서 아가씨가 아니라도 이 업소에서 일하는 아주머니라도 괜찮다고 했습니다.

다. 이때 주방에서 일하던 청구인 동생이 "나도 괜찮겠냐고 하자" 손님은 "좋다 들어와서 술도 같이 한잔하면서 인생 얘기나 나누자" 하여 동생이 합석하게 되었습니다.

다. 손님은 약 2시간 노래를 부르고 술을 마신 후 계산서를 요구하고 계산서에 나온 11만 원(이용료 2시간 6만 원, 술 4병 2만 원, 도우미 봉사료 3만 원)을 카드로 계산했습니다. 그리고 회사에 제출해야 한다며 세금계산서를 다시 요구하였습니다. 세금계산서를 발급은 청구인도 처음이라 쩔쩔매고 있는데 마침 손님으로 왔던 다른 손님이 세금계산서 발급을 도와주었습니다. 청구인이 손님에게 카드로 발급된 것을 세금계산서로 다시 발행하면 두 번 발급하는 것이 아니냐고 묻자, 손님은 돌변하여 기분 나쁘다는 어조로 도우미 팁까지 받으면서 탈세를 하려고 그러는 것이냐고 했습니다. 청구인은 정당한 가격을 받았는데 탈세가 무슨 소리냐 손님이 세금계산서를 추가로 요구해 세금이 이중으로 나올까 봐 물어본 것이라고 말하자, 손님은 말이 많다, 이런 업소는 혼이 좀 나 봐야 한다면서 동생의 접대행위를 문제 삼기 시작했습니다. 청구인이 혼자 말로 "참 치사하다"고 하자, 손님은 실제로 동생의 접대행위를 112로 신고했습니다. 출동한 경찰은 손님의 진술을 듣고 동생이 한 행위가 유흥접객행위가 맞다 하며 이를 적발했습니다.

3. 이사건 처분은 가혹하여 부당합니다.

가. 청구인은 근래 인근 유흥주점에서 단란주점을 문 닫게 할 목적으로 손님을 가장한 파파라치를 단란주점에 들여보내 비슷한 방법으로 도우미를 불러달라고 한 뒤 경찰에 신고하여 단란주점이 문을 닫았다는 소문이 당시 파다하여 청구인도 도우미를 알선은 생각 자체도 못했습니다.

나. 동생이 도우미를 자청한 것을 청구인이 말리지 못한 것은 손님이 유흥을 돋

우기 위해 아가씨를 원한 것이 아니고 눈이 나빠 요청하였기에 별문제가 되지 않겠다는 생각에서 그런 것이지만 백번 생각해도 언니가 동생의 행위를 막지 못한 것은 부끄러운 행위로 진심으로 반성하고 있습니다.

4. 결론

가. 청구인의 개인 사정을 아룁니다. 남편은 택시 운전을 하며 아들은 군 제대 후 휴학 중입니다. 그리고 0000년 업소를 개업하면서 자금이 부족하여 은행대출 5천만 원과 친지에게 2천만 원의 빚을 내어 시작했기에 앞으로 영업을 하여야만 빚도 갚고 가족과 살아 갈 수 있습니다.

나. 처음 업소를 개업했을 때는 청구인 혼자 주방일까지 다 맡아 했었습니다. 그런데 얼마 전부터 동생이 부정기적으로 나와 주방 일을 도와왔는데 사건 당일 교통비라도 벌려는 생각으로 도우미를 자청한 것입니다.

다. 행정심판위원님! 청구인 업소는 평소 도우미를 고용하는 업소가 아님을 믿어주시고, 청구인 자매의 어려운 사정도 참작해 주시기 바랍니다. 행정심판위원회에서 이러한 제반 정황을 고려해 주시어 영업정지 기간이 감경되는 재결을 하여 주시기 바랍니다.

증 거 서 류

1. 갑 제1호증 : 행정처분공문서
1. 갑 제2호증 : 영업허가증
1. 갑 제3호증 : 사업자등록증
1. 갑 제4호증 : 업소 임대차계약서
1. 갑 제5호증 : 임대료 연체 확인서
1. 갑 제6호증 : 주민등록등본

1. 갑 제7호증 : 가족관계증명서(청구인과 종업원 동생 관계)

0000년 00월 00일

청구인 ○ ○ ○ (인)

○ ○ ○ ○시 행정심판위원회 귀중

영업정지 1개월 처분된 이 사건은 행정심판위원회에서 일부 인용 재결로 영업정지 20일로 감경되었다.

5) 유흥주점 청소년 주류제공 영업정지처분취소 행정심판

■ 행정심판법 시행규칙 [별지 제30호서식] 〈개정 2012.9.20〉

행정심판 청구서

접수번호		접수일	
청구인	성명 ○○○		
	주소 0000시 00구 00번길 00, 000동 000호		
	주민등록번호(외국인등록번호) 000000-0000000		
	전화번호 000-0000-0000		
[ ] 대표자 [ ] 관리인 [ ] 선정대표자 [ ] 대리인	성명		
	주소		
	주민등록번호(외국인등록번호)		
	전화번호		
피청구인	○○시 ○○구청장		
소관 행정심판위원회	[ ]중앙행정심판위원회 [v] ○○시·도행정심판위원회 [ ]기타		
처분 내용 또는 부작위 내용	피청구인이 0000.00.00. 청구인에게 한 유흥주점 영업정지 2개월(0000.00.00~0000.00.00) 행정처분		
처분이 있음을 안날	0000.00.00.		
청구 취지 및 청구 이유	별지와 같습니다		
처분청의 불복 절차 고지 유무	유		
처분청의 불복절차 고지 내용	이 사건 처분이 있음을 안 날부터 90일 이내에 행정심판 또는 행정소송을 제기할 수 있습니다.		
증거 서류	별첨 증거서류 1-7		

「행정심판법」 제28조 및 같은 법 시행령 제20조에 따라 위와 같이 행정심판을 청구합니다.
0000년 00월 00일
청구인 ○○○ (인)

○○○○○ 행정심판위원회 귀중

첨부서류	1. 대표자, 관리인, 선정대표자 또는 대리인의 자격을 소명하는 서류(대표자, 관리인, 선정대표자 또는 대리인을 선임하는 경우에만 제출합니다.) 2. 주장을 뒷받침하는 증거서류나 증거물	수수료 없음

청 구 취 지

피청구인이 0000.00.00.자 청구인에 대하여 한 유흥주점 영업정지 2개월 (0000.00.00~0000.00.00) 처분은 이를 취소한다는 재결을 구합니다.

청 구 이 유

1. 행정처분 개요

청구인은 00시 00구 00로 000번 길 00(00로) 소재에서 "○○"이라는 상호의 유흥주점을 0000.00.00. 피청구인으로부터 허가받아 운영하던 중, 0000.00.00. 영업 중 청소년에게 주류가 제공되어, 동업자(○○○, 남, 00세, 이하 김00이라 칭함)가 청소년 보호법 위반으로 ○○ 경찰서에서 조사를 받고 ○○ 지방검찰청에서 00만 원 약식기소처분 되어 0000.00.00. 피청구인으로부터 식품위생법 제44조 제2항 4호 위반, 제75조 및 시행규칙 제89조에 근거, 이사건 행정처분을 받았습니다.

2. 사건 발생 경위

가. 청구인 업소는 평소 영업 동업자 김○○과 함께 운영하고 있습니다. 0000.00.00경 김○○이 영업하는 시간에, 손님 2명이 들어왔는데 이들 손님은 안면이 있는 청년이었습니다. 이들은 이전에 근무하던 종업원(현재는 군 복무 중)과 친구 사이였는데 입대 전에 청구인 식당에서 술을 마신 적이 있는데, 당시 입대한 종업원은 김○○에게 이들을 친구라고 소개하면서 친구들은 다른 업소에서 일하고 있다고 했습니다.

나. 손님들은 잠시 김○○과 군에 간 친구에 관해 대화를 나누다가 술을 주문하였습니다. 동업자 ○○○은 입대한 종업원으로부터 이 친구들이 다른 업소에서 일한다고 들은 적이 있기에 당연히 성인이라는 생각으로 나이확인 없이 술을 제공하였습니다. 이들은 유흥접객원을 불러 1시간 이상 유흥을 즐기다

나가면서 계산해야 하는데 지갑이 없어졌다며 112에 신고하였습니다.

다. 경찰관이 출동하여 지갑의 분실 경위를 조사하는 과정에 손님 2명이 청소년 이라는 사실이 밝혀졌습니다. 이 일로 김○○이 청소년 주류제공으로 적발 되었습니다.

3. 이사건 처분의 가혹함

가. 개업 이후 청구인은 청소년 주류판매 위반은 절대 발생하면 안 된다는 원칙 을 세워 종업원도 경험자를 채용하고 수시로 교육하며 청구인이 실천하였습 니다. 그러함에도 당일 김00이 실수를 한 것은, 이전 입대한 종업원의 친구 라는 선입감에 당연히 성인이겠지 라는 판단으로 실수한 것입니다. 김○○ 은 이 사건 발생 이후 자신의 경솔함에 대해 후회하고 자책하고 있습니다.

나. 유흥주점은 청구인과 동업자가 가진 모든 재산을 투자하여 창업한 업소로 두 가정의 생계수단입니다. 근래 영업이 너무 어려워 3개월 이상 유지비(임대 료, 관리비, 공과금)를 마이너스 대출을 받아 충당하고 있습니다. 이런 상황 에서 2개월 동안 문을 닫으면 도저히 회생할 방도가 없습니다.

다. 이 사건을 살펴보면 동업자 ○○○이 어떤 이득을 위해 청소년에게 술을 판 것이 아니고 순간 방심하여 발생한 실수로 정상참작이 되어야 합니다. 그 러함에도 결과만을 중시하여 행정처분기준을 그대로 적용하는 것은 가혹합 니다.

4. 결론

이사건 영업정지 2개월 처분은 너무 길어 현 상황에서는 감당이 되지 않아 처분 이 집행될 경우 청구인과 동업자 가족은 경제적인 파탄을 면치 못할 상황입니다.

통상 중대한 사회적 범죄가 아닌 과실로 인해 발생하는 범죄는 처벌로 인해 얻어지는 공익적 효과와 그로 인해 사인이 입게 되는 불이익을 비교 형량하여 처분을 결정하는 것이 원칙입니다. 행정심판위원회에서 이러한 제반 상황을 참고해주시어 이사건 영업정지 처분이 감경되도록 재결하여 주시기 바랍니다.

증거 서류

1. 갑 제1호증 : 행정처분 공문
1. 갑 제2호증 : 영업신고증
1. 갑 제3호증 : 사업자등록증
1. 갑 제4호증 : 주민등록등본
1. 갑 제5호증 : 업소 임대차계약서
1. 갑 제6호증 : 대출확인서
1. 갑 제7호증 : 동업자 계약서

0000년 00월 00일

청구인 ○○○ (인)

○○도 행정심판위원회 귀중

영업정지 2개월 처분된 이 사건은 행정심판위원회에서 기각 재결되었다. 유흥주점은 특별한 경우를 제외하고 정상참작 없이 대부분 기각이다.

6) 유흥주점 성매매알선 영업정지처분취소 행정심판

■ 행정심판법 시행규칙 [별지 제30호서식] 〈개정 2012.9.20〉

행정심판 청구서

접수번호	접수일	
청구인	성명 ○○○	
	주소 0000시 00구 00번길 00, 000동 000호	
	주민등록번호(외국인등록번호) 000000-0000000	
	전화번호 000-0000-0000	
[ ] 대표자 [ ] 관리인 [ ] 선정대표자 [ ] 대리인	성명	
	주소	
	주민등록번호(외국인등록번호)	
	전화번호	
피청구인	○○시 ○○구청장	
소관 행정심판위원회	[ ]중앙행정심판위원회 [v] ○○시·도행정심판위원회 [ ]기타	
처분 내용 또는 부작위 내용	피청구인이 0000.00.00. 청구인에게 한 유흥주점 영업정지 3개월(0000.00.00~0000.00.00) 행정처분	
처분이 있음을 안날	0000.00.00.	
청구 취지 및 청구 이유	별지와 같습니다	
처분청의 불복 절차 고지 유무	유	
처분청의 불복절차 고지 내용	이 사건 처분이 있음을 안 날부터 90일 이내에 행정심판 또는 행정소송을 제기할 수 있습니다.	
증거 서류	별첨 증거서류 1-7	

「행정심판법」제28조 및 같은 법 시행령 제20조에 따라 위와 같이 행정심판을 청구합니다.

0000년 00월 00일

청구인 ○○○ (인)

○○○○○ 행정심판위원회 귀중

첨부서류	1. 대표자, 관리인, 선정대표자 또는 대리인의 자격을 소명하는 서류(대표자, 관리인, 선정대표자 또는 대리인을 선임하는 경우에만 제출합니다.) 2. 주장을 뒷받침하는 증거서류나 증거물	수수료 없음

청 구 취 지

피청구인이 0000.00.00.자 청구인에 대하여 한 유흥주점 영업정지 3개월(0000. 00.00~0000.00.00) 행정처분은 이를 취소한다는 재결을 구합니다.

청 구 원 인

1. 행정처분 개요

가. 청구인은 0000시 00구 000로 00길 0 소재에서 "○○○○○○"이라는 상호의 유흥주점을 0000.00.00. 피청구인으로부터 허가(00.00㎡)받아 운영하던 중 0000.00.00.일 성매매 알선행위로 청구인이 서울 ○○ 경찰서에서 조사를 받고 ○○○○ 지방검찰청에서 000만원 약식기소 되어, 피청구인으로부터 식품위생법 제44조 제1항 위반으로 동법 제75조 및 시행규칙 제89조에 근거하여 이사건 행정처분을 받았습니다.

2. 사건 발생 경위

가. 청구인 ○○○○ 주점은 청구인과 여종업원 1명, 남자 종업원 1명이 일하고 있습니다. 0000.00.00.00 : 00경 업소에 남자 손님 2명이 들어왔습니다. 이 시간은 새벽 시간으로 영업을 마감하는 시간이기에 영업을 거절하였으나 1시간만 놀다 가겠다고 하여 손님을 받았습니다. 손님은 맥주와 안주를 주문하면서 유흥접객원 2명을 요구하였습니다. 그래서 보도방을 통해 여자 유흥접객원 2명을 불러주었습니다. 손님들은 약 1시간 동안 술을 마신 후에 술값을 계산하고 밖으로 나갔습니다.

나. 그런데, 아침 08 : 00경 퇴근 후 집에서 쉬고 있는 시간에, ○○ 경찰서에서 전화가 왔습니다. 청구인 업소에서 당일 새벽에 성매매알선행위가 있었다는 것입니다. 경찰에서 확인한 내용은 이러했습니다. 청구인 업소에서 술을 마

셨던 손님 2명과 유흥접객원 2명은 업소를 나간 다음에 2차를 갈 것을 서로 약속하여 모텔이 갔습니다. 이들은 모텔에서 나와 해장국 집에 들러 술을 한 잔 더하면서 팁값 문제로 시비가 발생하였는데 대화가 격해지면서 남자 손님이 유흥접객원을 폭행하게 되었고 폭행당한 유흥접객원은 그 사실을 경찰에 신고하였습니다. 폭행으로 신고당한 남자 손님은 경찰에서 진술하면서 청구인 업소에서 술을 마시면서 유흥접객원과 유사성행위를 했다는 내용도 진술했습니다. 경찰은 청구인이 "성매매 알선 등 행위의 처벌에 관한 법률"을 위반한 것으로 죄명을 확정하였습니다.

3. 이 사건 처분의 위법 부당성

가. 청구인의 유흥주점은 평소 고정으로 기다리고 있는 유흥접객원은 없고, 손님이 요구할 때만 보도방을 통해 유흥접객원을 불러줍니다. 업소 내에 유흥접객원을 두지 않는 이유는 룸살롱에서 발생하기 쉬운 속칭 2차 성매매를 막기 위함입니다.

나. 그리고 룸 안에서 있을 수 있는 퇴폐행위를 방지하는 차원에서, 룸 출입문을 일부 유리로 하여 홀에서 룸 안을 들여다볼 수 있도록 시설하였습니다. 그리고 보도방에서 유흥접객원이 오면 "유리로 된 문으로 룸 안이 다 들여다볼 수 있으니 절대 유사성행위 같은 이상한 행동을 하지 말 것과 만약 문제가 발생하면 손해배상은 물론 이 분야에서 영업하지 못하도록 조치하겠다."라고 알린 후 룸에 들어가게 하였습니다.

다. 또 남자 종업원(웨이터)은 룸 안에서 노랫소리나 음악 소리가 어느 정도 이상으로 들리지 않으면 노크를 하고 "부르셨습니까?" "뭐 시키실 일이 없으십니까?" 등으로 룸 안에서의 이상한 행동이 없는지 살피고, 또 이상한 낌새가 없더라도 20~30분에 한 번씩은 음료를 보충한다거나 재떨이를 간다는 등 이런저런 핑계로 룸에 들어가서 무슨 일이 있는지를 살피도록 교육했습니다. 사건 당일에도 남자 종업원이 2차례에 걸쳐 룸에 들어가 음료를 제공하거나 재떨이를 간다는 핑계로 안에서 무슨 일이 있는지를 직접 살펴본 것입니다. 그러함에도 짧은 시간에 손님과 유흥접객원 간에 팁이 오가면서 행해진 유사 성행위를 발견하지 못해 제지하지 못했습니다.

라. 피청구인이 이 사건을 성매매 및 알선행위로 단정하여 행정벌을 가하는 것은 사실관계 적용에 큰 오류가 있습니다. 유흥업소에서 손님의 요구를 받아들여 유흥접객원에게 2차를 가도록 알선하였다면 당연히 성매매알선행위에 해당 하지만, 손님과 외부에서 온 유흥접객원이 서로 약속하고 2차를 나가서 어떤 행위를 하는지는 알 수도 없고 책임도 아닙니다. 그러함에도 성매매 및 알선 행위죄를 적용하여 영업정지 3개월을 처분한 것은 재량권의 남용입니다.

마. 경찰서에서 발행한 사건 사고 사실확인서를 보면, 청구인 업소 룸 안에서 여자접객원이 하의를 벗고 남자 손님의 성기를 만지는 등의 퇴폐행위가 있었다고 기록되었습니다. 그렇다면 청구인의 위반내용은 "업소 내 풍기문란 행위"에 적용되어 식품위생법 제44조 1항 위반행위로 식품위생법시행규칙 별표 23 규정이 적용, 영업정지 2개월이 처분 대상입니다.
그러나 피청구인은 이 사건을 성매매 및 알선죄를 적용하여 영업정지 3개월 행정처분을 하였습니다. 청구인은 성매매를 알선한 적이 없는데 이사건 법 조항을 적용하는 것은 위법부당합니다.

4. 결론

청구인은 룸에서 발생한 퇴폐행위를 제지하지는 못했지만, 성매매를 알선한 적은 없습니다. 그러함에도 법을 확대 적용하여 성매매알선 처벌규정을 적용하여 행정벌을 가하는 것은 재량권의 일탈로 위법부당합니다. 행정심판위원회에서 잘

못 처분된 행정처분을 취소하여 주시기 바랍니다.

증 거 서 류

1. 갑 제1호증 : 행정처분 공문
1. 갑 제 2호증 : 영업신고증
1. 갑 제3호증 : 사업자등록증
1. 갑 제4호증 : 홀에서 룸이 보이는 유리문 사진
1. 갑 제5호증 : 업소 임대차계약서
1. 갑 제6호증 : 주민등록등본
1. 갑 제7호증 : 기부 납부내역

0000년 00월 00일

청구인 ○ ○ ○ (인)

○ ○ ○ ○ 시 행정심판위원회 귀중

영업정지 3개월 처분된 이 사건은 행정심판위원회에서 기각 재결되었다.

3. 휴게음식점 주류판매 과징금부과처분취소 행정처분

1) 휴게음식점에서 술 판매 영업정지처분취소 행정심판

■ 행정심판법 시행규칙 [별지 제30호서식] 〈개정 2012.9.20〉

행정심판 청구서

접수번호	접수일	
청구인	성명 ○○○	
	주소 0000시 00구 00번길 00, 000동 000호	
	주민등록번호(외국인등록번호) 000000-0000000	
	전화번호 000-0000-0000	
[ ] 대표자 [ ] 관리인 [ ] 선정대표자 [ ] 대리인	성명	
	주소	
	주민등록번호(외국인등록번호)	
	전화번호	
피청구인	○○시 ○○구청장	
소관 행정심판위원회	[ ]중앙행정심판위원회 [v] ○○시·도행정심판위원회 [ ]기타	
처분 내용 또는 부작위 내용	피청구인이 0000.00.00. 청구인에게 한 휴게음식점 식품위생과징금 0,000,000원 부과처분	
처분이 있음을 안날	0000.00.00.	
청구 취지 및 청구 이유	별지와 같습니다	
처분청의 불복 절차 고지 유무	유	
처분청의 불복절차 고지 내용	이 사건 처분이 있음을 안 날부터 90일 이내에 행정심판 또는 행정소송을 제기할 수 있습니다.	
증거 서류	별첨 증거 서류 1-6	

「행정심판법」 제28조 및 같은 법 시행령 제20조에 따라 위와 같이 행정심판을 청구합니다.
0000년 00월 00일
청구인 ○○○ (인)

○○○○○ 행정심판위원회 귀중

첨부서류	1. 대표자, 관리인, 선정대표자 또는 대리인의 자격을 소명하는 서류(대표자, 관리인, 선정대표자 또는 대 리인을 선임하는 경우에만 제출합니다.) 2. 주장을 뒷받침하는 증거서류나 증거물	수수료 없음

청 구 취 지

피청구인이 0000.00.00자 청구인에 대하여 한 휴게음식점 식품위생과징금
0,000,000원 부과처분은 이를 취소한다는 재결을 구합니다.

청 구 이 유

1. 행정처분 개요

청구인은 0000.00.00일부터 피청구인으로부터 00시 00구 0000호 0길 00, 1
층(00동)에서 "ㅇㅇㅇㅇㅇㅇ"이라는 상호의 휴게음식점을 허가(00.00㎡)받아
운영하던 중, 0000.00.00. 휴게음식점에서 주류를 판매하다가 피청구인 공무원
에게 적발되어, 피청구인으로부터 식품위생법 제44조 1항 및 같은법시행규칙
57조 별표17(식품접객영업자 등의 준수사항) 위반, 같은 법 제75조 제1항 및 같
은법 시행규칙 제89조 별표 23이 근거하여 이사건 행정처분을 받았습니다.

2. 주류판매 발생 경위

가. 청구인 휴게음식점은 00구 00동 00역 근처에 소재한 시장으로 현재 골목 상
　　권 활성화를 위해 ㅇㅇㅇㅇㅇ 문화거리로 지정되어 작은 맛집들이 있는 시장
　　내 음식 거리입니다.

나. 개업 당시 휴게음식점 장소는 골목 끝자락에 있는 작은 한옥으로 쓰레기처리
　　장처럼 거의 폐가 수준으로 방치된 상태였으나 청구인이 이곳을 임차하여 한
　　옥을 수리하고 식당 시설을 하면서 쓰레기를 약 10톤 치우고 음식점으로 꾸
　　미는데 약 1억 원의 시설비가 투자되었습니다.

나. 그런데 모든 시설을 마치고 일반음식점 허가를 득하려고 서류를 준비하는 과
　　정에서 음식점 허가가 들어갈 한옥이 지구단위지구로 편입되어 일반음식점

허가가 불가한 지구로 바뀌었음을 알게 되었습니다. 한옥을 임차하여 수리하는 기간에 정책이 바뀐 것입니다.

다. 청구인은 시설까지 마치고 계약이 된 상태에서 어쩔 수 없이 일반음식점 허가 대신 허가가 가능한 휴게음식점 허가를 받아 개업했습니다. 그런데 예상과 달리 골목 위치나 주변 환경이 정적 분위기인 휴게음식점과는 맞지 않았습니다. 결국, 찾는 손님이 없다 보니 적자가 누적되어 더는 버틸 수 없는 지경에 이르렀습니다. 고민 끝에 주간에는 분식과 음료를 팔고 야간에는 주류를 판매하는 일반음식점 형태의 영업을 시작하였습니다. 그런데 이런 영업은 일반음식점 영업으로 금세 주변 식당에서 휴게음식점에서 술을 판매한다는 민원이 제기되어 피청구인에게 업종 위반 영업으로 적발되었습니다.

3. 이사건 처분의 가혹함과 부당성

가. 휴게음식점에서 주류를 판 것은 식품위생법을 위반한 것이 사실이지만, 규제 위주로 한옥 정책이 수시로 바뀌는 과정에서 청구인이 피해자가 된 것입니다. 피청구인은 인근 지역의 한옥보존지구에 대해 한옥을 보존하는 정책으로 규제를 강조하자 건물주들이 한옥을 내버려 두고 떠나는 사태가 발생하여 결국 한옥들이 폐허가 되었습니다. 이에 피청구인은 역발상으로 지역 용도를 근린생활시설로 변경하여 한옥에 사람이 모이는 일반음식점 허가를 해주었는데 이 정책은 한옥도 보존되고 사람이 모이는 관광명소로 알려져 지역경제에도 큰 도움이 되는 성공적 사례가 있습니다.

나. 청구인 휴게음식점이 있는 이 지역은 옆집 한옥은 일반음식점 허가가 되고, 다른 한옥은 휴게음식점만 허가되는 주먹구구식 정책이 시행되어 한옥보존보다는 지역이 슬럼화되고 있습니다.

4. 결론

행정심판위원회에서 피청구인의 이러한 비현실적인 행정규제로 고통을 받는 영세영업주의 고통을 헤아려 주시어 이사건 과징금부과 처분을 감경하는 재결을 해주시기 바랍니다.

증 거 서 류

1. 갑 제1호증 : 행정처분공문서
1. 갑 제2호증 : 영업신고증
1. 갑 제3호증 : 사업자등록증
1. 갑 제4호증 : 업소 건물 시설개수 전후 사진
1. 갑 제5호증 : 업소임대차계약서
1. 갑 제6호증 : 가족관계증명서

0000년 00월 00일

청구인 ○ ○ ○ (인)

○ ○ ○ ○ 시 행정심판위원회 귀중

식품위생과징금 0,000,000원 부과처분은 행정심판위원회에서 기각 재결되었다.

4. 수입식품 등 수입판매업 위반 행정처분 행정심판

1) 수입신고 하지 아니한 식품판매 영업정지처분취소 행정심판

■ 행정심판법 시행규칙 [별지 제30호서식] 〈개정 2012.9.20〉

행정심판 청구서

접수번호		접수일	
청구인	성명 ㈜ ○○○○		
	주소 0000시 00구 00번길 00, 000동 000호		
	주민등록번호(외국인등록번호) 000000-0000000		
	전화번호 000-0000-0000		
[ ] 대표자 [ ] 관리인 [V] 선정대표자 [ ] 대리인	성명 ○○○		
	주소 0000시1 00구 00번길 00 (00동, 00아파트)		
	주민등록번호(외국인등록번호) 000000-0000000		
	전화번호 000-0000-0000		
피청구인	0000 식품의약품안전처장		
소관 행정심판위원회	[v]중앙행정심판위원회 [ ] ○○시·도행정심판위원회 [ ]기타		
처분 내용 또는 부작위 내용	피청구인이 0000.00.00. 청구인에게 한 수입식품 판매업체 영업정지 2개월(0000.00.00~0000.00.00) 행정처분		
처분이 있음을 안날	0000.00.00.		
청구 취지 및 청구 이유	별지와 같습니다		
처분청의 불복 절차 고지 유무	유		
처분청의 불복절차 고지 내용	이 사건 처분이 있음을 안 날부터 90일 이내에 행정심판 또는 행정소송을 제기할 수 있습니다.		
증거 서류	별첨 증거 서류 1-7, 첨부서류 1-3		

「행정심판법」 제28조 및 같은 법 시행령 제20조에 따라 위와 같이 행정심판을 청구합니다.
0000년 00월 00일
청구인 : ㈜ 0000 대표 000 (인)

○○○○○ 행정심판위원회 귀중

첨부서류	1. 대표자, 관리인, 선정대표자 또는 대리인의 자격을 소명하는 서류(대표자, 관리인, 선정대표자 또는 대리인을 선임하는 경우에만 제출합니다.) 2. 주장을 뒷받침하는 증거서류나 증거물	수수료 없음

청 구 취 지

피청구인이 0000.00.00. 수입 등 수입판매업체[인 청구인에게 한 영업정지 2개월(0000.00.00~0000.00.00) 처분은 이를 취소한다는 재결을 구합니다.

청 구 이 유

1. 행정처분 개요

가. 청구인은 0000시 00구 000길 00, 2층(00동) 소재에서 "ㅇㅇㅇㅇㅇ"이라는 식품 등 수입판매업을 0000.00.00. 피청구인으로부터 허가(신고면적 : 00㎡) 받아 운영하던 중, 수입신고 되지 않은 물품을 판매하였다 하여 피청구인으로부터 수입식품 안전관리특별법 제20조 1항 및 식품위생법 제4조2 제6호 등 위반으로, 식품안전관리특별법 제29조 및 시행규칙 제46조(별표13) 행정처분기준에 근거, 피청구인으로부터 이사건 행정처분을 받았습니다.

2. 수입신고 하지 아니한 제품을 판매한 경위

가. 청구인이 운영하는 회사는 수입차(tea)를 선호하는 동호인들에게 차를 공급 판매하기 위해, 0000.00.00. 수입식품 등 수입판매업 등록을 하여, 인도에서 차를 직접 수입하여 통신판매를 시작했습니다. 그러다가 0000년부터는 일본 차(tea)를 선호하는 동호인에게도, 일본 차(tea)를 수입하여 판매할 계획을 세워, 인터넷 사이트(블로그)에 수입될 차에 대해 홍보를 하였습니다.

나. 그리고 청구인은 0000.00.00. 수입차(tea)를 제조하는 일본회사 ㅇㅇㅇㅇ ㅇㅇ CO. LTD를 직접 방문하여 수입계약을 체결하였습니다. 통상 차 수입은 주문에서 통관까지 1개월이면 가능했으나 한일 간 분쟁으로 일본 측에서 수입절차가 까다롭게 진행되는 관계로, 올해 0월 중순 도착 예정인 물품이 0월 00일에 통관되었습니다.

다. 일부 고객들은 일본 차(tea) 수입계획을 블로그에 게시하자, 선금을 예치한 고객이 꽤 많았습니다. 청구인은 이 고객들에게는 0월 중에 수입 물품이 도착하면 배송할 계획이라 말해주었으나, 수입절차가 2개월 이상 지연됨에 따라 고객들의 독촉과 불만이 쌓였습니다.

라. 결국, 청구인은 0월 00일 일본에서 차(tea) 제조업체를 방문했던 당시에 수입될 물품(00000, 000)을 개인적으로 이용하려고 소량을 구매하여 보관하고 있었는데 이 물량을 민원 해결 차원에서 선금을 입금한 순서로 고객에게 배송하였습니다. 그런데 이런 사실을 다른 업체에서 알고 관계기관에 제보함으로 청구인 업체가 수입신고를 하지 아니한 물품을 판매한 것으로 적발되어 이사건 행정처분에 이르렀습니다. 참고로 통관이 지연되어 00월 통관예정인 수입품 차(tea)는 올해 0월 00일 통관되었습니다. 이번 수입된 차(tea)는 청구인이 일본에서 개별 구매하여 가져온 물품과 같은 제품입니다.

3. 이사건 행정처분의 가혹함

가. 청구인은 일본 제조회사에서 소량 구매하여 보관한 물량은 레시피 개발과 동호인들과 나눠 마시려고 소량 구매하여 보관하고 있었던 것입니다. 그간 10년 동안 차를 수입하여 판매하는 영업주가 불법으로 소량의 물품을 몰래 들여와 판매하여 세금을 포탈하겠다는 생각은 있을 수 없습니다.

나. 다만, 세금을 포탈하여 영리를 추구할 생각이 없다 하더라도, 수입업체에서 세관에 신고되지 아니한 물품을 판매하는 것은 불법 영업행위였음을 시인하며 차후에는 준수사항을 잘 지키며 영업하겠습니다.

4 결론

가. 청구인은 하늘에 맹세코 어떤 이득을 바라고, 수입신고 없는 물품을 판매하지 않았습니다. 일본과의 분쟁으로 수입절차가 지연되다 보니 고객에게 약속을 지키지 못한 미안함과 불만을 해소한다는 짧은 소견으로 개인적으로 구매한 물품을 판매하였습니다. 무지한 까닭이었음을 인정하고 반성합니다. 다만 이를 밀수의 개념으로 단정하여 10년 이상 무사고로 운영한 회사에 정상참작도 없이 최고 기준인 영업정지 2개월을 명령하는 것은 가혹합니다.

나. 그러므로 고의성 없는 무지함으로 발생한 사건에 행정처분기준을 그대로 적용하여 처분한 것은, 이 처분 달성으로 얻는 공익적 효과보다 한 회사가 겪어야 하는 손해가 너무 크다 할 것으로 이는 비례의 원칙에 어긋난 가혹한 처분에 해당합니다. 행정심판위원회에서 이런 상황을 참작해 주시어 행정심판에서 영업정지 기간이 감경되는 재결을 하여 주시기 바랍니다.

입 증 서 류

1. 갑 제1호증 : 행정처분공문
1. 갑 제2호증 : 영업등록증
1. 갑 제3호증 : 식품소분판매 영업신고증
1. 갑 제4호증 : 사업자등록증
1. 갑 제5호증 : 수입식품 신고확인증(인도)
1. 갑 제6호증 : 수입식품 신고확인증(일본)
1. 갑 제7호증 : 사무실 월세계약서

첨 부 서 류

1. 선정대표자선정서

1. 법인등기부 등본

1. 법인 인감계

0000년 00월 00일

청구인 : ㈜ ○ ○ ○ ○   대표 ○ ○ ○ (인)

○ ○ **행정심판위원회 귀중**

> 영업정지 2개월 처분된 이 사건은 행정심판위원회에서 기각 재결되었다.

2) 수입식품 부정신고 영업정지처분취소 행정심판

■ 행정심판법 시행규칙 [별지 제30호서식] 〈개정 2012.9.20〉

행정심판 청구서

접수번호	접수일	
청구인	성명 ㈜ ○○○○	
	주소 0000시 00구 00번길 00, 000동 000호	
	주민등록번호(외국인등록번호) 000000-0000000	
	전화번호 000-0000-0000	
[ ] 대표자 [ ] 관리인 [v] 선정대표자 [ ] 대리인	성명 ○○○	
	주소 0000시1 00구 00번길 00 (00동, 00아파트)	
	주민등록번호(외국인등록번호) 000000-0000000	
	전화번호 000-0000-0000	
피청구인	0000000 식품의약품 안전처장	
소관 행정심판위원회	[v]중앙행정심판위원회 [ ] ○○시·도행정심판위원회 [ ]기타	
처분 내용 또는 부작위 내용	피청구인이 0000.00.00. 청구인에게 한 수입판매업체 영업정지 1개월(0000.00.00~0000.00.00) 행정처분	
처분이 있음을 안날	0000.00.00.	
청구 취지 및 청구 이유	별지와 같습니다	
처분청의 불복 절차 고지 유무	유	
처분청의 불복절차 고지 내용	이 사건 처분이 있음을 안 날부터 90일 이내에 행정심판 또는 행정소송을 제기할 수 있습니다.	
증거 서류	별첨 증거 서류 1-12, 첨부서류 1-3	

「행정심판법」 제28조 및 같은 법 시행령 제20조에 따라 위와 같이 행정심판을 청구합니다.
0000년 00월 00일
청구인 : ㈜ ○○○○ 대표 ○○○ (인)

○○ 행정심판위원회 귀중

| 첨부서류 | 1. 대표자, 관리인, 선정대표자 또는 대리인의 자격을
소명하는 서류(대표자, 관리인, 선정대표자 또는 대
리인을 선임하는 경우에만 제출합니다.)
2. 주장을 뒷받침하는 증거서류나 증거물 | 수수료
없음 |

청 구 취 지

피청구인이 0000.00.00자 청구인에 대하여 한 식품 등 수입판매업 영업정지 1 개월(0000.00.00~0000.00.00) 처분은 취소한다는 재결을 구합니다.

청 구 이 유

1. 행정처분 개요

가. 청구인은 00도 00시 00읍 000로 000번 길 00-0, 0동 0층 소재에서 (주) ○○○○○○이라는 식품 등 수입판매업을 0000.00.00. 피청구인으로부터 허가받아 운영하던 중, 수입 신고한 내용이 사실과 다르게 신고되었다 하여 수입식품 안전관리특별법 제20조. 위반으로 수입식품 안전관리특별법 제29 조 제1항 제5호, 수입식품 안전관리특별법 시행규칙 제46조에 근거, 피청구 인으로부터 이사건 행정처분을 받았습니다.

2. 이사건 행정처분 경위

가. 청구인 ㈜00000은 '식품 등 수입판매업'을 하는 회사로 아래와 같은 사유로 이사건 처분을 받았습니다. 청구인 회사는 0000.00.00~0000.00.00 기간 ○○○○○ 제품(수입신고번호 0000-0000)을 수입하면서 관세청과 피청구 인에게 수입신고를 하였는데, 피청구인은 제조업체명 및 소재지를 사실과 다르게 신고되었다는 이유를 적시하여 청구인에게 사전 통보하였고 청구인 은 이에 합당한 의견제출을 하였습니다. 그러함에 피청구인은 수입식품 안 전관리특별법 제29조 제1항 위반으로 이사건 행정처분을 하였습니다.

1). 피청구인에게 수입 신고한 제조업체명(소재지)

○ EARTH EXPO COMPANY(GIR GADHADA ROAD, SURVEY NO. 261, UNA -362560, JUNAGADH GUJARAT, I NDIA 또는 107B, FIRST FLOOR,

NOMONEY COMPLEX, NEAR MEGHDOOT CINEMA, MAHUVA-3642
90, DIST, BHAVNAGAR, GUJARAT, INDIA.)

2). 제품별 실재 제조 업소명(소재지)

○ 제품명 0000 : APPLE FOOD INDUSTRIES(SURVEY NO. 261, GIR
   GADHADA ROAD, UNA-362560, DISTRICT-JUNAGADH. GUJARAT,
   INDIA)

○ 제품명 0000 : NB LABORATORIES PVT. LTD(177, VILLAGE SIHORA,
   POST KANHAN TAH . PARSHIONI, DIST, NAGPUR, MAHARASHTRA
   INDIA -441401)

○ 제품명 00000 : VAAN HERBAL AND HEALTHCARE, SANTEJ(282
   SHUKAN MALL, OPP CIMS HOSPITAL SOLA-SCIENCE CITY ROAD,
   AHMEDABAD-380060)

3. 수입신고 경위

가. 청구인은 수출업체(EXPORTER) 제품을 수입하고 수입식품 신고를 할 경우
   는 수출업체(EXPORTER)가 보내준 INVOICE, 선하증권, 원산지증명 등을
   참고하여 수입신고서를 작성하여 신고하게 됩니다. 청구인은 0000.00.00~
   0000.00.00. 기간 동안 제품명 00000등 3개 품목을 EARTH EXPO
   COMPANY로 부터 수입하고 INVOICE 근거로 관세청과 피청구인에게 수입
   신고를 하였습니다.

나. 수입신고 시 청구인은 수출업체가 발송해준 INVOICE에 근거하여, 0000.00.
   00제품명 00000을 0000.00.00. 00000와 000000, 0000년 00월 00일 000
   000분말을 신청하면서, 제조업체명(소재지)을 EARTH EXPO COMPANY(GIR
   GADHADA ROAD, SURVEY NO. 261, UNA-362560 JUNAGADH GUJA

RAT, INDIA 또는 107B, FIRST FLOOR, NOMONEY COMPLEX, NEAR MEGHDOOT CINEMA, MAHUVA - 364290, DIST, BHAVNAGAR, GUJ ARAT, INDIA.) 표기하였습니다.

다. 0000년 00월 00일 제품명 0000 수입신고 INVOICE에 Mfcs.& Exporter 가 EARTH EXPO C0MPANY로 표기되었기에, 수입신고 시 회사명 EARTH EXPO C0MPANY와 소재지를 기재했습니다.

라. 0000년00월00일 0000와 0000을 수입신고 : INVOICE에 Manufacturer & Exporter가 EARTH EXPO C0MPANY로 표기되었기에, 수입신고 시 회사명 EARTH EXPO C0MPANY와 소재지를 기재했습니다.

마. 0000년 00월 00일 제품명 00000 분말의 수입신고 원산지 증명서에 Exporter와 Producer가 EARTH EXPO C0MPANY로 표기되었기, 수입신고 시 회사명 EARTH EXPO C0MPANY와 소재지를 기재했습니다.

4. 이사건 처분의 위법 부당성

가. INVOICE(송장)이란 수출자가 수입자에게 보내는 거래상품명세서로 대금청구서의 역할을 하는 중요한 문서입니다. 그래서 수출자는 INVOICE에 상품명 및 수량, 단가, 품질 등 거래상품의 주요사항을 정확하게 표기해야 합니다.

나. 청구인은 Exporter가 발행하는 INVOICE 내용을 그대로 믿고 수입신고서를 작성하였지만, 피청구인으로부터 제조업체 및 소재지가 실제와는 다르게 기재된 것이 밝혀졌습니다. 이와 관련하여 피청구인은 청구인이 부정한 방법으로 수입신고를 한 것으로 처분사항을 적시하여, 영업정지의 행정처분을 하였습니다. 그러나 피청구인이 부정한 방법으로 수입신고를 한 사실이 없

습니다. 부정한 방법이란 어떤 부정한 목적을 가지고 의도적으로 하는 행위인데, 청구인은 수입절차에 따라 절차적으로 한 신고행위였습니다.

그러함에도 수입식품 안전관리특별법 제20조 제2항(거짓이나 그 밖의 부정한 방법으로 수입신고하는 행위)을 적용, 영업정지 1개월 처분은 행정 편의적이며 가혹하고 위법부당한 처분입니다.

5. 결론

이 사건은 피청구인이 수입식품 안전관리특별법 시행규칙 제46조를 적용하여 행정처분을 한 것이지만 청구인은 억울하고 부당합니다. 청구인 회사는 영세하지만, 무역에 차지하는 비율은 높은 편이며, 이에 관련한 종업원이 00여 명입니다. 현재 어려운 여건에서 힘들게 회사를 운영하고 있는데 피청구인의 무리한 법적용으로 회사 문을 닫게 된다면 파생되는 종업원 문제는 물론 회사 경영에 치명적입니다.

행정심판위원회에서 이 사건 발생 경위와 회사의 제반 사정을 참작해 주시어 행정처분을 취소한다는 재결을 내려주시기 바랍니다.

증 거 서 류

1. 갑 제1호증 : 행정처분공문
1. 갑 제2호증 : 영업등록증
1. 갑 제3호증 : 사업자등록증
1. 갑 제4호증 : 0000년 00월 00일 수입신고서
   (증거서류 5~11 기재생략)
1. 갑 제12호증 : 0000년 00월 00일 선하증권

첨 부 서 류

1. 법인등기부 등본
1. 법인 인감계
1. 선정대표자 선정서

0000년 00월 00일

청구인 : ㈜ ○ ○ ○ ○ (대표) ○ ○ ○(인)

○○ 행정심판위원회 귀중

영업정지 1개월 처분된 이 사건은 행정심판위원회에서 일부 인용 재결로 영업정지 15일로 감경되었다.

5. 노래연습장 주류판매 및 도우미알선 행정처분 행정심판

1) 노래연습장 주류판매 영업정지처분취소 행정심판

■ 행정심판법 시행규칙 [별지 제30호서식] 〈개정 2012.9.20〉

행정심판 청구서

접수번호	접수일	
청구인	성명 ○○○	
	주소 0000시 00구 00번길 00, 000동 000호	
	주민등록번호(외국인등록번호) 000000-0000000	
	전화번호 000-0000-0000	
[ ] 대표자 [ ] 관리인 [ ] 선정대표자 [ ] 대리인	성명	
	주소	
	주민등록번호(외국인등록번호)	
	전화번호	
피청구인	○○시 ○○구청장	
소관 행정심판위원회	[ ]중앙행정심판위원회 [v] ○○시·도행정심판위원회 [ ]기타	
처분 내용 또는 부작위 내용	피청구인이 0000.00.00. 청구인에게 한 노래연습장 영업정지 10일(0000.00.00~0000.00.00) 행정처분	
처분이 있음을 안날	0000.00.00.	
청구 취지 및 청구 이유	별지와 같습니다	
처분청의 불복 절차 고지 유무	유	
처분청의 불복절차 고지 내용	이 사건 처분이 있음을 안 날부터 90일 이내에 행정심판 또는 행정소송을 제기할 수 있습니다.	
증거 서류	별첨 증거 서류 1-7	

「행정심판법」 제28조 및 같은 법 시행령 제20조에 따라 위와 같이 행정심판을 청구합니다.

0000년 00월 00일

청구인 ○○○ (인)

○○○○○ 행정심판위원회 귀중

첨부서류	1. 대표자, 관리인, 선정대표자 또는 대리인의 자격을 소명하는 서류(대표자, 관리인, 선정대표자 또는 대리인을 선임하는 경우에만 제출합니다.) 2. 주장을 뒷받침하는 증거서류나 증거물	수수료 없음

청 구 취 지

피청구인이 0000.00.00자 청구인에 대하여 한 노래연습장 영업정지 10일(0000.00.00~0000.00.00)행정처분은 이를 취소한다는 재결을 구합니다.

청 구 이 유

1. 사건 개요

가. 청구인은 0000시 00구 00로000, 1층(00동) 소재에서 0000.00.00 피청구인으로부터 노래연습장등록을 받아(면적 : 000, 00㎡) 운영하던 중, 0000.00.00.00 : 00경 종업원(○○○, 00세, 이하 배○○이라 칭한다)이 손님에게 주류를 판매하여, ○○ 경찰서 조사를 받고 ○○○○ 지방검찰청에서 0000.00.00. 약식기소되어 피청구인으로부터 음악산업진흥에 관한 법률 제22조 제1항 및 시행규칙 제15조 제1항(별표2) 규정에 근거하여 이사건 행정처분을 받았습니다.

2. 사건 발생 경위

가. 노래연습장 대표자는 청구인이지만 실제 노래연습장 운영은 청구인의 남편이 종업원 1명을 고용하여 영업하고 있습니다. 0000.00.00.00시경 남편은 다른 급한 일로 노래연습장에 없었고, 노래연습장에는 아르바이트 배○○ 혼자 영업하고 있었습니다. 아르바이트 배○○이 일하게 된 것은, 본래 노래방 종업원 ○○○(남 00세)이 당일 나오지 못할 급한 일이 생기자 노래연습장 영업경험이 있는 친구 배00에게 하루 일당을 주기로 약속하여 배○○이 대신 근무하고 있었습니다.

나. 배○○이 일하던 당일 22 : 00 시경 술에 취한 남자 손님 3명이 들어왔습니다. 배○○이 노래시간을 넣어주고 나오는데 손님이 술을 주문하였습니다.

배○○은 우리 노래연습장은 술 제공은 안 된다고 거절하였지만, 손님 1명은 술에 취해 큰소리로 욕을 하며 술을 가져오라고 소란을 피웠습니다. 노래연습장의 다른 손님들이 카운터에 나와 조용하게 해 달라고 요구하고, 같은 일행 한 명도 카운터에 나와 친구가 술에 취해서 그러니 이해해 달라고 사과하는 순간에도 룸 안에서는 술 갖다 달라고 막무가내 소리를 질렀습니다. 다급해진 배○○은 우선 소란을 잠재우게 할 요량으로 노래연습장 돈으로 손님이 원하는 대로 맥주 4캔과 소주 1병을 인근 편의점에서 12,000원을 지불하고 구매하여 제공하였습니다.

다. 배○○이 손님에게 술을 사다 준 후 노래연습장은 조용해졌지만, 노래방에서 술을 제공하면 위법이라는 것을 알고 있으므로 걱정이 되기 시작했습니다. 그래서 청구인 남편에게 전화하여 자초지종 설명하였습니다. 남편은 배○○에게 기왕 제공된 술은 어쩔 수 없으니 추가로 요구하면 단호하게 거절하라고 당부하였습니다.

라. 그리고 1시간 지나서 노래시간을 1시간 더 연장을 요구하면서 손님이 또 주류제공을 요구하여 배○○은 단호하게 거절하였습니다. 잠시 후 같이 온 손님이 먼저 나가면서 술에 취한 친구에게 이유는 알 수 없지만 "더러운 놈"이라고 욕을 하며 나갔습니다. 방에는 소란을 피운 손님만 남아 있었는데, 약 10분 후 경찰관이 '노래방에서 술을 판다는 신고가 접수되어 출동하였습니다.' 하며, 경찰은 테이블에 있는 술병을 발견하고 노래방 주류제공으로 적발해 갔습니다. 또 잠시 후에는 소방차가 화재신고를 받고 출동하였습니다. 알고 보니 소란을 피운 손님이 경찰서와 소방서에 모두 전화한 것입니다.

마. 이로 인해 검찰에서 약식기소되고 청구인은 노래연습장 주류제공으로 피청구인으로부터 이건 행정처분을 받았습니다.

3. 이사건 처분의 위법 부당성

가. 청구인 노래연습장에서는 손님에게 술을 팔기 위해 술을 보관하거나 판매한 적이 없습니다. 아르바이트 배○○은 술을 제공하면 안 되는 것을 알고 있었기에 술을 거절하였으나 손님이 욕을 하고 소란을 피워 다른 손님들도 노래를 못하겠다고 항의하는 상황을 진정시키기 위해 큰 부담을 앉고 술을 사다 준 것입니다. 그래서 주류대금 12,000원도 봉사비 없이 노래시간에 포함하여 받은 것입니다.

나. 행정처분기준에는 위반행위가 고의나 중대한 과실이 아닌 사소한 부주의나 오류로 인한 것으로 인정되는 경우에는 처분기준의 2/1 범위에서 감경할 수 있다고 명시하고 있습니다. 그러나 피청구인은 이러한 기준은 간과하고 결과만을 기준으로 하여 처분규정을 그대로 적용 이사건 행정처분을 하였습니다. 이는 행정 편의주의로 재량권의 남용입니다.

4. 결론

가. 이 사건의 발생원인은 통제가 어려운 막무가내식 손님에 의해 발생한 것을 확인할 수 있습니다. 술에 취한 손님이 경찰에 주류제공에 관해서는 신고할 수가 있습니다, 그러나 불이 나지 않았는데도 소방서에 신고하여 소방차가 출동하는 것은 정상적인 사람의 사고를 한참 벗어납니다. 이 부분에서 당시의 상황을 입증해주고 있습니다.

나. 개업 이후 10년 동안 무사고로 영업해왔습니다. 행정심판위원회에서 사건 발생원인을 참작해 주시어 이사건 행정처분을 취소하는 재결을 내려주시기 바랍니다.

증거 서류

1. 갑 제1호증 : 행정처분 공문
1. 갑 제2호증 : 유통관련업자등록증
1. 갑 제3호증 : 사업자등록증
1. 갑 제4호증 : 정식재판 판결문
1. 갑 제5호증 : 편의점 영수증
1. 갑 제6호증 : 노래연습장 사건 매출전표
1. 갑 제7호증 : 주민등록등본

0000년 00월 00일

청구인 ○ ○ ○ (인)

○○○○시 행정심판위원회 귀중

영업정지 10일 처분된 이 사건은 행정심판위원회에서 일부 인용 재결되어 영업정지 5일로 감경되었다.

2) 노래연습장 주류판매 도우미 알선 영업정지처분취소 행정심판

■ 행정심판법 시행규칙 [별지 제30호서식] 〈개정 2012.9.20〉

행정심판 청구서

접수번호		접수일	
청구인	성명 ○○○		
	주소 0000시 00구 00번길 00, 000동 000호		
	주민등록번호(외국인등록번호) 000000-0000000		
	전화번호 000-0000-0000		
[ ] 대표자 [ ] 관리인 [ ] 선정대표자 [ ] 대리인	성명		
	주소		
	주민등록번호(외국인등록번호)		
	전화번호		
피청구인	○○시 ○○구청장		
소관 행정심판위원회	[ ]중앙행정심판위원회 [v] ○○시·도행정심판위원회 [ ]기타		
처분 내용 또는 부작위 내용	피청구인이 0000.00.00. 청구인에게 한 노래연습장 영업정지 40일(0000.00.00~0000.00.00) 행정처분		
처분이 있음을 안날	0000.00.00.		
청구 취지 및 청구 이유	별지와 같습니다		
처분청의 불복 절차 고지 유무	유		
처분청의 불복절차 고지 내용	이 사건 처분이 있음을 안 날부터 90일 이내에 행정심판 또는 행정소송을 제기할 수 있습니다.		
증거 서류	별첨 증거 서류 1-8		

「행정심판법」 제28조 및 같은 법 시행령 제20조에 따라 위와 같이 행정심판을 청구합니다.

0000년 00월 00일

청구인 ○○○ (인)

○○○○○ 행정심판위원회 귀중

첨부서류	1. 대표자, 관리인, 선정대표자 또는 대리인의 자격을 소명하는 서류(대표자, 관리인, 선정대표자 또는 대리인을 선임하는 경우에만 제출합니다.) 2. 주장을 뒷받침하는 증거서류나 증거물	수수료 없음

청 구 취 지

피청구인이 0000.00.00.자 청구인에 대하여 한 노래연습장 영업정지 40일 (0000.00.00~0000.00.00) 행정처분은 이를 취소한다는 재결을 구합니다.

청 구 이 유

1. 사건 개요

가. 청구인은 00시 00구 000로00 길00(00동)에서 'ㅇㅇㅇ 노래연습장'을 0000.00.00. 등록(면적 : 70㎡)하여 운영하던 중, 0000.00.00. 밤 0시경 종업원(000. 00세)이 손님에게 주류를 제공하고 도우미를 알선하여, 종업원이 ㅇㅇ 경찰서에서 조사를 받고, ㅇㅇㅇㅇ 지방검찰청에서 00만 원 약식기소로, 피청구인으로부터 음악산업 진흥에 관한 법률 제22조 제1항 및 제3호, 시행규칙 제15조 제1항(별표2) 규정에 근거 이사건 행정처분을 받았습니다.

2. 사건 발생 경위

가. 노래연습장 영업은 청구인과 종업원이 교대로 운영하고 있습니다. 0000. 00.00.00 : 00.경 종업원이 영업하는 시간에 남자 손님 3명이 들어왔습니다. 손님들은 종업원에게 맥주와 도우미를 요구했습니다. 종업원은 노래연습장에서 주류판매와 도우미 알선행위는 처벌이 강하고 단속이 심하여 큰일 난다며 우회적으로 거절을 하였지만, 손님은 집요하게 부탁하였습니다. 종업원은 그럼 술 제공까지는 가능하겠지만 도우미는 곤란하다고 말하자 손님들은 어차피 술이 오면 도우미가 따라야 순리에 맞지 않느냐면서 재차 요구했습니다. 종업원이 이번에도 거절하자 손님은 다른 옆집 노래방으로 가겠다며 나갈 태세를 보였습니다. 종업원은 손님도 없는데 첫 손님부터 나간다고 하자 순간 마음을 바꿔 "알았다" 하며 캔맥주를 제공하고 도우미 2명을 알선하였습니다.

나. 그런데 잠시 후 노래연습장 방에서 뭔가 파손되는 소리가 크게 들렸습니다. 방에 가보니 마이크 2개가 파손된 채 바닥에 뒹굴고 있었습니다. 종업원은 기물을 파손하였으니 변상을 하라고 하자, 술 취한 한 손님이 마시던 맥주를 바닥에 뿌리며 종업원에게 '당신 노래방에서 술 팔고 도우미 알선하면 어떻게 되는 줄 모르느냐'면서 변상 요구하면 경찰에 신고해 버리겠다고 했습니다. 종업원은 손님 부탁이 간절하여 그렇게 응해 준 것인데, 기물을 파손하고 오히려 협박이 말이 되느냐면서 잠시 말다툼을 하다가 카운터에 나와 속상한 마음을 진정하고 있는데, 경찰관이 노래방 술판매와 도우미 알선 신고를 받고 출동하였습니다. 신고한 자는 종업원과 조금 전 말다툼했던 손님이었습니다. 경찰관은 테이블 위의 캔 맥주와 도우미를 목격하고 위반 사실에 대해 확인서를 받아갔습니다.

3. 이사건 처분의 가혹함

가. 노래연습장 운영은 청구인 가족의 유일한 생계수단으로 업소를 인수하면서 무리하게 5천만 원의 대출을 받아 개업했습니다. 그런데 영업이 어렵다 보니 대출금 상환이 늦어져 독촉을 받고 있고, 업소 임대료도 3개월째 밀리고 있습니다. 이런 처지에서 업소 문까지 닫으면 타격이 너무 커 회생이 불가한 처지입니다. 집에는 노부모와 지체 장애가 있는 딸이 있는데 수입이 끊기면 살아갈 대책이 없습니다.

4. 결론

이번 사건은 종업원의 과실이 크다는 것을 인정합니다. 앞으로는 규정대로 잘하도록 종업원 교육도 확실히 하고 청구인 자신도 솔선하며 영업하겠습니다. 청구인은 현재 영업정지 40일은 감당할 수 없는 절박한 처지에 있습니다. 행정처분 기준에 따라 처벌이 따른다 하더라도, 행정처분에는 제재적 처분으로 얻게 되는 공익의 효과와 이로 인해 상대방이 입게 될 불이익을 비교 판단하여야 하는바,

이 처분으로 한 가족의 경제가 파산될 지경에 이른다면 이는 사회적 손실로 이어지는 결과로, 이 처분은 재고되어야 합당합니다. 행정심판위원회에서 제반 상황을 참고해주시어 영업정지 기간이 감경되는 재결을 하여 주시기 바랍니다.

증 거 서 류

1. 갑 제1호증 : 행정처분 공문
1. 갑 제2호증 : 노래연습장 등록증
1. 갑 제3호증 : 사업자등록증
1. 갑 제4호증 : 은행대출확인서
1. 갑 제5호증 : 임대료 연체 확인서
1. 갑 제6호증 : 진단서
1. 갑 제7호증 : 임대차계약서
1. 갑 제8호증 : 주민등록등본

0000년 00월 00일

청구인 ○ ○ ○ (인)

○○○○시 행정심판위원회 귀중

영업정지 40일 처분된 이 사건은 행정심판위원회에서 기각 재결되었다.

3) 노래연습장 주류제공 및 도우미 알선 영업정지처분취소 행정심판

■ 행정심판법 시행규칙 [별지 제30호서식] 〈개정 2012.9.20〉

행정심판 청구서

접수번호		접수일	
청구인		성명 ○○○	
		주소 0000시 00구 00번길 00, 000동 000호	
		주민등록번호(외국인등록번호) 000000-0000000	
		전화번호 000-0000-0000	
[ ] 대표자 [ ] 관리인 [ ] 선정대표자 [ ] 대리인		성명	
		주소	
		주민등록번호(외국인등록번호)	
		전화번호	
피청구인		○○시 ○○구청장	
소관 행정심판위원회		[ ]중앙행정심판위원회 [v] ○○시·도행정심판위원회 [ ]기타	
처분 내용 또는 부작위 내용		피청구인이 0000.00.00. 청구인에게 한 노래연습장 영업정지 40일(0000.00.00~0000.00.00) 행정처분	
처분이 있음을 안날		0000.00.00.	
청구 취지 및 청구 이유		별지와 같습니다	
처분청의 불복 절차 고지 유무		유	
처분청의 불복절차 고지 내용		이 사건 처분이 있음을 안 날부터 90일 이내에 행정심판 또는 행정소송을 제기할 수 있습니다.	
증거 서류		별첨 증거 서류 1-9	

「행정심판법」 제28조 및 같은 법 시행령 제20조에 따라 위와 같이 행정심판을 청구합니다.
0000년 00월 00일
청구인 ○○○ (인)

○○○○○ 행정심판위원회 귀중

첨부서류	1. 대표자, 관리인, 선정대표자 또는 대리인의 자격을 소명하는 서류(대표자, 관리인, 선정대표자 또는 대 리인을 선임하는 경우에만 제출합니다.) 2. 주장을 뒷받침하는 증거서류나 증거물	수수료 없음

청 구 취 지

피청구인이 0000.00.00.자 청구인에 대하여 한 노래연습장 영업정지 40일 (0000.00.00~0000.00.00)행정처분은 이를 취소한다는 재결을 구합니다.

청 구 이 유

1. 사건 개요

가. 청구인은 00시 00구 000로 00번지(00동) 소재에서 0000.00.00. 노래연습장을 등록(면적 : 110㎡)하여 운영하던 중, 0000.00.00. 영업 중 손님에게 주류판매 및 접대부알선(도우미)행위가 적발되어 청구인이 ○○ 경찰서에서 조사를 받고 ○○ 지방검찰청에서 000만 원 약식기소되어, 피청구인으로부터 음악산업진흥에 관한 법률 제27조 제1항 및 같은 법 시행규칙 제15조 제1항(별표2) 규정에 근거하여 이사건 행정처분을 받았습니다.

2. 사건 발생 경위

가. 청구인 노래연습장은 청구인 친동생(○○○, 여, 00세, 이하 동생이라 칭한다)이 맡아 운영하고 있습니다. 그 이유는 청구인이 말기 암으로 요양원에 있기 때문입니다. 주류판매 및 접대부알선 사건 당일 상황입니다. 00 : 00경 동생이 영업하고 있는 시간에 남자 손님 3명이 들어왔습니다. 그중 손님 1명은 단골손님으로 지인들과 함께 왔으며 모두 술에 취한 상태였습니다.

나. 동생이 노래방 기기를 작동시켜준 후 10여 분 후, 호출이 있어 가보니 단골손님이 맥주와 도우미알선을 요구했습니다. 동생은 단골손님에게 단속이 심하다는 명분으로 미안하다며 정중히 거절하였습니다. 그러나 평상시 조용한 외모의 단골손님은 갑자기 돌변하여 과격한 말투로 친구들하고 같이 와 처음 부탁하는데, 단골손님에게 이래도 되느냐며 본래 사장님이었으면 나에게 이

런 대접을 하지 않았을 것이라며 섭섭함을 표하면서 안 불러주면 다른 노래 방으로 가겠다. 그리고 앞으로 이 집은 끝이라고 하였습니다.

다. 동생은 단골손님이 섭섭하다고 강경하게 나오자 당황하여 손님의 강요를 더 는 거절하지 못하고 맥주를 제공하고 도우미를 불러주었습니다. 손님 3명은 약 3시간 동안 도우미와 함께 노래하다가 유흥을 끝내고 계산서를 보자고 하 였습니다. 계산서에 노래방이용료, 도우미 팁, 술값으로 330,000원이 나온 것을 손님이 확인하더니 누굴 호구로 아느냐며 왜 이렇게 비싸냐며 트집을 잡고 시비를 하였습니다. 동생은 속이 상했지만 이런 일로 말썽이 나면 처벌 이 따를 수 있다는 생각에 손님을 달래기 위해 술값 60,000원을 깎아주었습 니다.

라. 동생은 단골손님에게 체면 때문에 위법이 되는 줄 알면서도 요구사항을 다 들어 주었는데 정당한 비용을 가지고 너무 한다고 말하자, 단골손님은 동생 에게 법을 위반한 사람이 말이 많다며 정신을 차리게 해주겠다면서 그 자리 에서 112로 신고하였습니다.

3. 이 사건 처분은 가혹함

가. 청구인은 요양원에 있으면서도 동생에게 사고 없이 영업하려면 원칙대로 해 야 한다고 말하였고. 동생도 이런 취지를 알고 그간 원칙대로 영업했었습니 다. 동생은 이번 발생한 사건으로 언니에게 큰 손해를 안겨 준 것에 대해 미 안한 마음에 눈물로 자책하고 있습니다.

나. 청구인과 동생의 처지를 말씀드립니다. 청구인은 자궁암 말기라 현재 요양원 에 있으며 집에는 거동이 불편한 남편(76세)이 있습니다. 생활은 노래방수입 일부를 동생으로부터 받아 그 돈으로 생계비와 요양원 비용을 충당하고 있습 니다.

다. 동생도 000년 유방암을 수술하였는데 림프샘이 왼쪽 겨드랑이까지 전이 되어 18개의 종양을 제거한 중증 환자입니다. 오래전 이혼 후 임대아파트에 혼자 살고 있으면서 청구인 노래연습장을 대신 운영하고 있습니다. 몸이 아픈 동생이 영업을 맡아 하는 것은, 비록 동생도 아픈 몸이지만 언니보다는 상태가 낫고 젊으므로 그렇게 하는 것입니다.

4. 결론

존경하는 행정심판위원님! 개인적인 어려움이 있다 하여 받아야 할 처벌이 상쇄될 수 없음을 잘 알고 있습니다. 다만 그간 말썽 없이 영업하려고 노력했다는 것을 말씀드립니다.

현재 청구인과 동생은 모두 암이 중증입니다. 그런 관계로 생활비 이외 병원비가 많이 들어가기 때문에 수입이 없으면 살아갈 길이 없습니다. 이런 상황에서 40일 동안 노래연습장 영업이 정지되면 살아갈 대책이 없습니다.

행정심판위원회에서 이런 상황을 참작해 주시어 영업정지를 취소해 주시거나 기간이 감경되도록 재결해주시기 바랍니다.

증 거 서 류

1. 갑 제1호증 : 행정처분 공문
1. 갑 제2호증 : 노래연습장 등록증
1. 갑 제3호증 : 사업자등록증
1. 갑 제4호증 : 청구인 진단서
1. 갑 제5호증 : 동생 진단서
1. 갑 제6호증 : 업소 임대차계약서
1. 갑 제7호증 : 청구인 주민등록등본
1. 갑 제8호증 : 동생 주민등록등본

1. 갑 제9호증 : 재적등본 (청구인과 동생 관계증명)

0000년 00월 00일

청구인 ○ ○ ○ (인)

○ ○ ○ ○시 행정심판위원회 귀중

영업정지 40일 처분된 이 사건은 행정심판위원회에서 일부 인용되어 20일이 감경되었습니다. 통상 이런 사건은 기각이 되나 행정심판 진행 도중에 정식재판을 청구하여 벌금 300만 원이 150만으로 감액되었고, 청구인의 어려운 형편이 반영된 것으로 때론 어려움을 적극적으로 호소하는 것도 필요하다.

4) 노래연습장 주류제공 및 도우미 알선 영업정지처분취소 행정심판

■ 행정심판법 시행규칙 [별지 제30호서식] 〈개정 2012.9.20〉

행정심판 청구서

접수번호		접수일	
청구인		성명 ○○○	
		주소 0000시 00구 00번길 00, 000동 000호	
		주민등록번호(외국인등록번호) 000000-0000000	
		전화번호 000-0000-0000	
[ ] 대표자 [ ] 관리인 [ ] 선정대표자 [ ] 대리인		성명	
		주소	
		주민등록번호(외국인등록번호)	
		전화번호	
피청구인		○○시 ○○구청장	
소관 행정심판위원회		[ ]중앙행정심판위원회 [v] ○○시·도행정심판위원회 [ ]기타	
처분 내용 또는 부작위 내용		피청구인이 0000.00.00. 청구인에게 한 노래연습장 영업정지 40일(0000.00.00~0000.00.00) 행정처분	
처분이 있음을 안날		0000.00.00.	
청구 취지 및 청구 이유		별지와 같습니다	
처분청의 불복 절차 고지 유무		유	
처분청의 불복절차 고지 내용		이 사건 처분이 있음을 안 날부터 90일 이내에 행정심판 또는 행정소송을 제기할 수 있습니다.	
증거 서류		별첨 증거 서류 1-7	

「행정심판법」 제28조 및 같은 법 시행령 제20조에 따라 위와 같이 행정심판을 청구합니다.

0000년 00월 00일

청구인 ○○○ (인)

○○○○○ 행정심판위원회 귀중

첨부서류	1. 대표자, 관리인, 선정대표자 또는 대리인의 자격을 소명하는 서류(대표자, 관리인, 선정대표자 또는 대 리인을 선임하는 경우에만 제출합니다.) 2. 주장을 뒷받침하는 증거서류나 증거물	수수료 없음

청 구 취 지

피청구인이 0000.00.00자 청구인에 대하여 한 노래연습장 영업정지 40일 (0000.00.00~0000.00.00)행정처분은 이를 취소한다는 재결을 구합니다.

청 구 이 유

1. 행정처분 내용

가. 청구인은 0000시 00구 000로 00(00동, 0층) 소재에서 ○○ 노래연습장을 0000.00.00. 허가를 받아 운영하던 중, 0000.00.00.00 : 00. 영업 중 접대부알선 및 주류제공으로 ○○ 경찰서 조사와 ○○○○ 지방검찰청에서 200만 원 약식기소되어 피청구인으로부터 음악산업진흥에 관한 법률 제22조 제1항 및 3호 같은 법 시행규칙 제15조 제1항(별표2) 규정에 근거하여 이사건 행정처분을 받았습니다.

2. 노래방에서 술이 제공된 경위

가. 0000.00.00.00 : 00. 노래방에 종종 들리는 남자 단골손님 1명이 술에 취해 들어왔습니다. 손에는 검정 봉지를 들고 있었기에 청구인은 혹시 술이 들어 있는 것이 아닌지 하여, 뭐 맛있는 것이냐고 하니, 과일이라 하면서 하나 줄 것처럼 했습니다. 청구인은 관두라고 했는데 나중에 술로 밝혀졌습니다. 손님은 룸에 들어가 혼자 노래를 몇 곡 부르더니 호출을 하여 가보니 혼자 못 놀겠다면서 청구인에게 전화번호와 성명을 알려주면서 잘 아는 도우미인데 불러 달라고 요구하였습니다.

나. 직감적으로 보도방(도우미 소개소) 전화번호 같은 생각이 들어, 거절하기 위해 요사이 단속이 심하여 도우미를 불러줄 수 없다고 하자, 손님은 내 애인인데 뭘 걱정하느냐, 내가 책임지겠다. 단골손님 부탁을 그렇게 거절할 수 있

느냐면서 끈질기게 요구하면서 나갈 것처럼 말하여, 당시 손님이 한 팀도 없는 상태에서 영업을 위해 더는 거절하지 못하고 도우미를 연결해 불러주었습니다.

다. 그런데 도우미가 도착하고 난 후 약 20분 후, 경찰관이 노래방 불법행위 신고를 받고 도착하였는데, 룸에서는 도우미 이외 테이블에서 소주와 맥주가 발견되었습니다. 경찰확인 결과, 술은 손님이 청구인 노래방은 술이 없는 것을 알고 슈퍼에서 미리 구매하여 가져온 것인데 제지하지 못했습니다. 이로 인해 도우미알선과 주류반입묵인으로 적발되었습니다.

3. 이사건 처분의 가혹함

가. 청구인 업소에서 금번 도우미알선과 주류반입묵인으로 적발되었지만, 평소 도우미 소개나 알코올을 제공한 적이 없습니다. 그래서 술을 팔지 않는 것을 알고 있는 손님은 간혹 술을 미리 슈퍼에서 사서 가져오거나 중간에 나가서 사다 마시는 경우가 있습니다. 이런 경우 청구인이 목격하여 제지하는 과정에 손님과 언쟁하는 때도 여러 번 있었습니다. 그러함에도 이번 도우미 호출사건은 청구인의 행위로 큰 잘못을 시인하고 반성하며 용서를 빌 따름입니다.

나. 행정심판위원님, 장기간 불황에 영세서민 업주들은 영업 부진으로 하루하루 버티며 살고 있습니다. 어떤 때는 하루 1~2팀도 없는 경우가 허다하여 운영비 부족으로 임대료가 4개월이 밀렸습니다. 노래연습장 창업자금 6천만 원 중 4천만 원이 부채인데 현상 유지가 안 되어 1년 동안 한 푼도 갚지 못하고 있습니다. 이런 형편에 노래방 문을 40일간 닫으면 그나마 수입이 끊기게 되어 살아갈 대책이 없습니다. 참고로 이 사건은 억울한 면이 있어 약식명령이 나오면 법원에 정식재판을 청구 준비 중으로 행정심판 심의는

정식재판 결과가 나오면 해주시거나, 행정심판을 진행할 시에는 영업정지 기간을 감액해 주시고 잔여기간은 과징금으로 대처하여 주시는 재결을 내려주시기 바랍니다.

증 거 서 류

1. 갑 제1호증 : 행정처분 공문
1. 갑 제2호증 : 노래연습장등록증
1. 갑 제3호증 : 사업자등록증
1. 갑 제4호증 : 은행 대출확인서
1. 갑 제5호증 : 업소임대차계약서
1. 갑 제6호증 : 집 전세계약서
1. 갑 제7호증 : 주민등록등본

0000년 00월 00일

청구인 ○ ○ ○ (인)

○ ○ ○ ○시 행정심판위원회 귀중

영업정지 40일 처분된 이 사건은 행정심판위원회에서 정식재판 경과가 나올 때까지 심리를 연기하였는데, 정식재판에서 선고유예되어 행정심판에서 영업정지 20일로 감경되었다.

6. 숙박업소 행정처분 행정심판

1) 숙박업소(관광호텔) 성매매 장소제공 영업정지처분취소 행정심판

■ 행정심판법 시행규칙 [별지 제30호서식] 〈개정 2012.9.20〉

행정심판 청구서

접수번호		접수일	
청구인	성명 ㈜ ○○○○		
	주소 0000시 00구 00번길 00, 000동 000호		
	주민등록번호(외국인등록번호) 000000-0000000		
	전화번호 000-0000-0000		
[ ] 대표자 [ ] 관리인 [v] 선정대표자 [ ] 대리인	성명 ○○○		
	주소 0000시1 00구 00번길 00 (00동, 00아파트)		
	주민등록번호(외국인등록번호) 000000-0000000		
	전화번호 000-0000-0000		
피청구인	○○시 ○○구청장		
소관 행정심판위원회	[ ]중앙행정심판위원회 [v] ○○시·도행정심판위원회 [ ]기타		
처분 내용 또는 부작위 내용	피청구인이 0000.00.00. 청구인에게 한 관광호텔 영업정지 2개월(0000.00.00~0000.00.00) 행정처분		
처분이 있음을 안날	0000.00.00.		
청구 취지 및 청구 이유	별지와 같습니다		
처분청의 불복 절차 고지 유무	유		
처분청의 불복절차 고지 내용	이 사건 처분이 있음을 안 날부터 90일 이내에 행정심판 또는 행정소송을 제기할 수 있습니다.		
증거 서류	별첨 증거 서류 1-5, 첨부서류 1		

「행정심판법」 제28조 및 같은 법 시행령 제20조에 따라 위와 같이 행정심판을 청구합니다.
0000년 00월 00일
청구인 : ㈜ 0000 대표 000 (인)

○○○○○ 행정심판위원회 귀중

첨부서류	1. 대표자, 관리인, 선정대표자 또는 대리인의 자격을 소명하는 서류(대표자, 관리인, 선정대표자 또는 대 리인을 선임하는 경우에만 제출합니다.) 2. 주장을 뒷받침하는 증거서류나 증거물	수수료 없음

청 구 취 지

피청구인이 0000.00.00.자 청구인에 대하여 한 숙박업소 영업정지 2개월
(0000.00.00~0000.00.00)행정처분은 이를 취소한다는 재결을 구합니다.

청 구 이 유

1. 행정처분 개요

가. 청구인은 0000.00.00. 피청구인으로부터 숙박업 영업허가를 받아 00시 00구
　　00호 000번 길 00, 0, 0-0층 소재에서 0000 관광호텔을 운영해 오던 중,
　　0000.00.00.00 : 00경 투숙객 성매매 장소제공으로 객실을 안내한 객실 과
　　장(○○○, 00세, 이하 김○○이라 칭한다)이 ○○ 경찰서 조사를 받고 현재
　　재판이 계류하고 있어 피청구인으로부터 성매매알선 등 행위에 관한 법률 제
　　4조 위반으로 공중위생법 제11조 및 같은 법 시행규칙 제19조에 근거 이사건
　　행정처분을 받았습니다.

2. 사건 발생 경위

가. 청구인이 운영하는 ○○ 호텔은 00시 중심가에 있는 객실 수 00개의 호텔로
　　0000년부터 전문종업원 책임체재로 운영하는 업소입니다.

나. 이사건 호텔 성매매 장소제공에 대한 개요입니다. 지난 0000.00.00.00 : 00
　　경 호텔 투숙객으로 성인 남녀 2명이 들어와 객실 과장이 객실을 안내하였는
　　데 약 30여 분이 지나 경찰관이 호텔에서 성매매 행위가 이루어지고 있다는
　　제보를 받고 출동하여 확인하니 사실로 밝혀졌습니다.

다. 성매매알선이 되기까지의 이들의 행적은 남자 손님이 인근 유흥주점에서 여
　　자 유흥접객원과 술을 마시고 나오면서 유흥업소 책임자에게 유흥접객원과

2차 호텔에 가는 것까지 알선받아 청구인 호텔에 투숙한 것입니다. 경찰에 제보된 과정은 알 수 없으나, 조사결과 여자투숙객이 유흥접객원으로 밝혀져, 이들을 알선한 유흥업소는 성매매알선행위로, 청구인 호텔은 성매매 장소제공으로 적발되었습니다.

3. 이사건 처분의 위법 부당성

가. 공중위생 관리법에서 숙박업이란 손님이 잠을 자고 머물 수 있도록 시설 및 설비 등의 서비스를 제공하는 영업을 말한다고 명시하였습니다. 호텔 프런트에서는 청소년 혼숙이나 윤락행위 장소제공이 발생하지 않도록 항상 긴장하며 영업합니다. 그런데 청소년 혼숙은 외모상 어려 보이는 남녀가 투숙하려 하면 신분증 확인을 통해 혼숙을 막을 수 있지만, 성인의 경우는 당사자 간 성매매를 약속하고 투숙객으로 오기 때문에 확인할 방법이 없는 것이 현실입니다.

나. 하루에도 수백여 명이 이용하는 관광호텔에서 성인 남녀의 성매매를 호텔책임으로 돌려 무거운 처벌을 한다면 숙박업계는 그 책임을 감당할 수 없어 무너지고 말 것입니다. 그러므로 결과만을 기준으로 행정처분기준을 그대로 적용하는 것은 행정편의주의적으로 재량권 남용에 해당합니다.

4. 결론

가. 청구인 호텔은 관광호텔로의 기능과 역할을 다하기 위해 지금까지 준수사항을 잘 지키면서 건전한 숙박업소 정착을 위해 노력해왔습니다. 그리고 지역관광 활성화에 이바지한다고 자부하며 영업해왔습니다.

나. 그러나 이 사건 발생은 호텔에서 발생한 사건이기에 대표자로서 사과를 드리고 앞으로는 더 조심하면서 영업하겠음을 약속드립니다. 다만 관광호텔이 2

개월 동안 문을 닫는다면 호텔 경영은 무너지고 수십 명의 종업원이 직장을 잃게 되며 지역경제에도 큰 타격이 될 것으로 크게 우려됩니다.

다. 현재 객실을 안내한 김○○은 피고인으로 재판계류 중이기 때문에 그 결과를 지켜볼 필요가 있습니다. 행정심판위원회에서 이런 사안을 참작해 주시어 행정심판 심의는 재판 결과가 나올 때까지 기다려 주시거나, 행정심판이 진행된다면 이 사건 발생을 현실적으로 막을 수 없었던 점을 인정해 주시어 행정처분이 취소되도록 재결해주시기 바랍니다.

증 거 서 류

1. 갑 제1호증 : 행정처분 공문
1. 갑 제2호증 : 영업허가증
1. 갑 제3호증 : 사업자등록증
1. 갑 제4호증 : 재판사건 진행 내역
1. 갑 제5호증 : 주민등록등본

첨 부 서 류

1. 대표자선정서

0000년 00월 00일

청구인 : ㈜ ○ ○ ○ ○ 대표 ○ ○ ○ (인)

○ ○ ○ **행정심판위원회 귀중**

영업정지 2개월 처분된 이 사건은 재판에서 선고유예로 판결되어, 행정심판에서 일부 인용재결로 영업정지 1개월에 갈음하는 과징금으로 대체되었다.

2) 숙박업소(모텔) 미성년자 혼숙 영업정지처분취소 행정심판

■ 행정심판법 시행규칙 [별지 제30호서식] 〈개정 2012.9.20〉

행정심판 청구서

접수번호	접수일	
청구인	성명 ○○○	
	주소 0000시 00구 00번길 00, 000동 000호	
	주민등록번호(외국인등록번호) 000000-0000000	
	전화번호 000-0000-0000	
[ ] 대표자 [ ] 관리인 [ ] 선정대표자 [ ] 대리인	성명	
	주소	
	주민등록번호(외국인등록번호)	
	전화번호	
피청구인	○○시 ○○구청장	
소관 행정심판위원회	[ ]중앙행정심판위원회 [v] ○○시·도행정심판위원회 [ ]기타	
처분 내용 또는 부작위 내용	피청구인이 0000.00.00. 청구인에게 한 숙박업소 과징금 00,000,000원 부과처분	
처분이 있음을 안날	0000.00.00.	
청구 취지 및 청구 이유	별지와 같습니다	
처분청의 불복 절차 고지 유무	유	
처분청의 불복절차 고지 내용	이 사건 처분이 있음을 안 날부터 90일 이내에 행정심판 또는 행정소송을 제기할 수 있습니다.	
증거 서류	별첨 증거 서류 1-5	

「행정심판법」 제28조 및 같은 법 시행령 제20조에 따라 위와 같이 행정심판을 청구합니다.
0000년 00월 00일
청구인 ○○○ (인)

○○○○○ 행정심판위원회 귀중

첨부서류	1. 대표자, 관리인, 선정대표자 또는 대리인의 자격을 소명하는 서류(대표자, 관리인, 선정대표자 또는 대리인을 선임하는 경우에만 제출합니다.) 2. 주장을 뒷받침하는 증거서류나 증거물	수수료 없음

청 구 취 지

피청구인이 0000.00.00.자 청구인 숙박업소에 대하여 한 과징금 00,000,000원의 부과처분은 취소한다는 재결을 구합니다.

청 구 이 유

1. 행정처분 개요

가. 청구인은 00도 00시 000로 000(00동) 소재에서 000이라는 숙박업소(모텔)를 0000.00.00. 피청구인 허가(객실 : 00개)를 받아 영업하던 중, 0000.00.00.00 : 00분경 여관 종업원(○○○, 남, 00세)이 미성년자를 혼숙시킨 사실이 확인되어, 종업원이 ○○ 경찰서 조사를 받고 0000 검찰청에서 000만 원 약식기소로 공중위생 관리법 제11조 및 같은 법 제11조2, 같은 법 시행령 제7조의2, 3 같은 법 시행규칙 제19조에 근거하여 피청구인으로부터 이 사건 행정처분을 받았습니다.

2. 사건 발생 경위

가. 청구인 숙박업소(모텔)는 청구인이 직접 영업하지 않고 주간과 야간 근무책임자를 지정하여 운영합니다. 이 사건 발생 시간인 0000.00.00.00 : 00분경은 모텔 종업원 ○○○이 근무하는 시간으로, 그 시간 남녀 손님 2명이 들어왔습니다. 남자 손님은 체격이 큰 성인으로 맥주와 안주를 담은 봉지를 들고 카운터에서 계산을 하였고, 여자 손님(미성년자로 밝혀짐)은 진한 화장에 술까지 마신 상태로 미성년자라고는 전혀 생각되지 않는 외모였습니다. 그래서 숙박하도록 한 것입니다.

나. 그런데 며칠 후 경찰서에서 연락이 왔습니다. 경찰서에서 다른 사건으로 조사하는 과정에 투숙 남녀가 청소년인데 사건 당일 청구인 모텔에서 숙박한

사실이 밝혀진 것입니다.

3. 이사건 처분의 위법 부당성

가. 공중위생 관리법 시행규칙 제19조에는 숙박업소 행정처분기준에는 청소년에 대해 이성을 혼숙하여 적발된 경우, 1차 영업정지 2월, 2차 영업정지 3월, 3차 영업폐쇄가 됩니다. 영업폐쇄의 경우는 다른 업종과는 달리 숙박업소 건물은 시설 자체가 무용지물이 되어 이에 따른 재산적 피해가 엄청나므로, 이런 사태만은 피하고자 건물주인 영업주는 평소 성매매알선이나 청소년 혼숙 방지에 전력을 다하지 않을 수 없었습니다.

나. 이건 사고 발생은 종업원의 부주의에서 발생한 것으로 업소의 책임이 크다는 것을 알고 있습니다. 그래서 행정처분을 기꺼이 수용하였습니다. 그러나 영업정지 2개월이 갈음하는 과징금은 터무니없는 근거로 부과되었습니다.

다. 본래 과징금부과 기준에서 '연간 총매출액은 처분일이 속한 연도의 전년도의 1년간 총매출액을 기준으로 한다. 다만, 신규사업·휴업 등에 따라 1년간 총매출액을 산출할 수 없거나 1년간 매출액을 기준으로 하는 것이 현저히 불합리하다고 인정되는 경우에는 분기별·월별 또는 일별 매출액을 기준으로 연간 총매출액을 환산하여 산출한다.'라고 규정되어 있습니다. 그런데 이사건 과징금부과에서 1년간 매출액 산정은 현저히 불합리함이 존재합니다. 그 이유는 과징금 산정에서 총매출액에는 종업원 인건비, 공공요금 등 부대비용이 공제된 후 실제 수입이 반영되지 않고 전년도 총 매출액을 기준 하였기 때문입니다. 그러므로 현저히 불합리하게 부과된 과징금부과는 재조정되거나 취소되어야 마땅합니다.

4. 결론

이사건 과징금부과는 매출액 산정에서 현저히 불합리함이 존재한다고 볼 것으로 행정심판위원회에서 과징금을 재조정하도록 명령해 주시거나 처분을 취소하여 주시기 바랍니다.

증 거 서 류

1. 갑 제1호증 : 행정처분 공문
1. 갑 제2호증 : 과징금 고지서
1. 갑 제3호증 : 영업신고증
1. 갑 제4호증 : 사업자등록증
1. 갑 제5호증 : 등기부등본

0000년 00월 00일

청구인 ○ ○ ○ (인)

○○도 행정심판위원회 귀중

이사건 과징금부과는 행정심판위원회에서 기각재결 되었다.

3) 숙박업소(여관) 성매매알선행위 영업정지처분취소 행정심판

■ 행정심판법 시행규칙 [별지 제30호서식] 〈개정 2012.9.20〉

행정심판 청구서

접수번호	접수일	
청구인	성명 ○○○	
	주소 0000시 00구 00번길 00, 000동 000호	
	주민등록번호(외국인등록번호) 000000-0000000	
	전화번호 000-0000-0000	
[ ] 대표자 [ ] 관리인 [ ] 선정대표자 [ ] 대리인	성명	
	주소	
	주민등록번호(외국인등록번호)	
	전화번호	
피청구인	○○시 ○○구청장	
소관 행정심판위원회	[ ]중앙행정심판위원회 [v] ○○시·도행정심판위원회 [ ]기타	
처분 내용 또는 부작위 내용	피청구인이 0000.00.00. 청구인에게 한 영업정지 3개월 (0000.00.00~0000.00.00) 행정처분	
처분이 있음을 안날	0000.00.00.	
청구 취지 및 청구 이유	별지와 같습니다	
처분청의 불복 절차 고지 유무	유	
처분청의 불복절차 고지 내용	이 사건 처분이 있음을 안 날부터 90일 이내에 행정심판 또는 행정소송을 제기할 수 있습니다.	
증거 서류	별첨 증거서류 1-8	

「행정심판법」 제28조 및 같은 법 시행령 제20조에 따라 위와 같이 행정심판을 청구합니다.
0000년 00월 00일
청구인 ○○○ (인)

○○○○○ 행정심판위원회 귀중

첨부서류	1. 대표자, 관리인, 선정대표자 또는 대리인의 자격을 　 소명하는 서류(대표자, 관리인, 선정대표자 또는 　 대리인을 선임하는 경우에만 제출합니다.) 2. 주장을 뒷받침하는 증거서류나 증거물	수수료 없음

청 구 취 지

피청구인이 0000.00.00.자 청구인에 대하여 한 숙박업소 영업정지 3개월 (0000.00.00~0000.00.00.) 행정처분은 이를 취소한다는 재결을 구합니다.

청 구 이 유

1. 사건 개요

가. 청구인은 00시 00구 00로 00(00동) 소재에서 0000. 00.00. "○○○"이라는 상호의 숙박업소(여관)를 피청구인으로부터 허가(객실 : 20개)받아 운영하던 중, 0000.00.00 : 00경 숙박자에게 성매매알선행위를 하여, 당시 영업을 했던 청구인 아내(김○○, 00세, 이하 "아내"로 칭함)가 ○○ 경찰서에서 조사를 받고 ○○○○ 지방검찰청에서 벌금 000만 원 약식기소 되어, 피청구인으로부터 공중위생 관리법 제11조 및 같은 법시행규칙 제19조 규정에 의거 이사건 행정처분을 받았습니다.

2. 사건 발생 경위

가. 여관의 위치는 00구 00동 주택가 근처에 소재한 여관이며 운영관리는 청구인 아내는 카운터에서 주·야간 영업을 하고, 청구인은 여관건물시설을 관리합니다.

나. 여관 객실은 건물 1~3층에 소재한 20개로 이 중 17개는 장기투숙자가 이용하고 남은 3개 방은 대실 등 일반 객실로 이용합니다. 여관 손님의 대부분이 장기투숙자인 것은, 여관 위치가 다세대 주택가에 있고 시설이 노후 되어 일반 투숙객이 거의 없기에 대신 저렴한 요금으로 이용 가능한 장기투숙객을 받기 때문입니다. 참고로 현재 장기투숙객 17명은 기초생활보장 대상자, 외국인 노동자, 일일 근로자 등 저소득 계층에 속하는 분들이며, 숙박료는 월 40만 원으로 대부분 1년 이상 4년째 장기투숙을 하는 분들입니다.

다. 이 사건 발생 경위입니다. 0000년 0월 초입니다. 60대 초반으로 보이는 여자 한 분이 여관을 찾아와서 본인은 근처에서 이불가게를 운영하는 사람인데 혹시 이불을 구매하거나 수선할 일이 있으면 연락을 달라고 하면서, 근래 이불가게 영업이 너무 안 되어 힘들다면서 손님 중에 혹시 아줌마 찾는 손님이 있으면 연락해 달라며 아내에게 전화번호가 적힌 쪽지를 전해주며 본인에게는 2만 원만 주면 된다고 하였습니다.

라. 0000.00.00. 밤 0시 00분경, 40대 남성(수사기록에 손님을 가장한 경찰관)이 여관에 들어와 2시간만 쉬었다 가겠다, 아가씨를 불러줄 수 없느냐고 했습니다. 아내는 우린 그런 집이 아니라고 말하자. 이 동네 여관들이 다들 하는데 뭘 그러느냐며 다시 요구하자, 아내는 순간 이불 집 아줌마가 떠올랐습니다. 그럼 50대 후반 아줌마도 괜찮겠냐고 물었고, 손님은 상관없다고 했습니다. 아내는 남성 손님에게 5만 원을 받은 후 객실 키를 주어 올려보내고, 이불 집 아줌마에게 전화를 걸어서 오라고 하여, 손님에게 받은 5만 원 중 3만 원은 방값으로 공제하고 2만 원은 이불 집 아줌마에게 전달한 다음 객실 번호를 알려 주었습니다. 그런데 약 5분도 안 되어 남자 손님이 여자(아줌마)를 카운터로 데리고 와서는, 본인이 경찰관임을 밝히고 여관에서 성매매를 알선한 사실에 대해 확인서에 서명하도록 하였습니다.

3. 이사건 적발과정의 위법 부당성

가. 청구인 여관에서 '성매매알선 등 행위의 처벌에 관한 법률'을 위반한 것은 사실입니다. 그러나 이 사건 발생 경위를 보면 경찰관이 계획적으로 영업주에 접근하여 범의를 유발하게 한 함정수사입니다. 경찰관의 직무는 국민의 자유와 권리 보호를 위하여 범죄의 예방 진압과 범인 검거 등을 주 임무로 해야 함에도, 이건 발생을 보면 경찰관이 성매매 단속 실적을 올리기 위해 손님으로 가장하여 영업주에게 성매매를 유인한 것입니다. 이는 함정수사로 사회정

의에 반하는 공권력 행사에 해당합니다.

나. 이와 유사한 사건으로 함정수사가 위법 하다는 판례입니다.

○ 판례(대법원 2015.9.10. 선고 2015도11423 판결)는 구체적인 사건에서 위법한 함정수사에 해당하는지는 해당 범죄의 종료와 성질, 유인자의 지위와 역할, 유인의 경위와 방법, 유인에 따른 피 유인자의 반응, 피 유인자의 처벌전력 및 유인행위 자체의 위법상 등을 종합하여 판단하여야 한다.

○ (대법원 2008.10.23. 선고 2008도 7362) 손님을 가장하여 단속 나온 경찰관에게 노래연습장에서 접대부(도우미)를 알선하였으나 공소기각.

○ (의정부지방법원 2019.4.28. 선고 2018노2290판결) 손님을 가장한 경찰관 유흥업소종사자와의 성매매알선행위에서 유흥종사자에게 무죄선고.

다. 성매매알선으로 행정처분을 받은 청구인은 참으로 부끄럽지만, 말씀 올립니다. 청구인 장기투숙자들은 월 40만 원에 투숙하는 기초생활보장 대상자와 몸이 불편한 분이 대부분입니다. 청구인 여관처럼 저렴한 장소가 없다면 딱히 오갈 데 없는 분들입니다. 그래서 이분들이 투숙료가 몇 달 밀리는 경우가 있어도 누구보다 이분들의 딱한 사정을 잘 알고 있기에 몇 달 동안 독촉도 못 하는 처지입니다.

라. 이런 상황에서 당장 영업정지로 문을 닫는 경우 이분들은 오갈 데가 없습니다. 그래서 인도적인 면에서 영업정지 기간 이분들에게 무상으로라도 투숙을 허용하는 것이 가능한지 알아보고 있습니다.

4. 결론

가. 여관이 당장 문을 닫게 되는 경우, 기초생활보장 대상자와 몸이 불편한 장기

투숙자들은 오갈 데가 없습니다. 그리고 건물의 60%가 저당이 잡혀 있고 청구인 부부도 장기간 지병으로 시달리며 힘들게 건물을 관리하는 처지입니다. 이런 어려움을 참작해 주시기 바랍니다.

나. 무엇보다 이건 성매매 알선행위는 경찰관이 단속실적을 올리려는 목적하에 유발된 함정수사입니다. 이 건에 대해서는 법원에 별도의 정식재판을 준비 중입니다. 행정심판위원회에서 함정수사에 대한 판례를 참조해 주시어 행정처분이 취소되는 재결을 내려주시기 바랍니다.

증 거 서 류

1. 갑 제1호증 : 행정처분 공문
1. 갑 제2호증 : 영업신고증
1. 갑 제3호증 : 사업자등록증
1. 갑 제4호증 : 경찰서 임의동행보고기록
1. 갑 제5호증 : 경찰서 수사결과보고기록
1. 갑 제6호증 : 장기투숙자 명단
1. 갑 제7호증 : 청구인 병원기록4매
1. 갑 제8호증 : 주민등록등본

0000년 00월 00일

청구인　○○○ (인)

○○○○시 행정심판위원회 귀중

영업정지 3개월 처분된 이 사건은 행정심판위원회에서 기각 재결되었다.

7. 인터넷 게임제공시설 등록취소처분 취소 행정심판

1) 인터넷 게임 제공시설 등록취소처분취소 행정심판

■ 행정심판법 시행규칙 [별지 제30호서식] 〈개정 2012.9.20〉

행정심판 청구서

접수번호		접수일	
청구인	성명 ○○○		
	주소 0000시 00구 00번길 00, 000동 000호		
	주민등록번호(외국인등록번호) 000000-0000000		
	전화번호 000-0000-0000		
[ ] 대표자 [ ] 관리인 [ ] 선정대표자 [ ] 대리인	성명		
	주소		
	주민등록번호(외국인등록번호)		
	전화번호		
피청구인	○○시 ○○구청장		
소관 행정심판위원회	[ ]중앙행정심판위원회 [v] ○○시·도행정심판위원회 [ ]기타		
처분 내용 또는 부작위 내용	피청구인이 0000.00.00. 청구인에게 한 인터넷 께임시설 등록취소처분		
처분이 있음을 안날	0000.00.00.		
청구 취지 및 청구 이유	별지와 같습니다		
처분청의 불복 절차 고지 유무	유		
처분청의 불복절차 고지 내용	이 사건 처분이 있음을 안 날부터 90일 이내에 행정심판 또는 행정소송을 제기할 수 있습니다.		
증거 서류	별첨 증거 서류 1-5		

「행정심판법」 제28조 및 같은 법 시행령 제20조에 따라 위와 같이 행정심판을 청구합니다.

0000년 00월 00일

청구인 ○○○ (인)

○○○○○ 행정심판위원회 귀중

첨부서류	1. 대표자, 관리인, 선정대표자 또는 대리인의 자격을 소명하는 서류(대표자, 관리인, 선정대표자 또는 대리인을 선임하는 경우에만 제출합니다.) 2. 주장을 뒷받침하는 증거서류나 증거물	수수료 없음

청 구 취 지

피청구인이 0000.00.00.자 청구인에 대하여 한 인터넷 컴퓨터게임제공시설업 등록취소 행정처분은 이를 취소한다는 재결을 구합니다.

청 구 이 유

1. 행정처분 개요

가. 청구인은 0000시 00구 00길 00, 0층에서 "ㅇㅇㅇㅇㅇㅇ"이라는 상호의 인터넷 컴퓨터게임제공시설업을 0000.00.00. 피청구인으로부터 등록(면적 : 000.00㎡) 받아 운영하던 중, 0000.00.00.00 : 00경, 컴퓨터 게임방에서 손님에게 게임으로 얻은 게임머니를 현금으로 환전해 주어 사행성을 조장했다는 이유로 청구인이, ㅇㅇ 경찰서에서 '게임산업진흥에 관한 법률' 위반으로 조사를 받았으며 ㅇㅇㅇㅇ 지방검찰청에서 000만 원 약식기소되어 피청구인으로부터 '게임산업진흥에 관한 법률' 제28조 제2호 위반, 제35조 제2항 제5호 및 시행규칙 제26조 제1항 별표 5 제2호 라목 2) 근거하여 이사건 인터넷 컴퓨터게임시설 제공업 등록취소처분을 받았습니다.

2. 사건 발생 경위

가. 이 사건 발생일 전날인 0000.00.00 오후 시간에 한 여성 손님이 들어왔습니다. 손님은 '고스톱게임'을 하기 위해 게임머니 3만 원을 충전을 요구하여 충전해 주었습니다. 손님은 약 2시간 정도 게임을 하고 게임머니 3만 원을 모두 잃고 돌아갔습니다.

나. 사건 당일 0월 00일 00 : 00경 전날 3만 원을 잃었던 여성 손님이 또 찾아와 게임머니 3만 원을 충전해 달라고 하였습니다. 청구인은 전날 3만 원을 잃은 것을 알고 있었는데 또 당일 3만 원 충전해 달라고 하여 손님에게 "오늘은 잃지 말고 잘 해보라"고 말을 건네며 게임머니를 충전 해주었습니다.

다. 여성 손님은 게임을 시작하였는데 당일도 게임머니 3만 원 중 2만 원을 잃은 상태에서 게임을 중단하고 청구인에게 "오늘도 잘 안 되네요. 더했으면 좋겠는데 일하러 갈 시간이 되어 그만해야겠어요" 하면서 "게임머니 3만 원 중 1만 원 남았는데 돌려줄 수 없느냐"고 했습니다. 본래 게임머니가 남으면 충전해놓았다가 다음에 사용하는 것인데 손님은 남은 1만 원을 돌려 달라고 부탁한 것입니다. 남은 게임머니를 돈으로 돌려주는 것은 환전행위로 규정상 금지되기에 잠시 망설였으나 1만 원을 돌려달라고 서 있는 손님이 참 안 됐다는 생각이 들었습니다. 게임에서 딴 돈도 아니고 어제도 3만 원 잃고 오늘도 3만 원 중 2만 원 잃고 남은 게임머니 1만 원 돌려달라는 손님이 순간 측은하다는 생각이 들어 게임머니 1만 원을 현금으로 돌려주었습니다. 즉 환전해 준 것입니다.

라. 여성 손님은 청구인이 내준 1만 원을 가지고 게임 방을 나갔습니다. 그런데 약 1분도 안 되어 여성 손님을 포함한 여성 5명이 들어와 우리 경찰관이다. 게임방에서 환전은 불법인데 위반을 했다면서 적발확인서에 서명하도록 하였습니다.

3. 이 사건 처분의 위법 부당성

가. 이 사건은 여성 손님에게 청구인이 환전에 이르기까지 경위를 살펴보면, 경찰관이 환전행위를 적발하기 위해 계획적으로 접근한 사실을 알 수 있습니다. 첫날은 경찰관이 손님으로 가장하여 일부러 3만 원을 잃어주고, 둘째 날은 또다시 와 3만 원 중 2만 원을 잃고 남은 1만 원에 대해, 일하러 가야 하는데 돌려줄 수 없느냐면서 동정심이 들도록 상대의 심리를 이용하여 위반을 유도한 것은 정당한 공무집행이 아니라 불법행위입니다.

나. 이런 일련의 경찰관의 행위는 함정수사에 해당합니다. 청구인 같은 영세영업주를 상대로 환전행위 적발실적을 올리려고 경찰관이 손님으로 위장하여 감

성을 자극하면서까지 위법을 유도한 것은 경찰관직무를 과잉으로 행사한 범죄유발형 함정수사에 해당합니다.

다. 함정수사란 수사기관이 특정인에게 범죄를 하도록 유인한 후 실제로 범행을 저지르면 체포하는 수사방법을 말합니다. 이 사건의 경우 행위자인 청구인이 결국 환전에 해당하는 위법행위에 이르렀지만, 이사건 이 발생하기까지 경위를 보면, 경찰관이 단속 실적을 올리기 위해 청구인을 표적으로 심리작전까지 동원하여 위반을 조장한 것은 전형적인 함정수사입니다. 대법원판례에서 함정수사에 대해 다음과 같이 정의하고 사건을 무혐의 판결하였습니다.

【대법원판례 1】

〔대법원 2005.10.28. 선고 2005도 1247 판결〕 "범의를 가지지 아니한 자에 대하여 수사기관이 사술, 계략 등을 써서 범의를 유발하게 하여 범죄인을 검거하는 함정수사는 위법함을 면할 수 없다"고 했습니다. 그리고 이외 "구체적인 사건에 있어서 위법한 함정수사에 해당하는지는 해당 범죄의 종류와 성질, 유인자의 지위와 역할, 유인의 경위와 방법, 유인에 따른 피 유인자의 반응, 피 유인자의 처벌전력 및 유인행위 자체의 위법성 등을 종합하여 판단하여야 한다"고 했습니다(대법원 2007.7.12. 선고 2006도2339판결). 종합하면 이 사건은 유인의 경위와 방법 등에서 위법한 함정수사에 해당한다고 할 것입니다.

【대법원판례 2】

〔대법원(2008.1023선고 2008도7362판결〕 "경찰관이 노래방의 도우미알선 영업 단속 실적을 올리기 위하여 그에 대한 제보나 첩보가 없는데도 손님을 가장하고 들어가 도우미를 불러내 적발한 사안으로, 이는 함정수사에 해당하여 위법하지 않다"고 했습니다.

4. 결론

개인적인 처지를 말씀드립니다. 청구인은 오래전에 이혼하여 혼자 살고 있으며, 게임 방 운영이 유일한 생계 도구로 기거하는 집도 게임 방에 딸린 빈방이며 임대료 지급하고 남는 적은 수입으로 그날그날 살아가는 영세영업주입니다. 이렇게 어려운 처지의 청구인 업소에 대해 함정수사를 하여 생명줄 같은 영업등록을 취소에 이르게 한 것은 공권력의 횡포입니다.

행정심판위원회에서 청구인 업소 등록취소 원인이 함정수사에 의해 발생되었음을 판례를 통해 밝혀주시고 청구인의 어려움도 참작해 주시어 이사건 행정처분을 취소한다는 재결을 내려주시기 바랍니다.

증 거 서 류

1. 갑 제1호증 : 행정처분공문서
1. 갑 제2호증 : 인터넷컴퓨터게임제공시설업자등록증
1. 갑 제3호증 : 업소 임대차계약서
1. 갑 제4호증 : 주민등록등본
1. 갑 제5호증 : 대법원판례

0000년 00월 00일

청구인 ㅇㅇㅇ (인)

ㅇㅇㅇㅇ시 행정심판위원회 귀중

등록이 취소된 이 사건은 행정심판과 동시에 청구한 정식재판에서 혐의없음으로 판결되어 행정심판에서 인용 재결되었다.

8. 담배소매인 청소년 담배판매 영업정지처분취소 행정심판

1) 담배소매인 청소년 담배판매 영업정지처분취소 행정심판

■ 행정심판법 시행규칙 [별지 제30호서식] 〈개정 2012.9.20〉

<h1 style="text-align:center">행정심판 청구서</h1>

접수번호		접수일	
청구인		성명 ○○○	
		주소 0000시 00구 00번길 00, 000동 000호	
		주민등록번호(외국인등록번호) 000000-0000000	
		전화번호 000-0000-0000	
[ ] 대표자 [ ] 관리인 [ ] 선정대표자 [ ] 대리인		성명	
		주소	
		주민등록번호(외국인등록번호)	
		전화번호	
피청구인		○○시 ○○구청장	
소관 행정심판위원회		[ ]중앙행정심판위원회 [v] ○○시·도행정심판위원회 [ ]기타	
처분 내용 또는 부작위 내용		피청구인이 0000.00.00. 청구인에게 한 담배소매인 영업정지 2개월(0000.00.~0000.00.00) 행정처분	
처분이 있음을 안날		0000.00.00.	
청구 취지 및 청구 이유		별지와 같습니다	
처분청의 불복 절차 고지 유무		유	
처분청의 불복절차 고지 내용		이 사건 처분이 있음을 안 날부터 90일 이내에 행정심판 또는 행정소송을 제기할 수 있습니다.	
증거 서류		별첨 증거 서류 1-8	

「행정심판법」 제28조 및 같은 법 시행령 제20조에 따라 위와 같이 행정심판을 청구합니다.

0000년 00월 00일

청구인 ○○○ (인)

○○○○○ 행정심판위원회 귀중

첨부서류	1. 대표자, 관리인, 선정대표자 또는 대리인의 자격을 소명하는 서류(대표자, 관리인, 선정대표자 또는 대리인을 선임하는 경우에만 제출합니다.) 2. 주장을 뒷받침하는 증거서류나 증거물	수수료 없음

청 구 취 지

피청구인이 0000.00.00.자 청구인에 대하여 한 담배소매인지정 영업정지 1개월(0000.00.00~0000.00.00)행정처분은 이를 취소한다는 재결을 구합니다.

청 구 이 유

1. 사건 개요

가. 청구인은 0000시 00구 00000길 00(00동) 소재에서 "○○○○○"이라는 상호의 담배소매인을 0000.00.00. 피청구인으로부터 지정받아 운영하던 중, 0000.00.00.00 : 00경 청소년에게 담배를 판매하여, 청구인이 ○○ 경찰서에서 조사를 받고 ○○○○ 지방검찰청에서 기소유예처분으로, 피청구인으로부터 담배사업법 제17조 제2항 제7호 규정 위반, 같은 법 제17조 제2항 제7호 및 같은 법 시행규칙 제11조4항에 근거 이사건 영업정지 처분을 받았습니다.

2. 사건 발생 경위

가. 청구인이 운영하는 24시간 편의점은 영업주인 청구인이 오후 09시부터 다음 날 9시까지 근무하며, 낮에는 아르바이트 종업원을 고용하여 영업합니다. 0000.00.00. 00시경 경찰관이 편의점에 찾아 왔습니다. 이유는 어떤 시민이 카드를 분실하여 분실신고를 했는데, 누군가 그 카드로 0000.00.00.00 : 00 경 청구인 편의점에서 담배 2갑(9,000원)을 구매한 사실이 카드사용기록에 나타나, 그 시간 담배를 구매한 사람을 찾기 위해 편의점 CCTV 동영상을 확인하러 온 것이었습니다.

나. CCTV 영상에는 당일 아르바이트 실습생(○○○, 남, 00세)이 한 청년(수사에서 청소년으로 밝혀짐)에게 담배를 판매하는 모습이 CCTV에 포착되었습니다. 담배를 팔게 된 당시의 상황입니다. 사건 당일 0000.00.00.00 : 00 경은 청구인이 근무하는 새벽 시간으로 평상시는 혼자 근무하나 사건 당일은

이틀 전 채용한 아르바이트 실습생에게 수습을 시키기 위해 편의점 운영에 필요한 포스사용법 등 상품정리 방법 등을 교육하는 중이었습니다.

다. 그 시간에 청년 1명이 담배를 사러 들어왔습니다. 청구인이 보기에도 건장한 체격의 청년으로 보였습니다. 실습 중이던 종업원은 자신이 판매해 보겠다고 하여, 그렇게 해보라고 한 후 청구인은 잠시 상품을 정리하고 있었기 때문에 종업원이 담배를 파는 것까지는 지켜보지 못했습니다. 그리고 아무 일 없다가 2주가 지난 시점에 경찰관이 카드 부정사용확인을 위해 편의점에 찾아온 것입니다.

3. 청구인의 봉사활동 및 어려운 형편

가. 청구인 가게가 소재해 있는 OOO동 지역은 이주노동자와 영세노점 상인들이며 많이 거주하는 지역으로 불법체류자도 많습니다. 이런 환경으로 방범이 취약하여 편의점을 이용하는 부녀자 고객분들 중 일부는 늦은 밤에 버스나 택시에서 내려 귀가할 때 으슥한 골목이 불안하여 혼자 갈 수 없다며 편의점에 들려 집 앞까지 데려다주길 부탁하면 주민의 안전을 위하여 청구인이 잠시 편의점 문을 잠그고 집까지 데려다주곤 합니다. 이런 주민과의 인연을 가지고 7년째 편의점을 운영하고 있는데 이런 봉사를 청구인은 보람으로 느끼고 주민들은 감사한 마음으로 받아들이고 있습니다.

나. 청구인 가족은 노부모(아버지 90세, 어머니 83세)와 대학에 다니는 딸이 있습니다. 아버지는 청각장애 4급이며 어머니는 치매 4급입니다. 집은 OO도 OO시로 밤 9시부터 아침 9시까지 편의점 영업을 마치고 2시간 거리인 집으로 돌아가 휴식하면서 노부모님을 보살펴드리고 있습니다.

다. 편의점 운영은 유일한 생계수단인데 편의점 영업 중 담배가 차지하는 매출비중은 편의점 총 판매액의 40%로, 담배판매와 일반매출이 연계되기 때문에 담배판매를 영업정지 1개월은 동안 못하게 되면 편의점 전체 매출 감소로 적자를 면치 못하게 되어 어려움에 직면하게 됩니다.

4. 결론

행정심판위원회에서 이러한 제반 상황과 정상을 참작해 주시어 담배소매인 영업정지 1개월 처분의 영업정지 기간이 취소되거나 감경되는 재결을 하여 주시기 바랍니다.

증 거 서 류

1. 갑 제1호증 : 행정처분 공문
1. 갑 제2호증 : 담배 소매인지정서
1. 갑 제3호증 : 사업자등록증
1. 갑 제4호증 : 장애인 증명서
1. 갑 제5호증 : 종업원 진술서
1. 갑 제6호증 : 가족관계증명서
1. 갑 제7호증 : 주민등록등본
1. 갑 제8호증 : 임대차계약서

0000년 00월 00일

청구인 ○ ○ ○ (인)

○ ○ ○ ○시 행정심판위원회 귀하

영업정지 1개월 처분된 이 사건은 행정심판위원회에서 일부 인용 재결되어 영업정지 15일이 감경되었다.

9. 구강검진기관(치과) 업무정지처분취소 행정심판

1) 구강검진기관(치과) 업무정지처분취소 행정심판

■ 행정심판법 시행규칙 [별지 제30호서식] 〈개정 2012.9.20〉

행정심판 청구서

접수번호	접수일	
청구인	성명 ○○○	
	주소 0000시 00구 00번길 00, 000동 000호	
	주민등록번호(외국인등록번호) 000000-0000000	
	전화번호 000-0000-0000	
[ ] 대표자 [ ] 관리인 [ ] 선정대표자 [ ] 대리인	성명	
	주소	
	주민등록번호(외국인등록번호)	
	전화번호	
피청구인	○○시 ○○구청장	
소관 행정심판위원회	[ ]중앙행정심판위원회 [v] ○○시·도행정심판위원회 [ ]기타	
처분 내용 또는 부작위 내용	피청구인이 0000.00.00. 청구인에게 한 출장 구강검진 업무 정지 3개월(0000.00.00~0000.00.00) 행정처분	
처분이 있음을 안날	0000.00.00.	
청구 취지 및 청구 이유	별지와 같습니다	
처분청의 불복 절차 고지 유무	유	
처분청의 불복절차 고지 내용	이 사건 처분이 있음을 안 날부터 90일 이내에 행정심판 또는 행정소송을 제기할 수 있습니다.	
증거 서류	별첨 증거 서류 1-10	

「행정심판법」 제28조 및 같은 법 시행령 제20조에 따라 위와 같이 행정심판을 청구합니다.

0000년 00월 00일

청구인 ○○○ (인)

○○○○○ 행정심판위원회 귀중

첨부서류	1. 대표자, 관리인, 선정대표자 또는 대리인의 자격을 소명하는 서류(대표자, 관리인, 선정대표자 또는 대 리인을 선임하는 경우에만 제출합니다.) 2. 주장을 뒷받침하는 증거서류나 증거물	수수료 없음

<h1 align="center">청 구 취 지</h1>

피청구인이 0000.00.00.자 청구인에 대하여 한, 출장 구강검진 업무정지 3개월 (0000.00.00~0000.00.00) 처분은 이를 취소한다는 재결을 구합니다.

<h1 align="center">청 구 이 유</h1>

1. 행정처분 개요

가. 청구인은 0000.00.00. 0000시 00구 00대로 000(00동) 소재에 ○○○ 치과 의원을 개설하여 운영하면서, 0000, 00.00 피청구인으로부터 건강검진법 제14조 및 같은 법 시행규칙 제5조 제4항에 근거 구강검진기관지정서를 받아, 산업현장 사업장을 대상으로 구강검진을 시행하던 중, 000.00.00 치과위생사를 사전신고 없이 교체 투입하여 건강검진기본법 제16조 1항 3항 위반으로, 피청구인으로부터 이사건 행정처분을 받았습니다.

2. 행정처분에 이르게 된 경위

가. 청구인 의료진은 보건센터와 계약된 진료계획에 따라 평균 주5일 산업현장 사업장을 다니며 출장 구강검진을 하고 있었습니다. 0000.00.00.은 ○○○○ 지사 출장 구강검진 4일째 되는 날로 구강검진 의료진으로 청구인과 치과위생사 ○○○(여, 00세)이 피청구인에게 사전신고 되어있었습니다. 그런데 신고된 치과위생사가 당일 고열과 복통으로 출근하지 못한다는 급한 연락을 받았습니다.

나. 의료진에 사정이 생긴 경우 구강검진일을 사업장과 협의하여 다른 날로 연기하여 실시하거나 치과위생사 교체신고를 하여 검진하면 문제가 없을 것인데, 당일 갑자기 발생한 일이고 또 당일 건강검진을 받는 사업체는 오래전부터

건강검진 일정이 직원들에게 고지되어 검진 당일은 사업장 근로자들이 평소보다 일찍 출근 근무하는 것으로 되어있어 갑자기 검진이 중단될 경우 회사 운영에 큰 차질이 발생할 수 있는 상황이었습니다. 이에 청구인은 급하게 인근 치과병원에 부탁하여 치과위생사 ○○○(여, 00세)을 지원받아 당일 구강검진업무가 차질 없이 시행되도록 조치하였습니다.

다. 구강 진료가 시행되는 시간에 청구인은 당일 출장 나온 건강보험공단 감독관에게 불가피한 사정으로 당일 치과위생사가 바뀐 사실을 말하고 양해를 구했습니다. 그러나 공단 감독관은 사전에 변경신고가 되지 않은 상황에서 검진 인력이 진료에 참여하는 것은 건강검진기본법에 위반된다면서 이를 규정대로 문제 삼아 피청구인에게 통보하여 진료비 환수조치와 함께 이사건 행정처분을 받았습니다.

3. 국가 건강검진과 지역사회 기여 내용

가. 청구인 치과 의원은 0000년부터 0000 복지관에 매월 00만 원을 기부하고 있으며, 0000년부터 시간을 내어 00구 드림 출발 사업(저소득층 충치 치료 프로그램)을 하고 있습니다. 또한, ○○ 중학교와 후원 협약을 체결하여 매 학기 장학금 50만 원과 치과 치료 지원사업을 꾸준히 실행하고 있습니다.

4. 이 사건 처분의 위법 부당성

가. 이 사건은 치과위생사 대체에 대해 사전신고를 해태 한 것이 행정처분의 원인이 되었지만, 아무런 문제가 없었습니다. 그 이유는 당일 구강검진은 치과의사인 청구인이 실시하였고, 자격증을 소지한 치과 위생사에게 보조토록 하였기 때문입니다. 만약 예약 당일 진료가 시행되지 않았으면 회사 업무 차질과 근로자가 큰 불편을 겪게 되었을 것입니다.

나. 이사건 위반 사실을 인정하면서 행정처분이 정당하게 되었는지에 살펴보겠습니다. 피청구인은 처분기준 적용에 있어 아래에 예시한, 건강검진법 시행령 제10조 제3항의 검진 기관의 지정취소 및 업무정지 "일반기준 4항"을 참조하지 않고 행정처분을 한 오류가 있습니다. 이는 청구인에게 유리하게 적용되는 기준을 간과한 처분이 있습니다.

〔일반기준 4항〕

행정처분권자는 동기·내용·횟수 및 위반의 정도 등 다음 각호에 해당하는 사유를 고려하여 그 처분기준을 감경할 수 있다. 이 경우 업무정지 처분은 그 처분기준의 2분의 1 범위에서 감경할 수 있고, 지정취소면 3개월 이상의 업무 정지처분으로 감경할 수 있다.

1) 위반행위가 고의나 중대한 과실이 아닌 사소한 부주의나 오류로 인한 것으로 인정되는 경우
2) 위반의 내용·정도가 가벼워 검진대상자에게 미치는 피해가 적다고 인정되는 경우
3) 위반 행위자가 처음 해당 위반행위를 한 경우로서, 2년 이상 국가 건강검진을 모범적으로 해 온 사실이 인정되는 경우
4) 위반 행위자가 해당 위반행위로 인하여 검사로부터 기소유예처분을 받거나 법원으로부터 선고유예의 판결을 받은 경우
5) 위반 행위자가 국가 건강검진이나 지역사회의 발전 등에 기여한 경우

다. 피청구인의 이사건 행정처분을 위 "3항 나" 행징처분 일반기준 4항을 연과하여 볼 때 ① 이 사건은 고의나 중대한 과실이 아닌 사소한 부주의이며 ② 위반의 내용·정도가 가벼워 검진대상자에게 미치는 피해가 적고 ③ 위반행

위가 처음이고 ④ 2년 이상 국가 건강검진을 모범적으로 해 온 사실이 인정되며 ⑤ 국가 건강검진이나 지역사회의 발전 등에 이바지한 실적이 있습니다. 그렇다면 이를 종합적으로 판단할 때 피청구인의 이사건 업무정지 처분은 위법부당합니다.

5. 결론

청구인은 평생 의사로서 일하였지만, 이제는 지역사회 봉사에 재능을 기부하면서 살아야겠다는 결심으로 이를 실천하고자, 작지만 기부도 하고 지역 의료 봉사에 참여하고 있습니다. 참고로 의사들은 건강검진 진료는 시간보다 경제성이 없다 보니 대부분 참여를 망설이는 업무이지만 청구인은 바쁜 직장인들이 소홀히 할 수 있는 구강검진의 필요성을 알기에 사명감으로 사업장 검진에 참여하고 있는 것입니다.

행정심판위원님! 피청구인의 이건 행정처분은 법령에서 정한 정상참작 규정을 적용하지 않았으며, 행정처분으로 인해 발생하는 연간 진료계획 차질에 대하여도 대책 없이 대응하고 있습니다. 행정심판위원회에서 제 규정에 따른 심의를 통해 청구인에게 처한 구강검사 업무정지를 취소한다는 재결을 내려주시기 바랍니다.

증 거 서 류

1. 갑 제1호증 : 행정처분 공문
1. 갑 제2호증 : 의료기관 개설신고증명서
1. 갑 제3호증 : 사업자등록증
1. 갑 제4호증 : 검진기관지정서

1. 갑 제5호증 : 치과위생사 진단서

1. 갑 제6호증 : 기부금영수증

1. 갑 제7호증 : 00구 0000사업협약서

1. 갑 제8호증 : 0000중학교 후원협약서

1. 갑 제9호증 : 0000중학교 후원협약서

1. 갑 제10호증 : 주민등록등본

0000년 00월 00일

청구인 ○ ○ ○ (인)

○ ○ ○ ○시 행정심판위원회 귀중

업무정지 90일에 처한 이 사건은 행정심판위원회에서 일부 인용 재결로 업무정지 45일로 감경되었다.

10. 영화상영관(극장) 영업정지처분취소 행정심판

1) 영화상영관(극장) 영업정지처분취소 행정심판

■ 행정심판법 시행규칙 [별지 제30호서식] 〈개정 2012.9.20〉

행정심판 청구서

접수번호		접수일	
청구인	성명 ㈜ ○○○○		
	주소 0000시 00구 00번길 00, 000동 000호		
	주민등록번호(외국인등록번호) 000000-0000000		
	전화번호 000-0000-0000		
[ ] 대표자 [ ] 관리인 [V] 선정대표자 [ ] 대리인	성명 ○○○		
	주소 0000시1 00구 00번길 00 (00동, 00아파트)		
	주민등록번호(외국인등록번호) 000000-0000000		
	전화번호 000-0000-0000		
피청구인	○○시 ○○구청장		
소관 행정심판위원회	[ ]중앙행정심판위원회 [v] ○○시·도행정심판위원회 [ ]기타		
처분 내용 또는 부작위 내용	피청구인이 0000.00.00. 청구인에게 한 영화상영관 영업정지 20일(0000.00.00~0000.00.00) 행정처분		
처분이 있음을 안날	0000.00.00.		
청구 취지 및 청구 이유	별지와 같습니다		
처분청의 불복 절차 고지 유무	유		
처분청의 불복절차 고지 내용	이 사건 처분이 있음을 안 날부터 90일 이내에 행정심판 또는 행정소송을 제기할 수 있습니다.		
증거 서류	별첨 증거 서류 1-7, 별첨서류 1		

「행정심판법」 제28조 및 같은 법 시행령 제20조에 따라 위와 같이 행정심판을 청구합니다.
0000년 00월 00일
청구인 : ㈜0000 대표 000 (인)

○○○○○ 행정심판위원회 귀중

첨부서류	1. 대표자, 관리인, 선정대표자 또는 대리인의 자격을 소명하는 서류(대표자, 관리인, 선정대표자 또는 대 리인을 선임하는 경우에만 제출합니다.) 2. 주장을 뒷받침하는 증거서류나 증거물	수수료 없음

청 구 취 지

피청구인이 0000.00.00.자 청구인에 대하여 한 영화상영관 영업정지 20일 행정처분(0000.00.00~0000.00.00)은 이를 취소한다는 재결을 구합니다.

청 구 이 유

1. 행정처분 개요

가. 청구인은 0000시 0구 000로 00, 0층(00동) 소재에서 "0000000"이라는 상호의 영화상영관을 0000.00.00. 피청구인으로부터 등록받아 운영하면서, 0000년도 한국영화상영일 수 의무위반으로, '영화 및 비디오물의 진흥에 관한 법률' 제45조 및 같은 법 시행령 제22조에 근거 이사건 행정처분을 받았습니다.

2. 관련 법 조항

가. '영화 및 비디오물의 진흥에 관한 법률' 시행령 제19조(한국영화의 의무상영)에는 같은 법 제40조에 따라 "영화상영관 경영자는 해마다 1월 1일부터 12월 31일까지 연간 상영일수의 5분의 1 이상 한국영화를 상영하여야 한다"고 규정하고, 한국영화 상영일수가 법 제40조의 규정에 따른 기준일이 미달할 때에는 같은 법 제45조 제1항 제5호에 따라 영화상영관의 영업정지나 등록취소의 행정처분을 하도록 규정되어 있습니다.

나. 같은 법 시행령 22조(영화상영관의 영업정지 외 등록취소), 같은 법 제45조 제1항 제5호에 따른 영업정지의 기준은 다음과 같이 정하고 있습니다.
   ① 한국영화의 연간 의무 상영기준 미달일 수가 20일 이내면 미달일수의 1일당 영업정지 1일
   ② 한국영화의 연간 의무 상영기준 미달일 수가 20일을 초과하는 경우는 미

달일수의 1일당 영업정지 2일

3. 행정처분에 이르게 된 경위

가. 한국영화 의무 상영제는 일명 스크린 할당제도로, 한국영화산업을 육성 발전
시킬 목적으로, 최초 1995.12.30. 한국영화진흥법 제정 당시부터 존재했던
제도로, 연간상영일수의 일정기준 이상을 한국영화를 상영하도록 법령에 명
시하고 있습니다.

나. 청구인 영화관(0000000)의 0000년 총 영화 상영일수는 000일입니다. 법령
에는 연간 영화 상영일수의 1/5 이상 한국영화를 상영하도록 규정되어 있으
므로, 청구인 영화관의 경우 00일 이상 한국영화를 상영하여야 합니다. 그러
나 영화관 사정 때문에 000년에는 00일간만 한국영화를 상영함으로 상영기
준일보다 00일 미달 된 것입니다. 이에 피청구인은 한국영화상영의무위반으
로 상영기준일보다 미달 된 일자 만큼 청구인에게 영업정지 20일 행정처분
을 하였습니다.

4. 이사건 처분의 위법 부당성

가. 먼저 0000000 운영에 대하여 말씀드립니다. 한국영화산업은 대중문화향상
발전과 더불어 영화상영관이 기존 극장의 개념에서 복합상영관(복합상영관)
인 CGV 등으로 바뀜에 따라 극장계는 큰 변화가 있었습니다. 자본력을 가진
대기업의 CGV 등 복합상영관의 출현에 비해, 상반되게 이에 적응하지 못한
○○ 지역 몇몇 극장은 재정난을 견디지 못해 사업이 축소되어 영세한 수준
에서 결국 지금의 실버극장 형태로 변모되어 운영되고 있으며, 어르신들의
문화향유에 목적을 두고 저렴한 입장료(조조 2,000원, 3,000원)로 고전 영
화상영과 공연 그리고 충무로 감독들의 비싼 시사 비용을 줄여주기 위해 대
관을 해주고 있으며, 어려운 단체들이 각종 영화제를 개최 할 수 있도록 극

장을 빌려주고 있습니다. 이런 조치는 한국영화산업발전에 이바지하는 것으로 인정받고 있습니다.

나. 한국영화 의무상영일 수가 모자라게 된 이유입니다. 청구인의 극장은 저렴한 입장료로 극장을 운영하는 관계로 재정적으로 매우 어렵습니다. 이런 상태에서 극장 문을 닫지 않고 운영하기 위해서는 상영하는 영화구매비용이 가장 큰 문제일 수밖에 없습니다. 그런데 지난 영화일지라도 한국영화구매비용은 비싸지만, 외국영화는 싸고 무료로 배급받을 수 있는 체계이다 보니, 극장운영 측면에서 어쩔 수 없이 0000년도 한국영화 상영일수가 미달한 것입니다.

다. 한국영화 의무상영제도(스크린쿼터)는 수익성이 있는 개봉관에 적용되어야 합니다. 만약 실버극장이 문화진흥발전에 필요하다면 당국에서 법률을 개정하여 실버극장에 한국영화구매비를 전액 지원하는 제도가 선행되어야 합니다. 그러함에도 현실적인 상황을 외면하고 법 규정만을 강조하여 가뜩이나 영세한 실버극장에 영업정지를 처한 것은 무책임하고 행정편의주의적인 탁상행정으로 이사건 행정처분은 위법 부당합니다.

5. 결론

청구인 극장도 한국영화 의무상영제도에 대해 누구보다 공감하고 있습니다. 그러나 청구인 극장은 어르신들의 영화관인 일명 실버극장이라는 사실을 인정해 주시기 바랍니다. 스크린쿼터제도는 수익성이 높은 개봉 극장에 적용되어야 합니다. 열악한 재정조건에서 문을 닫으면 어르신들의 문화공간인 실버극장은 폐업까지 이어질 처지에 있습니다. 행정심판위원님께서 이러한 점을 감안해 주시어 영업정지 처분을 취소해 주시거나 행정지도로 대처하는 재결을 내려주시기 바랍니다.

증 거 서 류

1. 갑 제1호증 : 행정처분 공문
1. 갑 제2호증 : 영화상영관등록증
1. 갑 제3호증 : 사업자등록증
1. 갑 제4호증 : 0000년 영화상영 목록
1. 갑 제5호증 : 0000년 대관실적
1. 갑 제6호증 : 프로그램 구입비 신청서
1. 갑 제7호증 : 영화예술관 지정신청서

첨 부 서 류

1. 선정대표자 선정서

0000년 00월 00일

청구인 : ㈜ ○ ○ ○ ○ 대표 ○ ○ ○ (인)

○ ○ ○ ○시 행정심판위원회 귀하

영업정지 20일 처분된 이 사건은 행정심판위원회에서 기각되었다.

11. 일자리지원사업 지원금 반환 결정처분 취소 행정심판

1) 일자리지원사업 지원금 반환 결정처분취소 행정심판

■ 행정심판법 시행규칙 [별지 제30호서식] 〈개정 2012.9.20〉

행정심판 청구서

접수번호		접수일	
청구인	성명 ○○○		
	주소 0000시 00구 00번길 00, 000동 000호		
	주민등록번호(외국인등록번호) 000000-0000000		
	전화번호 000-0000-0000		
[ ] 대표자 [ ] 관리인 [ ] 선정대표자 [ ] 대리인	성명		
	주소		
	주민등록번호(외국인등록번호)		
	전화번호		
피청구인	○○시 ○○구청장		
소관 행정심판위원회	[v]중앙행정심판위원회 [ ] ○○시 · 도행정심판위원회 [ ]기타		
처분 내용 또는 부작위 내용	피청구인이 0000.00.00. 청구인에게 한 일자리지원사업 부정수급액 0,000,000원 및 추가징수액 0,000,000원 반환 결정처분		
처분이 있음을 안날	0000.00.00.		
청구 취지 및 청구 이유	별지와 같습니다		
처분청의 불복 절차 고지 유무	유		
처분청의 불복절차 고지 내용	이 사건 처분이 있음을 안 날부터 90일 이내에 행정심판 또는 행정소송을 제기할 수 있습니다.		
증거 서류	별첨 증거서류 1-11, 첨부서류 1-3		

「행정심판법」 제28조 및 같은 법 시행령 제20조에 따라 위와 같이 행정심판을 청구합니다.

0000년 00월 00일

청구인 ○○○ (인)

○○○○○ 행정심판위원회 귀중

첨부서류	1. 대표자, 관리인, 선정대표자 또는 대리인의 자격을 소명하는 서류(대표자, 관리인, 선정대표자 또는 대 리인을 선임하는 경우에만 제출합니다.) 2. 주장을 뒷받침하는 증거서류나 증거물	수수료 없음

청 구 취 지

피청구인이 0000.00.00.자 청구인에 대하여 한 시간선택제 일자리지원사업 지원금 부정수급액 0,000,000원 및 추가징수액(0,000,000원) 반환 결정은 이를 취소한다는 재결을 구합니다.

청 구 이 유

1. 행정처분 내용

가. 청구인은 0000.00.00.부터 0000시 000구 00로000(00동, 빌딩000호)에서 「○○○○」라는 전자상거래 소매업 회사를 운영하면서 정부의 "시간선택제 일자리 신규창출지원사업"에 참여하고자 0000.00.00. 신청서를 제출하여, 0000.00.00. 신청이 승인되어 0000년 0월부터 0월까지 3개월간 지원금 00000000원을 지원받았습니다.

나. 0000년 00월 피청구인 공무원이 지원금 수급에 대해 점검을 나왔습니다. 그런데 점검내용에 청구인 사업장이 지원금을 부정한 방법으로 수급하였다고 지적하면서 이에 대해 3개월간 지원되었던 시간선택제 일자리지원사업 지원금 부정수급액 0,000,000원 및 추가징수액 0,000,000원을 반환하라는 행정명령을 하였습니다.

2. 일자리 신청에서 반환 결정까지 추진 경위

- 0000.00.00 : 시간제 일자리지원사업참여신청서 제출
- 0000.00.00 : 0000년 4차 시간선택제 일자리지원사업 참여신청 일부 승인 통보
- 0000.00.00 : 시간제 일자리 업무 시작(근로자 ○○○)
- 0000.00.00 : 시간선택제 일자리지원사업 시행지침개정안내

- 0000.00.00 : 피청구인 공무원 출장 점검 및 확인서 징구
- 0000.00.00 : 행정처분 사전통지 및 의견제출 공문
- 0000.00.00 : 시간선택제 일자리지원사업 지원금 부정수급액 및 추가 징수액반환
  결정 공문 통지
- 0000.00.00 : 고용보험기금 반환금 납부 고지
- 0000.00.00 : 사전통지 청구인 의견제출내용 정보공개신청

3. 부정수급액으로 결정되기까지 경위

가. 청구인 회사 ○○○○은 군용제품을 전자상거래로 판매하는 회사로 직원은
대표를 포함한 3명으로 모두 20대 직원들이 경험 없이 창업한 영세한 사업
장입니다. 사업장은 정부의 고용창출지원사업 목적으로 시행되는 시간선택제
일자리지원사업에 참여하고자 청구인 회사는 시간선택제 근로자 1명(○○○,
여, 00세, 이하 김○○이라 칭한다)을 채용하여 하루 6시간을 본인이 시간을
선택하여 근무하고 지원하는 계획으로, 0000.00.00. 지원사업을 신청하여
피청구인으로부터 0000.00.00, 승인을 받아 0000.00.00.부터 시간제 일
자리지원사업을 시작하였으며, 0000.00.00부터 0000.00.00까지 3개월간
실시하고 피청구인에게 매월 15일을 기준으로 하여 월 000,000원씩 3회 총
0,000,000원을 지원받았습니다.

나. 이때 지원금 신청서에는 0000년 시간선택제 일자리지원사업 시행지침에 근
거한 필요 서식(근로계약서, 지원 기간 입금 대장과 임금 지급 증빙서류, 실
근로시간을 확인할 수 있는 서류)을 작성 첨부하여 제출하였습니다

다. 0000.00.00. 피청구인 공무원이 청구인 사업장을 사업시행 점검차 방문하
였을 당시 청구인은 출장하고 있어 사무실에는 시간선택제 일자리 근로자 김
○○이 근무하고 있었습니다. 점검 공무원은 사무실에서 지원대상 요건에

맞게 근무하는지 등을 점검하더니 사무실에서 지원금 신청 시에 제출된 출근부를 보여주면서, '이 출근부는 누가 작성한 것이냐'고 김○○에게 물었습니다. 김○○은 '이 출근부는 사장님이 작성한 것'이라고 답하였습니다. 그러자 공무원은 지원 대상자의 출근부를 근로자가 아닌 사업주가 대리로 작성. 제출하여 시간선택제 일자리지원금을 받은 것은 법규위반이라고 하면서 확인서를 작성하여 서명토록 요구하였고 김○○은 신중하게 생각하지 않고 확인서에 서명해주었습니다.

라. 그런데 공무원이 제시한 출근부는 평소 근로자 김○○이 작성한 출근부 서식이 아니고 회사에서 사용하는 구글 클라우드 프로그램에 입력하는 출근부로 회사 대표가 지원금 신청용으로 한글프로그램으로 변형하여 재작성한 출근부로, 내용을 그대로 옮겨 서식만 변형하였기에, 자체 확인란을 만들어 대표 성명과 도장을 날인되도록 제작한 서식이었습니다.

마. 청구인은 지원금을 신청하면서 근로시간을 확인할 수 있는 서류 첨부를 위해 구글 크라우드에서 프린트하여 첨부하려고 했습니다. 그러나 이 프로그램은 정보의 실시간 입력. 가공. 동기화 기능 등은 뛰어나지만 프린트와 문서화 기능이 높지 않아 출근부를 인쇄할 경우 전체 배열이 망가지게 출력되어 불편함이 발생했습니다. 그래서 지원금 신청서에 첨부하는 출근부는 출퇴근 내용만 그대로 옮기고 서식은 한글프로그램으로 기존서식을 보완하여 작성한 후에 제출하였던 것입니다.

바. 그런데 피청구인은 자초지종 내막을 파악하지 않고 김00이 확인해준 내용만을 근거로 출근부를 대리 작성했다는 것을 확정 짓고 행정처분을 하였습니다.

4. 이사건 처분의 위법 부당성

가. 0000.00.00. 피청구인이 이사건 행정처분을 한 것은, 청구인 사업장이 시간선택제 일자리지원사업을 하면서 지원 대상자의 출근부를 대표자가 대리 작성하여 제출한 것이 부정수급 이유에 해당하여 부정수급액과 추가징수금을 반환하라는 것인데 사업장에서 출근부를 대리 작성한 것은 사무기능을 활용하는 과정에서 그렇게 된 것으로 사실과는 다릅니다.

나. 가정하여, 설사 대리작성이 사실이더라도, 0000부는 0000년 시행한 시간선택제 일자리지원사업 시행과정에 지적된 여러 문제점에 대해 시행지침을 보완하여 0000년 개정된 시행지 지침에는 지원금 "지급제한 등 기준" 서식 적발내용에는 "출근부를 사업주나 관리자가 서명하는 등 대리로 작성한 경우" 조치사항에 부정수급으로 단정한다고 명시하였습니다. 그러나 이 조항은 0000년 사업주가 출근부를 대리 작성한 것과는 관계가 없으며, 0000도 지침은 이후 새로운 사업에 적용되어야 합니다. 그러므로 0000년 사업을 0000년 지침을 적용한 것은 또한 소급적용으로 위법 부당합니다.

5. 결 론

가. 청년실업이 높아가는 시기에 젊음을 무기 삼아 성공해보려고 사업을 창업하여 열심히 운영하고자 정부의 시간선택제 지원사업에 감사하는 마음으로 신청하여 원칙대로 이용하였는데 사실과 다른 내용을 적시하여 부정수급자로 단정한 것은 부당합니다.

나. 설령 사업자가 대리 작성한 출근부를 지원금 신청 시 제출하였다 하더라도 0000년 시행지침에는 제재조항이 없었기 때문에 0000년도 새 지침을 적용하는 것은 소급적용으로 이는 위법합니다.

행정심판위원회에서 이러한 내용을 확인해주시어 위법부당하게 사업장에 처한 행정처분을 취소하는 재결을 하여 주시기 바랍니다.

증 거 서 류

1. 갑 제1호증 : 사업자등록증
1. 갑 제2호증 : 시간선택제지원사업 참여신청서
   (증거서류 3~8 기재생략)
1. 갑 제9호증 : 0000년 시행지침 중 지급제한 등 기준
1. 갑 제10호증 : 평상시 개인이 작성한 출근부
1. 갑 제11호증 : 지원금 신청시 청구한 출근부

첨 부 서 류

1. 주민등록 등본
2. 0000년 시간선택제 일자리 지원사업 시행지침
3. 0000년 시간선택제 일자리 지원사업 시행지침

0000년 00월 00일

청구인 ○ ○ ○ (인)

○ ○ 행정심판위원회 귀중

일자리지원사업 지원금 반환 결정처분인 이 사건은 행정심판위원회에서 인용 재결되었다.

12. 운전면허취소처분 경찰청 이의신청

1) 운전면허취소처분 경찰청 이의신청(경찰청 자료)

<table>
<tr><td colspan="7" align="center">운전면허 행정처분 이의신청서</td></tr>
<tr><td rowspan="5">신청인</td><td>이 름</td><td></td><td></td><td>주민등록번호</td><td></td><td></td></tr>
<tr><td>주 소</td><td colspan="4"></td><td>직업</td></tr>
<tr><td>송달주소</td><td colspan="5"></td></tr>
<tr><td rowspan="2">전화번호</td><td>자택</td><td></td><td></td><td>직장</td><td></td></tr>
<tr><td>휴대전화</td><td colspan="4"></td></tr>
<tr><td>신청취지</td><td colspan="6">자동차 운전면허 행정처분(취소 · 정지)에 대한 감경을 요청합니다</td></tr>
<tr><td colspan="7" align="center">이 의 신 청 이 유</td></tr>
<tr><td colspan="7"># 운전면허 필요성, 생계곤란 등 신청이유를 간단히 작성하시고
뒷장에 구체적으로 상세히 기재하시기 바랍니다.

※ 부당하게 감경 결정을 받기 위해 문서를 위·변조한 경우
관련 법령에 따라 형사처벌될 수 있음</td></tr>
<tr><td>근거 법조</td><td colspan="6" align="center">도로교통법 시행규칙 제95조</td></tr>
<tr><td colspan="7">본인의 주장 및 제출자료에 대한 진위 여부 확인을 위한 경찰관의 현지실사에 동의하며,
위와 같이 자동차운전면허 행정처분에 대해 이의신청을 합니다.

0000년 00월 00일
신청인 : ○ ○ ○ ㉑
○○시 · 도경찰청장 귀하</td></tr>
<tr><td>첨부
서류</td><td colspan="4">취소결정통지서, 주민등록등본, 재직증명서(또는 사업자등록증)
세목별과세증명서, 전(월)세 임대계약서 등 증빙서류 각 1부
※ 제출된 서류는 반환치 아니함</td><td>수수료</td><td>없음</td></tr>
</table>

이의신청 이유서

1. 운전면허 취소 경위

신청인은 이사건 당일인 2009.0.00. 00 : 00에 회사 동료인 ○○○의 모친상 조문을 갔다가 소주 6잔을 마시고 3시간 정도 잠을 자고 나서 귀가하기 위해 신청인 소유 강원 00가 0000호 자동차를 운전 하고 가다가 원주시 중앙동 소재 ○○빌딩 앞 도로변에서 음주 단속중이던 경찰관에게 적발되어 음주측정을 한 결과 0.111%로 판정되어 2009.0.00.자로 운전면허가 취소되었습니다.

2. 운전면허의 필요성(직업 등을 구체적으로 기재)

신청인은 00년 0월 0일 춘천 후평동 소재 ○○이라는 회사의 버스운전기사로 입사 후, 회사소유 강원 00바0000호 00번 시내버스를 운전하여 00에서 00까지 일 0회 왕복하며 승객을 운송하는 운전기사로 근무하며 가족의 생계를 유지하고 있습니다(운전이 생계의 수단임을 구체적 서술).

3. 생계 곤란 정도

(1) 신청인은 아파트 전셋집에 거주하고 가족 3명을 부양하고 있는 가장으로 위 회사에서 근무하며 월 100만 원의 급여로 생활하고 있습니다.

(2) 가족관계
- 처 김○○(50세)은 ○○식당에서 종업원으로 근무(월급 60만 원)
- 자 박○○(28세)은 ○○회사에서 근무(월급 100만 원)
- 자 박○○(20세)은 ○○대학교 1학년 재학 중(수입 없음)

(3) 재산 관계
- 아파트 전세(20평, 보증금 2천만 원)
- 토지 200평(대지, 시가 1500만 원)
- 자동차 1대(아반떼, 04년식, 시가 500만 원)
- 부채 3천만 원(○○ 은행 주택담보대출)

3. 그 외 신청인이 주장하는 이유를 구체적 서술

※ 공간 부족 시 덧붙임으로 작성 가능

□ 작성요령

이의신청 제도의 기본취지는 "생계유지를 위하여 운전면허가 절실히 필요한 서민 구제"입니다. 이의신청서에 운전이 생계수단인 이유와 생계 곤란함을 작성하시고, 아래 구비서류를 제출하여 주시기 바랍니다(미제출시 본인에게 불이익이 될 수 있습니다).

□ 구비서류

1. 공 통

　가. 취소(정지) 결정통지서

　나. 주민등록등본

　다. 세목별 과세증명서(시·군청 및 동·면사무소 발행)

　　○ 본인 및 배우자(미혼인 경우 부모) 명의로 세목별과세증명서

　　○ 납세 사실이 없으면 "과세사실 없음"이라고 발급됩니다.

　라. 부동산 등기부 등본

　　○ 가족 명의로 되어 있는 부동산의 등기부 등본

　　○ 전(월)세 임차인의 경우 임대차계약서 사본

　마. 부채증명원

　　○ 가족 명의 부채증명원(은행대출확인원 등)

　바. 자동차등록증 사본(소유 자동차 모두)

2. 직장인의 경우

　가. 재직증명서

　나. 전년도 근로소득원천징수영수증 또는 최근 3개월간 월급명세서

3. 자영업자의 경우

　가. 종합소득세납부증명서

　나. 사업장의 등기부 등본(임대의 경우 임대차계약서 사본 제출)

4. 기타

　운전이 생계수단임을 입증할 자료(사진 자료 등)

13. 운전면허취소처분취소 행정심판

1) (식당업) 음주운전자 자동차 운전면허취소처분취소 행정심판

■ 행정심판법 시행규칙 [별지 제30호서식] 〈개정 2012.9.20〉

행정심판 청구서

접수번호		접수일	
청구인		성명 ○○○	
		주소 0000시 00구 00번길 00, 000동 000호	
		주민등록번호(외국인등록번호) 000000-0000000	
		전화번호 000-0000-0000	
[ ] 대표자 [ ] 관리인 [ ] 선정대표자 [ ] 대리인		성명	
		주소	
		주민등록번호(외국인등록번호)	
		전화번호	
피청구인		○○○○ 지방경찰청장	
소관 행정심판위원회		[V]중앙행정심판위원회 [ ]○○시·도행정심판위원회 [ ]기타	
처분 내용 또는 부작위 내용		피청구인이 0000.00.00. 청구인에게 한 제2종 보통 자동차운전면허취소처분	
처분이 있음을 안날		0000.00.00.	
청구 취지 및 청구 이유		별지와 같습니다	
처분청의 불복 절차 고지 유무		유	
처분청의 불복절차 고지 내용		이 사건 처분이 있음을 안 날부터 90일 이내에 행정심판 또는 행정소송을 제기할 수 있습니다.	
증거 서류		별첨 증거 서류 1-8	

「행정심판법」 제28조 및 같은 법 시행령 제20조에 따라 위와 같이 행정심판을 청구합니다.
0000년 00월 00일
청구인 ○○○ (인)

○○ 행정심판위원회 귀중

첨부서류	1. 대표자, 관리인, 선정대표자 또는 대리인의 자격을 소명하는 서류(대표자, 관리인, 선정대표자 또는 대리인을 선임하는 경우에만 제출합니다.) 2. 주장을 뒷받침하는 증거서류나 증거물	수수료 없음

청 구 취 지

피청구인이 0000.00.00.자 청구인에 대하여 한 제2종 보통자동차운전면허(면
허번호 : 0000-000000-00) 취소처분은 이를 취소한다는 재결을 구합니다.

청 구 이 유

1. 사건 개요

청구인은 0000.00.00. 00구 00로 00길 도로에서 음주 상태로 본인 소유 그랜
저(000나 0000)를 운전하다가 교통경찰관의 음주측정을 받고, 운전면허취소 수
치에 해당하는 혈중알코올농도 0.000%가 검출되어, 0000.00.00. 피청구인으
로부터 도로교통법 제93조 1항1호에 의거 0000.00.00.부터 자동차운전면허취
소 결정 통지서를 받았습니다.

2. 음주운전 발생 경위

가. 0000.00.00. 청구인은 본인이 운영하는 식당(000구 000동 00-00, 00빌딩
2층 소재)에서 오랜만에 멀리서 찾아온 지인과 소주 1병을 마시고 오후 3시
에 영업(아침 식사를 위주로 영업하기 때문에 오후 3시에 영업 마감)을 마감
한 후, 술을 마신 상태이기에 승용차 대신 택시로 집에 갈 요량으로 식당을
나섰습니다.

나. 그런데 지상에 주차해 놓은 차가 걱정되었습니다. 평상시는 식당에 일찍 도
착하기 때문에 지하주차장보다는 지상 주차장을 주로 이용하는데 관리사무
소에서 야간에 주차하는 차량은 지하주차장으로 이동을 요구하는 방송이 있
었기에, 승용차를 지하주차장으로 이동한 후 집에 가려고 시동을 걸고 지하
주차장 입구로 약 8M 이동하는데 지하 주차장진입로에 먼저 진입하는 차량
2대가 정차해 있었습니다.

다. 그래서 잠시 멈추어 대기 중에 있는데 그때 진입로를 가로지르는 어떤 행인이 청구인 승용차 백미러를 툭 건드리고는 아무 말 없이 지나가려고 했습니다. 이에 청구인이 차에서 내려 백미러를 살피면서 남의 차 백미러를 팔로 쳤으면 한번 살펴보고 가는 것이 도리지 않느냐고 말하자, 행인은 파손된 것이 없으면 됐지 뭐 그러느냐며 오히려 큰소리를 쳤습니다. 이 과정에서 행인은 청구인의 모습을 살피더니 '당신 술 마셨구먼', 하면서 112에 신고하였습니다. 청구인은 출동한 경찰관으로부터 음주측정을 받고 면허취소 수치인 혈중알코올농도 0.000%가 검출되어 운전면허가 취소되었습니다.

3. 운전경력과 자기반성

가. 청구인은 0000년 운전면허를 발급받은 후 이 사건 발생 이전까지 26년간 교통법규를 잘 지키며 아무 사고 없이 운전해왔으며, 평소 음주운전에 대한 사회적 폐해를 걱정하여 술을 마시고 운전한다는 것은 청구인 사전에 있을 수 없다고 생각하며 실천해 온 사람입니다. 그러함에도 이번 음주운전을 한 것은 변명의 여지가 없고 일생일대의 수치로 부끄럽게 생각하고 깊게 반성합니다. 다시는 이런 수치스러운 행동을 하지 않겠습니다.

4. 이사건 처분의 가혹함

가. 이 사건은 음주운전에 속하지만, 아래와 같이 정상을 참작할 부분이 있습니다. 첫째, 건물부지 내에서 발생하였으며, 둘째 혈중알코올농도가 비교적 낮고, 셋째 이동 거리가 8m로 짧으며, 넷째 청구인이 26년간 무사고로 운전한 경력이 있습니다.

나. 행정처분을 함에는 결과 이전에 사건이 발생하게 된 동기와 경위를 파악하여 위반의 정도가 정상참작을 할 만한 타당한 이유가 있는지를 먼저 파악하고

그럴 사유가 있다면 감경 기준을 적용하여 처분하는 것이 원칙입니다. 그러나 피청구인은 이를 간과하여 면허취소를 강행한 것은 가혹한 처분입니다.

5. 청구인에게 운전면허가 필수인 이유

가. 청구인의 직업은 자영업인 식당운영으로 현 장소에서 30년 이상 영업해왔습니다. 하루 일과는 새벽 4시에 OO동 집에서 나와 OOOO시장으로 이동하여 동태를 구매한 후, 새벽 4시 40분경 식당에 도착하여 오전 6시까지 조리준비를 마치면, 오전 6시에 아내와 종업원이 도착합니다.

나. 청구인은 식당 준비를 아내에게 맡기고 다시 OOO시장에 나가 10여 점포를 들려 각종 식재료를 구매한 후 식당에 도착하면 오전 10시경이 됩니다. 이후 주방에서 오후 3시까지 일하고 영업을 마감하고 집에 들어갑니다. 바쁜 일과지만 생계이기에 열심히 영업하고 있습니다. 이렇게 영업을 위해 활동할 수 있는 것은 운전면허가 있기에 가능합니다.

6. 결론

행정심판위원님께서 청구인 운전면허가 취소에 이르기까지 경위와 26년간 안전했던 운전경력, 그리고 운전면허 없이는 생계인 식당을 운영할 수 없는 현실을 고려해 주시어 운전면허 취소처분이 면허정지 처분으로 변경되도록 재결하여 주시기 바랍니다.

증 거 서 류

1. 갑 제1호증 : 운전면허취소 결정통지서
2. 갑 제2호증 : 운전경력증명서
3. 갑 제3호증 : 식당 사업자등록증
4. 갑 제4호증 : 건물 배치사진(지상에서 지하주차장 입구)

5. 갑 제5호증 : 식당사진

6. 갑 제6호증 : 식당 거래처 영수증 5장

7. 갑 제7호증 : 반성문

8. 갑 제8호증 : 주민등록등본

0000년 00월 00일

청구인 ○ ○ ○ (인)

○○ **행정심판위원회 귀중**

음주운전면허가 취소된 이 사건은 행정심판위원회에서 일부 인용 재결로 면허정지 110일로 변경되었다.

2) (회사원) 음주운전 자동차운전면허취소처분취소 행정심판

■ 행정심판법 시행규칙 [별지 제30호서식] 〈개정 2012.9.20〉

행정심판 청구서

접수번호		접수일	
청구인	성명 ○○○		
	주소 0000시 00구 00번길 00, 000동 000호		
	주민등록번호(외국인등록번호) 000000-0000000		
	전화번호 000-0000-0000		
[ ] 대표자 [ ] 관리인 [ ] 선정대표자 [ ] 대리인	성명		
	주소		
	주민등록번호(외국인등록번호)		
	전화번호		
피청구인	○○○○ 지방경찰청장		
소관 행정심판위원회	[v]중앙행정심판위원회 [ ] ○○시·도행정심판위원회 [ ]기타		
처분 내용 또는 부작위 내용	피청구인이 0000.00.00. 청구인에게 한 제1종 보통 자동차운전면허취소처분		
처분이 있음을 안날	0000.00.00.		
청구 취지 및 청구 이유	별지와 같습니다		
처분청의 불복 절차 고지 유무	유		
처분청의 불복절차 고지 내용	이 사건 처분이 있음을 안 날부터 90일 이내에 행정심판 또는 행정소송을 제기할 수 있습니다.		
증거 서류	별첨 증거 서류 1-6		

「행정심판법」 제28조 및 같은 법 시행령 제20조에 따라 위와 같이 행정심판을 청구합니다.
0000년 00월 00일
청구인 ○○○ (인)

00 행정심판위원회 귀중

첨부서류	1. 대표자, 관리인, 선정대표자 또는 대리인의 자격을 소명하는 서류(대표자, 관리인, 선정대표자 또는 대 리인을 선임하는 경우에만 제출합니다.) 2. 주장을 뒷받침하는 증거서류나 증거물	수수료 없음

청 구 취 지

피청구인이 0000.00.00.자 청구인에 대하여 한 제1종 보통 자동차운전면허(면허번호 : 00-00-000000-00) 취소처분은 이를 취소한다는 재결을 구합니다.

청 구 이 유

1. 사건 개요

가. 청구인은 0000.00.00.00 : 00.경 음주 상태로 00도 00읍 00 삼거리 인근에서 본인 소유 쏘나타(00-0000- 0000)를 운전하다가, 승용차 앞범퍼로 도로 가드레일을 파손하는 대물사고로 출동한 경찰관에게 음주측정을 받고, 혈중알코올농도 0.000%이 검출되어, 피청구인으로부터 도로교통법 제93조 1항1호에 의거 0000.00.00부터 운전면허가 취소된다는 운전면허취소 결정통지서를 받았습니다.

2. 음주운전 경위 및 적발

가. 청구인은 00시에 소재한 ○○○○(주) 회사원으로 근무하고 있습니다. 0000.00.00. 퇴근 후 집에서 소주 1병을 마시고 밤 9시경 일찍 취침하려고 누워있는데 친구로부터 전화가 왔습니다. 친구 아내가 응급실로 급히 실려 갔는데 급전이 필요하니 돈을 빌려달라는 부탁이었습니다.

나. 친구 전화를 받고 인터넷뱅킹으로 바로 입금해 주겠으니 기다리라고 한 후 집에서 인터넷뱅킹을 시도하였으나 작동이 안 되었습니다. 청구인은 친구가 기다리겠다는 초조함에 가까운 ATM을 이용해야겠다는 생각으로, 본인 차량으로 인근 은행을 행해 약 1km 이동하던 중에 옆 차가 갑자기 달려들어 이를 피하고자 급하게 핸들을 꺾으면서 승용차 앞범퍼로 가드레일을 받아 가드레일 일부가 파손되는 대물사고가 발생하여 00 : 00경 출동한 경찰관에게 음주측정을 받고 음주운전으로 적발되었습니다.

3. 운전경력 및 음주운전에 대한 깊은 반성

가. 청구인은 평소 음주운전이 사회에 미치는 패악에 대해 누구보다 잘 알고 있습니다. 음주운전은 자기 자신은 물론 아무 죄 없는 상대방에게 날벼락 같은 피해를 주는 사회적 범죄행위이기에 평소 음주운전을 큰 범죄로 여기고 생각 자체도 멀리해왔습니다. 이런 다짐으로 교통법규를 잘 준수한 결과 이 사건 발생 이전까지 20년간 무사고로 운전했습니다.

나. 이번 음주운전은 이유 여하를 막론하고 청구인의 잘못임을 인정합니다. 그러기에 용서를 비는 마음과 참회의 마음으로 반성하며 하루하루 보내고 있습니다. 앞으로 살면서 사회에 진 빚을 갚기 위해 양심 있는 시민으로 교통법규를 잘 지키며 살겠음을 약속드립니다.

4. 운전면허가 필요한 사유

가. 청구인이 다니는 ○○○○(주)는 보일러 부품을 생산하는 회사로, 청구인은 생산된 부품을 원청에 납품하고 또 납품된 부품에 대해 A/S를 해주는 업무로서 하루 주된 일과는 운전을 통해 이루어지고 있습니다. 그래서 청구인은 회사 운전직으로 운전면허가 필수입니다.

나. 청구인 가족은 노부모(80세)와 아내, 대학에 다니는 두 자식이 있습니다. 한 가정의 가장으로써 회사생활은 생계 그 자체인데 운전면허가 취소되면 회사에서 해고될 수도 있습니다. 그래서 운전면허 구제는 너무 절실합니다.

5. 결론

행정심판위원님! 운전면허를 취득한 이후 20년 동안 무사고로 운전했습니다. 운전직으로 운전면허가 없으면 직장에서 해고되고 가족의 생계를 책임 질 수 없습니다. 잘못을 뉘우치고 반성하는 청구인에게 취소된 운전면허가 정지 처분으로 변경되도록 재결해주시기 바랍니다.

증 거 서 류

1. 갑 제1호증 : 운전면허취소 결정통지서

1. 갑 제2호증 : 운전경력증명서

1. 갑 제3호증 : 재직증명서

1. 갑 제4호증 : 일일 운행기록부

1. 갑 제5호증 : 주민등록등본

1. 갑 제6호증 : 인터넷 송금 확인서

0000년 00월 00일

청구인　○ ○ ○ (인)

중앙행정심판위원회 귀중

운전면허가 취소된 이 사건은 중앙행정심판위원회에서 기각 재결되었다. 혈중알코올농도가 취소 기준치보다 높은 사유로 기각된 것으로 분석된다.

3) (자영업) 음주운전 자동차운전면허취소처분취소 행정심판

■ 행정심판법 시행규칙 [별지 제30호서식] 〈개정 2012.9.20〉

행정심판 청구서

접수번호	접수일	
청구인	성명 ○○○	
	주소 0000시 00구 00번길 00, 000동 000호	
	주민등록번호(외국인등록번호) 000000-0000000	
	전화번호 000-0000-0000	
[ ] 대표자 [ ] 관리인 [ ] 선정대표자 [ ] 대리인	성명	
	주소	
	주민등록번호(외국인등록번호)	
	전화번호	
피청구인	00도 지방경찰청장	
소관 행정심판위원회	[v]중앙행정심판위원회 [ ] ○○시·도행정심판위원회 [ ]기타	
처분 내용 또는 부작위 내용	피청구인이 0000.00.00. 청구인에게 한 제1종 보통, 제2종 보통 자동차운전면허취소처분	
처분이 있음을 안날	0000.00.00.	
청구 취지 및 청구 이유	별지와 같습니다	
처분청의 불복 절차 고지 유무	유	
처분청의 불복절차 고지 내용	이 사건 처분이 있음을 안 날부터 90일 이내에 행정심판 또는 행정소송을 제기할 수 있습니다.	
증거 서류	별첨 증거 서류 1-8	

「행정심판법」 제28조 및 같은 법 시행령 제20조에 따라 위와 같이 행정심판을 청구합니다.

0000년 00월 00일

청구인 ○○○ (인)

00 행정심판위원회 귀중

첨부서류	1. 대표자, 관리인, 선정대표자 또는 대리인의 자격을 소명하는 서류(대표자, 관리인, 선정대표자 또는 대 리인을 선임하는 경우에만 제출합니다.) 2. 주장을 뒷받침하는 증거서류나 증거물	수수료 없음

청 구 취 지

피청구인이 0000.00.00.자 청구인에 대하여 한 제1종 보통, 제2종 보통 자동차 운전면허(면허번호 : 0000-000000-00) 취소처분은 이를 취소한다는 재결을 구합니다.

청 구 이 유

1. 사건 개요

가. 청구인은 0000.00.00. 밤 00 : 00경 본인 소유 소나타(000-000-0000)를 음주 상태로 운전하다가 00시 0동 사거리에서 경찰관의 음주 단속으로 혈중 알코올농도 0.000%가 검출되어, 0000.00.00. 피청구인으로부터 도로교통 법 제93조 1항1호에 의거 0000.00.00.부터 자동차운전면허가 취소된다는 운전면허취소 결정 통지서를 받았습니다.

2. 음주운전 경위

가. 음주운전이 있었던 당일 청구인의 행적입니다. 청구인은0000.00.00. 00시 에서 고향 친구들 부부 모임이 있었습니다. 식사 장소에서 친구들과 대화를 나누면서 소맥(소주와 맥주 혼합주)으로 3잔을 마셨습니다. 모임을 마치고 난 후 친구는 오래간만이니 자기 집에 가서 대화 나누고 자고 갈 것을 권유했 습니다. 그래서 친구가 평소 이용하는 대리운전회사에 연락하여 청구인 차 량으로 00시 0동에 있는 친구 아파트까지 부부가 함께 이동했습니다.

나. 친구 집에 도착하여 대화를 나눈 후 친구 집에서 잠까지 자는 것은 서로 불편 할 것 같아 청구인 부부는 친구 집 앞 모텔에서 자겠다고 말한 후, 모텔이 약 70M 거리이기에 도보로 가면 되겠지만 새벽에 남의 아파트에서 출차하기가 쉽지 않고, 그 시간에 대리기사도 부를 수도 없어 결국 청구인 쏘나타를 운전

하여 갔습니다. 그런데 모텔 앞에서 경찰관이 음주측정을 요구하였고 면허취
소 수치인 혈중알코올농도 0.000%가 검출되었습니다.

3. 청구인 생활 및 음주운전에 대한 반성

가. 청구인은 어린 시절 00시로 이사하여 00시에서 중학교에 다니고, 고등학교
   는 가정형편으로 진학하지 못하였습니다. 이후 돈을 벌기 위해 00시에 올라
   와 ○○공단에 있는 공장에 다녔고 열심히 노력하여 학교도 다니고 방위산업
   체에서 군 복무도 마쳤습니다.

나. 0000년부터는 ○○○ 택시회사에 입사하여 약 00년간 영업부 직원으로 근
   무하면서 주변에서 음주운전으로 면허가 취소되는 사례를 직접 보았기 때
   문에 음주운전의 폐해가 얼마나 참혹한지에 대해 깨달은 바가 크기에 음주
   운전에 대해 남다른 경각심을 가지고 살아왔습니다. 그러함에도 50M 거리
   인 모텔에 가면서는 짧은 거리니까 문제가 없을 거라고 생각하고 음주 상태
   에서 운전한 것은 일생일대의 오점이었습니다. 통한의 반성과 용서를 빌 뿐
   입니다.

4. 청구인 직업 및 운전면허가 필요한 이유

가. 청구인은 0000년 0월부터 00시 00구에 가내공업 형태의 ○○전기라는 작
   은 제조회사를 설립 경영하고 있으면서 회사 차량(내장 탑차)으로 약 25km
   떨어진 00군 00면에 소재한 ○○○○회사에 자재 구매를 위해 매일 운전합
   니다. 그리고 가져온 자재는 직원 3명과 함께 제품을 조립하여 완제품을
   70km 거리의 000군 00읍에 있는 ○○ 전자회사에 납품하고 있습니다. 이
   렇게 운전하면 평균 약 100km 거리를 주 5회 운전하고 있습니다.

나. 현재 회사는 이전 회사 퇴직금과 지인들로부터 빌린 돈으로 어렵게 창업했습

니다. 현재 청구인이 하는 일은 원자재를 직접 확인하여 구매하고 또 완제품을 납품하면서 A/S까지 해주고 있어 운전을 못 하게 되면 모든 것이 중단되어 영업에 심각한 어려움이 봉착하게 됩니다.

5. 청구인 운전경력

가. 청구인은 0000년 최초 운전면허를 발급받았으나 운전 경력증명서에 12년 전에 운전면허가 잠시 정지된 기록이 있습니다. 이는 당시 회사 차를 운전하면서 범칙금 스티커가 발부되면 총무과에서 대신 내주는 체제였는데, 그 당시 경리직원이 스티커를 내버려 둠으로 범칙금 미납으로 운전면허가 정지된 것입니다. 이런 전력은 운전경력에서 큰 오점이지만 이는 납부과정에서 경리직원의 실수로 발생된 것입니다.

나. 청구인은 운전면허의 소중함을 누구보다 잘 알기에 평소 준법운전을 생활화하여 10여 년 동안 교통법규 위반 한번 없이 안전 운전하였습니다.

6. 결론

가. 회사는 가내공업 수준으로 청구인이 납품과 동시에 A/S까지 해주는 상황에서 운전면허가 취소되어 활동을 못하게 되면 당장, 대신할 사람이 없어 회사 운영이 중단되는 사태가 발생하여 회사가 위태롭게 되므로 청구인의 운전면허 구제는 너무 절실합니다.

나. 바라옵기는 이 사건 행정심판위원회에서 ① 혈중알코올농도가 비교적 경미하고 ② 운전한 거리가 50m 이내이며, ③ 10년 이상 안전운전한 경력 ④ 회사 운영을 위해서는 운전이 필수인 점등을 감안해 주시어, 이사건 운전면허 취소를 면허정지로 변경하는 재결을 하여 주시기 바랍니다.

증 거 서 류

1. 갑 제1호증 : 자동차운전면허취소결정통지서

1. 갑 제2호증 : 운전경력증명서

1. 갑 제3호증 : 사업자등록증

1. 갑 제4호증 : 재직증명서

1. 갑 제5호증 : 자동차등록증

1. 갑 제6호증 : 청구인이 운전하는 차량사진

1. 갑 제7호증 : 대리운전회사 대리운전 기록

1. 갑 제8호증 : 친구 탄원서

1. 갑 제9호증 : 주민등록등본

0000년 00월 00일

청구인　○ ○ ○ 　(인)

중앙행정심판위원회 귀중

> 운전면허가 취소된 이 사건은 중앙행정심판위원회에서 일부인용 재결로 면
> 허정지 110일로 감경된 것은, 혈중알코올농도가 면허취소 수치에 근접하고,
> 운전 거리가 짧고, 10년 이상 무사고 운전, 직업상 운전이 필수인 점이 참작
> 된 것으로 분석된다.

4) (창업예정) 음주운전 자동차운전면허취소처분취소 행정심판

■ 행정심판법 시행규칙 [별지 제30호서식] 〈개정 2012.9.20〉

행정심판 청구서

접수번호	접수일	
청구인	성명 ○○○	
	주소 0000시 00구 00번길 00, 000동 000호	
	주민등록번호(외국인등록번호) 000000-0000000	
	전화번호 000-0000-0000	
[ ] 대표자 [ ] 관리인 [ ] 선정대표자 [ ] 대리인	성명	
	주소	
	주민등록번호(외국인등록번호)	
	전화번호	
피청구인	0000시 지방경찰청장	
소관 행정심판위원회	[v]중앙행정심판위원회 [v] ○○시·도행정심판위원회 [ ]기타	
처분 내용 또는 부작위 내용	피청구인이 0000.00.00. 청구인에게 한 제2종 보통 자동차운전면허취소처분	
처분이 있음을 안날	0000.00.00.	
청구 취지 및 청구 이유	별지와 같습니다	
처분청의 불복 절차 고지 유무	유	
처분청의 불복절차 고지 내용	이 사건 처분이 있음을 안 날부터 90일 이내에 행정심판 또는 행정소송을 제기할 수 있습니다.	
증거 서류	별첨 증거 서류 1-8	

「행정심판법」 제28조 및 같은 법 시행령 제20조에 따라 위와 같이 행정심판을 청구합니다.

0000년 00월 00일

청구인 ○○○ (인)

○○○○○ 행정심판위원회 귀중

첨부서류	1. 대표자, 관리인, 선정대표자 또는 대리인의 자격을 소명하는 서류(대표자, 관리인, 선정대표자 또는 대리인을 선임하는 경우에만 제출합니다.) 2. 주장을 뒷받침하는 증거서류나 증거물	수수료 없음

청 구 취 지

피청구인이 0000.00.00.자 청구인에 대하여 한 제2종 보통자동차운전면허(면허번호 : 0000-00000-00) 취소처분은 이를 취소한다는 재결을 구합니다.

청 구 이 유

1. 운전면허 취소처분 개요

가. 청구인은 0000.00.00.00 : 00경 00시 00구 00동의 사거리에서 음주 상태로 본인 소유 그랜저(000-0000-0000)자동차를 운전하다가 U턴 지점 신호대기 중에 교통경찰관의 음주측정을 받고 혈중알코올농도 0.000%가 검출, 피청구인으로부터 도로교통법 제93조 1항 1호에 의거 0000.00.00부터 운전면허가 취소된다는 운전면허취소 결정 통지서를 받았습니다.

2. 음주운전 경위

가. 청구인은 지난해 직장에서 정년퇴직한 후, 재취업을 위해 사건 당일 지인과 점심을 먹으면서 술을 몇 잔 마시게 되었습니다. 당시 안과 시술을 받고 당분간 금주하라는 의사의 권유로 술잔만 받아 놓고 있었으나, 거듭된 지인의 권유로 소주 몇 잔을 마시게 되었습니다.

나. 점심을 끝내고 지인과 헤어진 후 취기를 느껴 음주운전을 피하려고 음식점 주인에게 대리기사를 불러 달라고 부탁한 후 식당 밖에 차량이 있었던 도로로 나와 보니, 도로에 주차해 놓은 차량이 식당 옆 은행 주차공간에 이동 주차되어 있었습니다(이 지역은 점심시간인 오후 2시까지만 구청에서 임시로 도로주차를 허용하는 까닭에 단속을 피하려고 주차관리자가 은행주차장으로 임시 이동해 놓은 것입니다).

다. 청구인은 대리기사가 올 때까지 차 안에서 대기 중 잠시 잠이 들었는 때, 차

문을 두드리는 소리가 있어 보니 은행 주차관리원이 여기는 은행 고객 주차장이니 차를 빼라고 하였습니다. 잠시 도로변으로 차를 뺐으나 주차단속구간이란 표시도 있고 또 낮이라 대리기사도 도착하지 않아 청구인은 주변 유료주차장을 찾기 위해 일단 차를 움직였는데 차량흐름에 따라가다 보니 2km 이상 이동하게 되었습니다. 그래서 어쩔 수 없이 인근 공영주차장에 주차하고 다른 볼일을 봐야겠다는 생각으로 유턴 지점을 찾아 신호대기 중에 깜박 잠이 들었던 것입니다. 이에 교통경찰관으로부터 음주측정을 받고 혈중알코올농도 0.000%가 검출되어 음주운전으로 적발이 되었습니다.

3. 평생 씻을 수 없는 큰 오점을 남긴 행동에 대해 깊게 반성합니다. 앞으로 법을 더 잘 지키며 살겠습니다.

가. 청구인은 0000년 상고를 졸업하고 은행에 입행하여 00년간 금융인으로 또한 가정의 가장으로 모범이 되게 살아왔습니다. 직장에서 청년이사회 초대 회장도 하고 은행지점장 재직 시에는 매년 경영평가 우수상을 받는 등 주어진 일에 최선을 다하는 모범적인 직장인이었으며, 후배들로부터는 신망받는 리더의 위치를 지켜왔습니다. IMF 경영 위기 시에는 기업분석부에 근무하면서 기업구조조정 실무 작업을 신념을 갖고 열정적으로 수행함으로써 우리나라 경제 회생에 힘을 보태기도 했습니다. 그리고 은행 실무를 하면서 부족한 지식을 보완하기 위하여 야간에 대학과 대학원에서 경영학을 전공하였고 박사과정으로 부동산학을 전공하는 등 주경야독으로 성실하고 진솔하게 살려고 노력했습니다.

나. 가족으로는 아내와 두 아들이 있습니다. 아내는 주부로 꽃집에서 아르바이트하고 있으며, 큰아들은 대기업에 다니며, 작은애는 로스쿨에 재학 중입니다.

다. 청구인은 이유 여하를 막론하고 결과적으로 육십 평생을 하늘을 우러러 한 점

부끄럼 없이 살자는 신조로 살아왔던 삶에 큰 오점을 남기게 되어 참으로 부끄럽고 안타깝기 짝이 없습니다. 금융인으로서 기본 중의 기본인 진실성을 금과옥조처럼 삼고 살다 보니, 다른 사람들이 저보고 벽창호 같다고 할 정도로 법과 기본을 지키며 생활했습니다. 그러함에도 이번 과오는 일생의 큰 오점이고 천추의 한이 된다고 표현하고 싶습니다. 자식들과 아내에게도 충격이 될 것 같아 아직 얘기도 못 하고 있습니다.

4. 운전면허가 필요한 사유

가. 청구인은 0000, 0월 퇴직 이후에 생활비와 작은애 로스쿨 등록금 등을 충당하기 위해 재취업을 추진하였으나 나이가 많아 재취업이 사실상 어렵다는 반응에 냉엄한 현실을 뼈저리게 인식하고, ○○ 지도사와 ○○○○ 지도자 자격증을 노력 끝에 최근에 취득하여 자격증을 활용한 컨설팅 사업을 추진하고 있으며 시장 조사를 분주히 다니고 있습니다.

나. 그런데 이런 컨설팅 수요지역이 수도권 중소도시 공단지역에 위치하여 대중교통으로는 한계가 있어 승용차 이동이 필수입니다.

5. 결론

청구인은 0000년 운전면허취득 이후 25년 가까이 교통법규를 잘 준수하여 이건 사고 이전까지 위반사항이 단 한 건도 없으며, 검출된 혈중알코올농도도 면허취소 수치에 근접합니다. 그리고 운전면허가 있어야 지금까지 노력한 성과를 실행할 수 있습니다.

행정심판위원회에서 운전면허가 취소에 이르기까지의 모든 경위와 청구인의 입장도 참작해 주시어 취소된 운전면허가 면허정지로 변경되도록 재결하여 주시기 바랍니다.

증 거 서 류

1. 갑 제1호증 : 음주운전단속결과통보
1. 갑 제2호증 : 자동차운전면허취소결정통지서

　　　　　　　(증거서류 3호~6호 기재생략)

1. 갑 제7호증 : 000 지도사 자격증
1. 갑 제8호증 : 치하장 2매

　　　　　　0000년 00월 00일

　　　　　청구인　○ ○ ○ （인）

중앙행정심판위원회 귀하

운전면허가 취소된 이 사건은 중앙행정심판위원회에서 일부 인용재결로 취소
된 운전면허가 면허정지 110로 변경되었다.
운전직은 아니나, 혈중 알코올 농도가 비교적 높지 않고, 안전운전한 경력이
길며, 진실한 삶의 호소가 반영된 것으로 분석된다.

5) (개인택시) 벌점초과 자동차운전면허취소처분취소 행정심판

■ 행정심판법 시행규칙 [별지 제30호서식] 〈개정 2012.9.20〉

행정심판 청구서

접수번호	접수일	
청구인	성명 ○○○	
	주소 0000시 00구 00번길 00, 000동 000호	
	주민등록번호(외국인등록번호) 000000-0000000	
	전화번호 000-0000-0000	
[ ] 대표자 [ ] 관리인 [ ] 선정대표자 [ ] 대리인	성명	
	주소	
	주민등록번호(외국인등록번호)	
	전화번호	
피청구인	0000시 지방경찰청장	
소관 행정심판위원회	[v]중앙행정심판위원회 [v] ○○시 · 도행정심판위원회 [ ]기타	
처분 내용 또는 부작위 내용	피청구인이 0000.00.00. 청구인에게 한 제1종 보통 자동차운전면허취소처분	
처분이 있음을 안날	0000.00.00.	
청구 취지 및 청구 이유	별지와 같습니다	
처분청의 불복 절차 고지 유무	유	
처분청의 불복절차 고지 내용	이 사건 처분이 있음을 안 날부터 90일 이내에 행정심판 또는 행정소송을 제기할 수 있습니다.	
증거 서류	별첨 증거 서류 1-15	

「행정심판법」제28조 및 같은 법 시행령 제20조에 따라 위와 같이 행정심판을 청구합니다.
0000년 00월 00일
청구인 ○○○ (인)

○○○○○ 행정심판위원회 귀중

첨부서류	1. 대표자, 관리인, 선정대표자 또는 대리인의 자격을 소명하는 서류(대표자, 관리인, 선정대표자 또는 대리인을 선임하는 경우에만 제출합니다.) 2. 주장을 뒷받침하는 증거서류나 증거물	수수료 없음

청 구 취 지

피청구인이 0000.00.00.자 청구인에 대하여 한 제1종 보통 자동차운전면허(면허번호 : 000-0000-0000) 취소처분은 이를 취소한다는 재결을 구합니다.

청 구 이 유

1. 사건 개요

가. 청구인은 0000.00.00. 00 : 00경 본인 소유 개인택시를 운전하던 중 버스전용차로에 급하게 진입하면서 전용차로를 달리던 버스가 충돌을 피하려고 급정거하게 되어 버스 승객 15명이 중경상을 입게 되어 청구인이 벌점초과로 0000.00.00부로 자동차운전면허가 취소된다는 결정 통지서를 받았습니다.

2. 사건 발생 경위

가. 청구인은 0000.00.00, 00 : 00경 손님을 태우고 ○○터널 방면에서 ○○대학교 방향 편도 4차로 중 2차로로 주행 중에 사고 장소인 000구 00로 00번지 근처에 이르러 버스전용차로에서 직진 중이던 버스를 미처 발견하지 못하고 청구인 택시가 1차로로 진입하면서 택시 좌측 후면과 버스 우측 범퍼와 충돌이 있기 직전, 이때 버스 기사가 급정거하는 과정에서 버스 탑승객 15명이 중경상(중상 4명, 경상 11명)을 입는 사고가 발생하였습니다.

나. 이건 사고로 청구인이 교통사고벌점 125점을 부과받고 ○○○ 경찰서장으로부터 도로교통법 제93조에 근거 0000. 00.00 자동차 운전면허취소 결정 통지서를 받았습니다.

3 이사건 처분의 가혹함

가. 이번 사고는 청구인의 과실에서 비롯되었습니다. 개인택시 운전사로 안전을 최우선으로 조심 운전해야 함에도 잘못된 운전으로 상대 차량인 버스에 사고 발생원인을 제공함으로써 많은 버스 승객을 다치게 하였습니다. 큰 과실에 대해 책임을 느끼고 사죄하며 경솔함에 대해 깊게 반성합니다.

나. 청구인은 올해 00세로 살아온 날을 돌이켜 보면 평생 운전을 직업으로 살아 왔습니다. 0000년 개인택시 면허를 받기 전에는 약 20년간 ○○ 버스회사 에서 운전하였으며 성실하게 근무한 실적으로 개인택시면허사업을 받게 되 었습니다.

다. 버스회사에 근무하던 시기인 0000.00.00. 부터 00 모범운전자회에서 현재 까지 20년간 봉사하고 있습니다. 지금까지 살아가면서 직업에 만족하였으 며, 봉사를 통해 직업의 자긍심을 가지고 떳떳한 사회인이자 가장으로서 살 아왔습니다.

라. 청구인의 생활은, 지금까지 금연 금주하며 나름대로 절제된 생활 속에서 모 범운전자란 자부심을 느끼고 감사하는 마음으로 교통법규를 잘 지키면서 운 전하였습니다. 0000년 개인택시 면허를 받기 이전인 시내버스회사에 근무 할 때인 0000년부터 현재까지 20여 년 모범운전자회에서 봉사하면서 ○○시 장 표창과 ○○ 경찰서장 감사장, ○○ 구청장 표창과 모범운전자 봉사로 다 른 기관에서도 4회에 걸쳐 표창과 감사장을 받은 바 있습니다.

마. 가족은 집사람과 출가한 두 아들이 있으며 25평 아파트를 소유하고 있습니다. 집사람은 기관지 확장과 고혈압 당뇨 등 오랜 지병과 한쪽 귀의 청력이 손상

되어 가사일 외에는 다른 일에 종사하지 못하고 있으며, 둘째 아들은 지체 장애 5급으로 오랫동안 직업 없이 지내고 있어 청구인이 매월 생활비를 보태주고 있는 처지입니다. 청구인의 도움을 받는 둘째 아들이 이번 사고로 인해 면허가 취소될 청구인을 위해 눈물로 써준 탄원서를 올립니다.

바. 이번 운전면허 취소로 20년 이상 모범 운전사로 일해 받은 개인택시사업면허도 취소되었습니다. 평생 일구어낸 전 재산인 사업면허까지 취소되면 살아갈 길이 없습니다.

5. 결론

존경하는 행정심판위원님 청구인은 지금까지 안전운행은 물론 봉사를 통한 활동을 열심히 하며 운전해왔습니다. 이번 벌점초과로 운전면허가 취소된 것은 청구인의 과실에서 비롯된 것이지만, 20년 이상 안전운전 경력, 사회 봉사활동, 개인 사정 등이 참고되었으면 합니다.

행정심판위원회에서 청구인의 제반 사항을 종합적으로 검토해주시어 운전면허 취소처분이 면허정지 처분으로 변경되도록 재결하여 주시기 바랍니다.

증 거 서 류

1. 갑 제1호증 : 교통사고 사실확인원
1. 갑 제2호증 : 운전면허취소처분 결정통지서
1. 갑 제3호증 : 자동차운송사업면허증
   (증거서류 4호~10호 기재생략)
1. 갑 제11호증 : 의사소견서
1. 갑 제12호증 : 아들 장애인증명서

1. 갑 제13호증 : 아들 탄원서

1. 갑 제14호증 : 중부모범운전자회원 탄원서

1. 갑 제15호증 : 서울시 모범운전자회 회장단 탄원서

0000년 00월 00일

청구인 ○ ○ ○ (인)

○ ○ 행정심판위원회 귀하

벌점초과로 운전면허가 취소된 이 사건은 행정심판위원회에서 운전면허 정지 110일로 변경되었습니다. 이와 더불어 개인택시 사업면허 취소처분 도 회복되었다.

6) (자영업) 난폭운전 자동차면허취소처분취소 행정심판

■ 행정심판법 시행규칙 [별지 제30호서식] 〈개정 2012.9.20〉

행정심판 청구서

접수번호		접수일	
청구인		성명 ○○○	
		주소 0000시 00구 00번길 00, 000동 000호	
		주민등록번호(외국인등록번호) 000000-0000000	
		전화번호 000-0000-0000	
[ ] 대표자 [ ] 관리인 [ ] 선정대표자 [ ] 대리인		성명	
		주소	
		주민등록번호(외국인등록번호)	
		전화번호	
피청구인		0000시 지방경찰청장	
소관 행정심판위원회		[v]중앙행정심판위원회 [v] ○○시·도행정심판위원회 [ ]기타	
처분 내용 또는 부작위 내용		피청구인이 0000.00.00. 청구인에게 한 제1종 보통면허, 제2종 소형면허, 원동기장치 자전거면허	
처분이 있음을 안날		0000.00.00.	
청구 취지 및 청구 이유		별지와 같습니다	
처분청의 불복 절차 고지 유무		유	
처분청의 불복절차 고지 내용		이 사건 처분이 있음을 안 날부터 90일 이내에 행정심판 또는 행정소송을 제기할 수 있습니다.	
증거 서류		별첨 증거 서류 1-6	

「행정심판법」 제28조 및 같은 법 시행령 제20조에 따라 위와 같이 행정심판을 청구합니다.
0000년 00월 00일
청구인 ○○○ (인)

○○○○○ 행정심판위원회 귀중

첨부서류	1. 대표자, 관리인, 선정대표자 또는 대리인의 자격을 소명하는 서류(대표자, 관리인, 선정대표자 또는 대 리인을 선임하는 경우에만 제출합니다.) 2. 주장을 뒷받침하는 증거서류나 증거물	수수료 없음

청 구 취 지

피청구인이 0000.00.00.자 청구인에 대하여 한 제1종 보통면허(면허번호 0000-000000-00), 제2종 소형면허, 원동기장치 자전거면허 취소처분은 이를 취소한다는 재결을 구합니다.

청 구 이 유

1. 운전면허 취소 개요

가. 청구인은 0000.00.00. 00 : 00분경 00도 000시 000동 소재 ○○터널에서 청구인의 그랜저로 난폭운전(도로교통법 제46조3항 위반)을 하다가 암행순찰반에 적발되어 벌점초과로 도로교통법 제93조1항 제5호 2에 근거, 청구인 제1종 보통 운전면허, 제2종 소형면허, 원동기장치 자전거면허가 0000.00.00. 자로 취소된다는 운전면허취소 결정통지서를 받았습니다.

2. 난폭운전에 이르게 된 경위와 적발과정

가. 청구인은 유통업을 하는 사업주입니다. 회사의 주 사업은 창고에 수입품을 포함한 각종 주방용품과 커피 등 공산품을 구매 보관 관리하다가, 거래처 도소매 업주로부터 주문이 오면 배송을 하고, 사후관리를 해주는 일입니다. 그래서 물건을 구매하고 또 납품하는 거래처를 대상으로 거의 매일 차량으로 이동 방문 관리하고 있습니다.

나. 0000.00.00.은 청구인이 대전에 출장을 갔던 날입니다. 그런데 오후 6시경 임신한 아내로부터 전화가 왔습니다. 아내는 당시 임신 8개월째인데 태아가 불안하게 임신하여 임신 초기부터 유산될 수도 있다는 우려로 온 가족이 불안하고 초조하던 때였습니다. 특히 성격이 예민한 아내는 아기가 잘못될까 봐 항상 스트레스에 시달렸으며, 청구인도 그런 아내 때문에 걱정이 되어 일하는 시간에도 항상 불안하였습니다.

다. 아내의 전화를 받고 ○○에서 출장 갔던 일을 서둘러 마치고 오후 ○○：○○경 청구인 자택인 ○○도 ○○시 ○○면 ○○를 향해 출발했습니다. 집에 가기 위해서는 ○○○시 ○○○동 소재의 ○○터널을 지나야 합니다. ○○터널을 지나면 청구인 집까지 거리는 약 10km 거리인데, 청구인은 진통이 있다는 아내 생각에 얼마 남지 않은 거리를 1분이라도 일찍 도착하려는 마음에 터널 구간에서 금지된 앞지르기를 수차례 실행하였습니다(경찰관은 10회로 기록).

라. 그때 교통법규적발 암행순찰반 차량이 청구인 차량 뒤편에서 앞지르기를 계속 지켜보는 것을 청구인은 알지 못했습니다. 청구인 차량이 터널을 빠져나오는 ○○ IC 부근에서 암행순찰반은 청구인 차를 정차시킨 뒤, 난폭운전 사실을 주지하며 적발했습니다.

마. 이후 청구인 아내는 0000.00.00. ○○병원에서 정상분만으로 아기를 출산했습니다.

3. 운전면허 경력과 난폭운전에 대한 반성

가. 청구인 운전경력은 0000.00.00. 원동기장치 면허정지 처분기록이 있습니다. 이때는 청구인이 철없던 고등학교 시절에 있었던 일로 면허가 정지된 기억조차 없었는데, 최근 운전경력 증명서를 발급받고 나서야 오래전에 정지 처분이 있었던 것을 알았습니다.

나. 이후 성인이 되어 0000.00.00.자 자동차운전 면허를 취득한 이후부터는 경미한 교통법규위반 1건 이외에는 다른 위반 사실 없이 안전운전을 해왔습니다.

다. 난폭운전은 대형교통사고를 유발하는 원인으로 도로교통법규에서 엄히 규제하는 것인데 청구인이 개인적인 다급함을 앞세워 위험한 운전을 했습니다. 반성하고 자책합니다. 다만 임신한 아내와 태아가 잘못될까 하는 걱정이 앞서 1분이라도 서둘러 가려는 조급함에 그리된 것에 대해서는 정상참작을 바랍니다.

4. 경찰관의 난폭운전 방치에 대해 부당함

가. 난폭운전은 어떤 이유든지 용납될 수 없음을 잘 알고 있습니다. 그러나 청구인의 난폭행위는 경찰관이 사전에 방지할 수도 있었습니다. 경찰관이 터널에서 뒤따라오면서, 청구인 차량이 몇 번 앞차를 추월하는 것을 보았다면, 사고 예방 차원에서 경고방송이라도 한 번쯤 해주었어야 합니다. 경찰관은 위반차량을 적발하여 면허를 취소하는 것보다는 위험한 난폭운전을 사전에 방지하고 안전을 확보하는 게 우선이기 때문입니다.

나. 이사건 난폭운전 적발은 함정단속은 아닐지라도 면허취소 수준의 벌점이 도달할 때까지 난폭운전을 내버려 둔 것이 아닌가 의심이 됩니다. 이는 경찰관의 정당한 공무집행으로 볼 수 없는 것으로 단속과정에 부당함이 존재합니다.

5. 운전면허가 필요한 이유

가. 청구인이 하는 사업은 창고에 납품할 물품을 구매 보관하였다가, 거래처 주문을 받고 납품하는 사업주로 매일 운전이 일상입니다. 그래서 1일 80km~100km 정도의 거리를 운전하고 있습니다.

나. 또, 차량이 없으면 집과 사업장 출퇴근이 어렵습니다. 자택이 00도 00시 00이고, 창고와 사무실은 경기도 00시 00읍으로, 대중교통으로는 시간이 오래 걸려 출퇴근이 사실상 불가합니다. 그래서 매일 62Km를 운전하며 출퇴근하고 있습니다. 이처럼 차량으로 사업장거래처를 다니고 또 집에서 직장까지 출퇴근하면, 1일 평균 150km 이상을 운전하고 있습니다. 그래서 회사 운영을 위해 자동차운전면허는 꼭 필요합니다.

6. 결론

가. 청구인은 0000.00.00. 자동차운전면허를 취득한 이후 약 10년 가까이 안전 운전을 했습니다. 이사건 난폭운전을 하게 된 계기가 임신한 아내의 복통이 시작되어 서둘러 가려다가 그리된 것인데 청구인으로서는 긴급상황에 해당합니다.

나. 행정심판위원회에서 ① 긴급한 상황에서 난폭운전이 있었던 점 ② 10년 이상 안전운전 경력 ③ 회사 운영을 위한 운전의 필요성 등을 종합적으로 판단해 주시어 운전면허취소처분이 정지 처분으로 변경되도록 재결하여 주시기 바랍니다.

증 거 서 류

1. 갑 제1호증 : 자동차운전면허취소결정통지서
1. 갑 제2호증 : 사업자등록증
1. 갑 제3호증 : 아기 출생증명서
1. 갑 제4호증 : 운전경력증명서
1. 갑 제5호증 : 운행기록표
1. 갑 제6호증 : 주민증록등본

0000년 00월 00일

청구인 ○○○ (인)

○○ 행정심판위원회 귀하

운전면허가 취소된 이 사건은 중앙행정심판위원회에서 기각 재결되었다.

7) (공무원) 뺑소니운전 자동차면허취소처분취소 행정심판

■ 행정심판법 시행규칙 [별지 제30호서식] 〈개정 2012.9.20〉

행정심판 청구서

접수번호		접수일		
청구인	성명 ○○○			
	주소 0000시 00구 00번길 00, 000동 000호			
	주민등록번호(외국인등록번호) 000000-0000000			
	전화번호 000-0000-0000			
[ ] 대표자 [ ] 관리인 [ ] 선정대표자 [ ] 대리인	성명			
	주소			
	주민등록번호(외국인등록번호)			
	전화번호			
피청구인	0000시 지방경찰청장			
소관 행정심판위원회	[v]중앙행정심판위원회 [ ] ○○시·도행정심판위원회 [ ]기타			
처분 내용 또는 부작위 내용	피청구인이 0000.00.00. 청구인에게 한 제1종 대형, 제1종 보통자동차 운전면허취소처분			
처분이 있음을 안날	0000.00.00.			
청구 취지 및 청구 이유	별지와 같습니다			
처분청의 불복 절차 고지 유무	유			
처분청의 불복절차 고지 내용	이 사건 처분이 있음을 안 날부터 90일 이내에 행정심판 또는 행정소송을 제기할 수 있습니다.			
증거 서류	별첨 증거 서류 1-10			

「행정심판법」 제28조 및 같은 법 시행령 제20조에 따라 위와 같이 행정심판을 청구합니다.
0000년 00월 00일
청구인 ○○○ (인)

○○○○○ 행정심판위원회 귀중

첨부서류	1. 대표자, 관리인, 선정대표자 또는 대리인의 자격을 소명하는 서류(대표자, 관리인, 선정대표자 또는 대 리인을 선임하는 경우에만 제출합니다.) 2. 주장을 뒷받침하는 증거서류나 증거물	수수료 없음

청 구 취 지

피청구인이 0000.00.00.자 청구인에 대하여 한 제1종 대형, 제1종 보통자동차 운전면허(면허번호 : 00-00-000000-00) 취소처분은 이를 취소한다는 재결을 구합니다.

청 구 이 유

1. 운전면허취소 내용

가. 청구인은 0000.00.00. 00시 00동 00번지 앞길에서 SM5(00-0000-0000) 차량을 운전하는 도중에 행인(○○○, 여, 9세, 이하 아이라 칭함)을 다치게 한 후 후속 조치하지 않지 않고 사고현장을 떠나, ○○ 경찰서에서 인적 피해 교통사고 야기 후 조치 및 신고 불이행으로 도로교통법 제93조 1항6호에 의거 제1종 대형, 제1종 보통 운전면허가 취소되었습니다.

2. 뺑소니 사고에 이르게 된 경위

가. 0000.00.00. 00.00.경 청구인은 체육관에서 운동하기 위해 본인 차량을 운전하여 평소 다니던 헬스장으로 향하고 있었습니다. 00시 00동 000번지 6m 도로 이면도로(차도 보도 구분 없는 왕복 2차선) 교차로에 들어서고 있는데 반대차선에서 흰색 포터 차량 1대가 교차하며 지나는 순간, 아이가 반대차선 도로를 가로질러 갑자기 청구인 차선 앞으로 뛰어나왔습니다.

나. 아이는 청구인 차선 반대편에 서 있다가 포터 차량에 가려져 청구인의 차를 보지 못하고 포터 차량이 막 지나가자 차선 좌측에서 우측으로 건너려고 뛰었고, 청구인은 아이를 발견하지 못하여 정차를 못 하고 차량 앞 범퍼에 아이가 부딪혀 넘어지는 사고가 발생하였습니다.

3. 후속 조치 불이행으로 뺑소니가 되기까지

가. 차량 앞 범퍼에 부딪힌 아이는 넘어진 후 바로 놀라 일어나더니 차도 바깥쪽으로 뛰어가 서 있었습니다. 청구인은 운전석에서 내려서 아이의 상태를 확인하였는데 외상은 없었습니다. 그러나 범퍼에 부딪혀 넘어졌기 때문에 내상이 있을 수 있다는 생각으로 아이에게 병원에 가자고 하였으나 아이는 괜찮다며 한사코 병원에 가는 것을 거부하고 집에만 가겠다고 하였습니다.

나. 그래서 아이를 붙잡고 이상이 있는지 몸 이곳저곳의 상태를 살폈으나 이상이 없었습니다. 그래도 병원에 가서 진찰하자고 하였지만 아이는 아픈 곳이 없는데 왜 병원에 가느냐면서 집에만 가려고 했습니다. 청구인은 마지막으로. 그럼 한번 같이 걸어나 보자며 아이의 손을 잡고 잠시 걸어 보았지만 이상을 감지하지 못했습니다. 그래서 아이를 집에 가도록 했습니다.

다. 청구인은 더 이상의 조치는 하지 않고 헬스장에 가서 운동을 마치고 집에 도착하였지만, 혹시 아이가 아프지 않을까 하는 걱정이 들고 불안해지기 시작했습니다. 그래서 아이를 찾아 확인하기 위해 사고현장에 다시 가 주민 몇 사람에게 혹시 인근에 교통사고로 다친 아이가 있는지 수소문을 해봤으나 알고 있는 사람이 없어 집으로 돌아갔습니다.

라. 차량에 부딪힌 아이는 집에 돌아가 그 사실을 부모에게 얘기하였고, 부모는 아이를 병원에 데려가 진찰을 받았는데 2주 경상 진단이 나와, 그 사실을 경찰서에 신고하였습니다. 경찰은 사고현장의 CCTV를 분석한 후 청구인을 알아내어 집으로 찾아와, 사람을 다치게 한 후 필요한 후속 조처하지 않고 현장을 이탈한 것은 특정범죄가중처벌법 위반으로 뺑소니에 해당한다고 알리면서 입건하여 청구인이 경찰 조사를 받았습니다.

4. 청구인의 무지한 까닭으로 후속 조치를 못 했습니다. 깊게 반성하며 후속조
   치에 최선을 다하겠습니다.

가. 청구인이 뺑소니 운전자가 된 것은 법에서 요구하는 후속 조치를 제대로 취
   하지 못한 원인이었습니다. 아이가 괜찮다고 하더라도 병원에 데려가 진찰
   을 받고 경찰에 신고했어야 했는데 무지하여 뺑소니로 처리된 것입니다. 이
   점 깊게 반성하고 있습니다.

나. 아이의 부모는 당시 청구인이 사고현장에서 아이에게 취한 조치를 CCTV를
   통해 확인하고, 청구인이 고의로 사고현장을 이탈한 것이 아님을 이해하고
   합의서에 동의해 주고 선처를 바라는 탄원서를 작성해 주었습니다.

다. ○○ 지방검찰청 ○○ 지청에서도 상해의 정도가 그다지 중하지 아니하고 피
   해자의 보호자와 합의하였다는 상황 등을 고려하여 사건을 기소유예 처분하
   였습니다.

5. 청구인 직업과 운전면허의 필요성

가. 청구인은 부모님과 함께 거주하는 미혼여성으로 직업은 소방공무원이며 현재
   ○○○소방서 119안전센터에 근무하고 있습니다.

나. 소지한 운전면허는 제1종 대형, 제1종 보통면허를 소지하고 있으며 제1종 보
   통면허는 평상시 지리조사, 소화전 조사, 심폐소생술교육 시 이동에 필요하
   며, 제1종 대형면허는 유사시 소방차를 운전할 수 있어 유용한 면허로 운전
   면허가 공무 수행에 필요합니다.

6. 결론

청구인은 이제 막 소방관으로 채용되어 직장생활을 시작했습니다. 뺑소니 사건

발생으로 면허가 취소되어 향후 5년간 면허취득이 제한되면 운전할 수 없어 공무 수행에 차질이 발생하게 됩니다. 무지하여 후속 조치를 제대로 하지 못하여 발생한 사건임을 참작해 주시고, 운전면허가 공무에 필요함도 고려해 주시어 이 사건 운전면허 취소가 운전면허 정지로 감경되도록 재결하여 주시기 바랍니다.

증거 서류

1. 갑 제1호증 : 자동차운전면허취소결정통지서
2. 갑 제2호증 : 운전경력 증명서
3. 갑 제3호증 : 사고지역 상황도
4. 갑 제4호증 : 도로 사진
5. 갑 제5호증 : CCTV 녹화자료 CD
6. 갑 제6호증 : 합의서 사본
7. 갑 제7호증 : 탄원서(진정서)
8. 갑 제8호증 : 불기소유예통지 사본
9. 갑 제9호증 : 주민등록등본
10. 갑 제10호증 : 재직증명서

0000년 00월 00일

청구인 : ○ ○ ○ (인)

○ ○ 행정심판위원회 귀하

운전면허가 취소된 이 사건은 중앙행정심판위원회에서 기각 재결되었다.

14. 전문건설업체 등록말소처분취소 행정심판

1) 전문건설업체 등록말소처분취소 행정심판

■ 행정심판법 시행규칙 [별지 제30호서식] 〈개정 2012.9.20〉

행정심판 청구서

접수번호		접수일	
청구인	성명 ㈜ ○○○○		
	주소 0000시 00구 00번길 00, 000동 000호		
	주민등록번호(외국인등록번호) 000000-0000000		
	전화번호 000-0000-0000		
[ ] 대표자 [ ] 관리인 [v] 선정대표자 [ ] 대리인	성명 ○○○		
	주소 0000시1 00구 00번길 00 (00동, 00아파트)		
	주민등록번호(외국인등록번호) 000000-0000000		
	전화번호 000-0000-0000		
피청구인	0000시 00구청장		
소관 행정심판위원회	[ ]중앙행정심판위원회 [v] ○○시·도행정심판위원회 [ ]기타		
처분 내용 또는 부작위 내용	피청구인이 0000.00.00. 청구인에게 한 전문건설업체 등록말소처분		
처분이 있음을 안날	0000.00.00.		
청구 취지 및 청구 이유	별지와 같습니다		
처분청의 불복 절차 고지 유무	유		
처분청의 불복절차 고지 내용	이 사건 처분이 있음을 안 날부터 90일 이내에 행정심판 또는 행정소송을 제기할 수 있습니다.		
증거 서류	별첨 증거서류 1-11, 첨부서류 1-4		

「행정심판법」 제28조 및 같은 법 시행령 제20조에 따라 위와 같이 행정심판을 청구합니다.

0000년 00월 00일

청구인 : ㈜ 0000 대표 000 (인)

○○○○○ 행정심판위원회 귀중

첨부서류	1. 대표자, 관리인, 선정대표자 또는 대리인의 자격을 소명하는 서류(대표자, 관리인, 선정대표자 또는 대 리인을 선임하는 경우에만 제출합니다.) 2. 주장을 뒷받침하는 증거서류나 증거물	수수료 없음

청 구 취 지

피청구인은 0000.00.00.자 청구인에 대하여 한 전문건설업체 등록말소처분을
취소한다는 재결을 구합니다.

청 구 이 유

1. 행정처분 개요

가. 청구인은 0000.00.00. 0000시 000구. 00동 00, 00빌딩 000호에, 주된 영
   업소재지로 0000(주)이라는 전문건설업을 등록받아 영업하던 중, "주기적
   사항 신고 불이행 사유로 인한 시정명령 불응"으로 0000.00.00. 건설 사업
   기본법 제83조 제7호에 근거 전문건설업이 등록말소처분 되었습니다.

2. 행정처분 경위

가. 청구인은 0000.00.00.자에 0000(주)이라는 상호의 전문건설업을 0000시
   000구 00동 00, 00빌딩 000호를 주사무소로 정하여 피청구인으로부터 건
   설사업기본법 제9조 규정에 의거 전문건설업등록증을 받았습니다.

나. 전문건설업 등록 이후 정상적인 영업활동을 하던 중 0000.00. 주 사무실을
   0000시 00구 00동 00로 소재로 이전하였으나 사무실 사정으로 사무실 이
   전신청을 하지 못하고 있었습니다.

다. 그러던 중, 청구인 자택 000도 00 군 00읍 00으로 00, (0동. 00 아파트)로
   0000.00.00 전문건설공제조합에서 공문이 도착했습니다. 청구인 전문건설
   업이 연대보증인 부실요인 발생 통보라는 제목으로 ○○○○(주)이 "주기적
   사항 신고 불이행 사유로 인한 시정명령 불응" 사유로 0000.00.00.자 건설
   사업기본법 제83조 제7호에 근거 등록말소 되었다는 내용이었습니다.

라. 청구인 전문건설업체가 말소된 경위는, 회사가 법에 정해진 주기적 신고를 기한 내에 이행하지 않자, 피청구인이 행정절차로 0000.00.00. 시정명령, 0000.00.00. 청문실시통보, 0000.00.00. 등록말소에 이르게 된 것입니다.

마. 등록말소 행정절차로 피청구인이 발송한 시정명령 등 3개의 공문은 이전 회사 주소지로 등기우편으로 발송되고, 등기 우편물은 이전 회사에서 사무실을 함께 나눠 쓰던 ○○ 건설 대표 김○○(이하 김○○이라 칭함)이 수령 한 것으로 확인되었습니다. 그래서 김○○에게 우편물을 받고 나서 왜 연락을 주지 않았느냐 물으니 통상적인 우편물로 생각하고 나중에 만나면 전해주려고 보관하고 있었다고 했습니다. 김○○에게 받은 우편물 3통은 개봉되지 않은 채로 청구인이 보관하고 있습니다.

3. 이사건 처분의 위법 부당성

가. 피청구인은 청구인 ○○○○(주)에 대한 등록말소를 합법적인 절차대로 실행했다 하지만, 피청구인은 등록말소 전 청구인에게 연락할 방법과 기회가 있었습니다. 첫째는 청구인 회사 ○○○○(주)가 건설업 등록 이후 0000년도에 건설산업기본법 제9조 제4항에 의한 건설업 등록 주기적 사항 신고를 한 사실이 있는데, 그때 청구인 자택 주소와 핸드폰 전화번호가 서류에 기재되어 있어 확인할 수 있었으며, 둘째로 관계기관인 전문건설공제조합에 연락하면 청구인의 집 주소와 전화번호를 알 수 있었습니다.

나. 위 4항에서 주장한 바와 같이 피청구인은 회사 대표인 청구인의 연락처를 알 방법이 있었음에도 통상적인 절차만으로 이행명령통보, 청문통보를 거쳐 등록말소처분을 했습니다. 20여 명이 근무하는 한 회사의 운명이 달린 큰 문제인데 절차를 진행하면서 담당 공무원이 전화 한 통화만 해주었더라면 회사가 등록 말소되는 사태는 막아줄 수 있었는데, 그런 조치를 귀찮게 생각하여 공

식절차만 진행하여 처벌을 강행했습니다. 이는 무책임하고 소극적인 행정행위로 이건 행정처분은 재고되어야 합니다.

4. 결론

가. ○○○○ 건설은 청구인이 평생 준비하여 설립한 회사로 20여 명의 직원의 직장이며 생계터전입니다. 건설업을 등록한 이후 약 0년간 ○○ 사업에 꾸준하게 참여 공사실적을 쌓아온 회사이며 그간 납세도 빠짐없이 했습니다. 그런데 이번 등록말소로 모든 공사가 중단되어 큰 위기에 봉착하였으며, 직원들은 직장을 잃을까 결과를 노심초사 기다리고 있습니다.

나. 행정심판위원님 이건 행정처분은 청구인이 신고 의무를 게을리하여 발생 된 것임이 틀림없습니다. 그러나 한편 이건 행정처분으로 얻어지는 공익의 침해 정도와 청구인 회사가 등록말소로 입게 될 불이익에 대하여 비교해 보면 회사가 등록 말소됨으로 받게 될 불이익은 사회적 손실로까지 연결되는게 자명합니다. 행정심판위원회에서 등록말소에 이르기까지의 모든 경위를 파악하여 참작해 주시고. 피청구인의 무책임하고 소극적 행정행위를 지적해 주시어 전문건설업 등록말소처분을 취소한다는 재결을 해 주시기 바랍니다.

증거 서류

1. 갑 제1호증 : 건설업등록증
1. 갑 제2호증 : 전문건설공제조합 공문
1. 갑 제3호증 : 전문건설업등록사항 미신고업체 시정명령
1. 갑 제5호증 : 행정처분결과 알림
1. 갑 제6호증 : 우편물배달증명서 3부
1. 갑 제7호증 : 건설업등록사항 신고서
1. 갑 제8호증 : 사무실 임대차계약서

1. 갑 제9호증 : 우편물 전달하지 못한 확인서

1. 갑 제10호증 : 등기우편물 사진

1. 갑 제11호증 : 0000년 이후 공사실적

첨 부 서 류

1. 법인등기부 등본

2. 회사인감증명서

3. 회사 납세 사실 증명

4. 선정대표자선정서

0000년 00월 00일

청구인 : ㈜ ○ ○ ○ ○ 대표 ○ ○ ○ (인)

○ ○ ○ ○ 시 행정심판위원회 귀중

전문건설업체등록말소 처분된 이 사건은 행정심판위원회에 일부 인용 재결로
영업정지 6개월로 변경되었다.

15. 대규모 점포(마트)영업신고취소처분취소 행정심판

1) 대규모 점포 영업신고수리취소처분취소 행정심판

■ 행정심판법 시행규칙 [별지 제30호서식] 〈개정 2012.9.20〉

행정심판 청구서

접수번호	접수일	
청구인	성명 ○○○○ 주식회사	
	주소 0000시 00구 00번길 00, 000동 000호	
	주민등록번호(외국인등록번호) 000000-0000000	
	전화번호 000-0000-0000	
[ ] 대표자 [ ] 관리인 [v] 선정대표자 [ ] 대리인	성명 ○○○	
	주소 0000시1 00구 00번길 00 (00동, 00아파트)	
	주민등록번호(외국인등록번호) 000000-0000000	
	전화번호 000-0000-0000	
피청구인	○○시 ○○구청장	
소관 행정심판위원회	[ ]중앙행정심판위원회 [v] ○○시·도행정심판위원회 [ ]기타	
처분 내용 또는 부작위 내용	피청구인이 0000.00.00. 청구인에게 한 대규모 점포 영업신고 수리취소처분취소 행정심판	
처분이 있음을 안날	0000.00.00.	
청구 취지 및 청구 이유	별지와 같습니다	
처분청의 불복 절차 고지 유무	유	
처분청의 불복절차 고지 내용	이 사건 처분이 있음을 안 날부터 90일 이내에 행정심판 또는 행정소송을 제기할 수 있습니다.	
증거 서류	별첨 증거 서류 1-7, 첨부서류 1-3	

「행정심판법」 제28조 및 같은 법 시행령 제20조에 따라 위와 같이 행정심판을 청구합니다.

0000년 00월 00일

청구인 : ○○○○주식회사 대표 ○○○ (인)

00도 행정심판위원회 귀중

첨부서류	1. 대표자, 관리인, 선정대표자 또는 대리인의 자격을 소명하는 서류(대표자, 관리인, 선정대표자 또는 대 리인을 선임하는 경우에만 제출합니다.) 2. 주장을 뒷받침하는 증거서류나 증거물	수수료 없음

청 구 취 지

피청구인이 0000.00.00.자 청구인에 대하여 한 기타 식품판매업 영업신고 수리 취소 처분을 취소한다는 재결을 구합니다.

청 구 이 유

1. 행정처분 개요

가. 청구인은 0000.00.00. 00도 00시 00구 00로 000, 0동 지하 1층 소재에서 "○○ ○○"이라는 상호의 기타 식품판매업 신고(면적 : 0,000.00㎥)를 득하여 영업하던 중, 0000. 00.00. 피청구인으로부터 기타 식품판매업이 식품위생법 시행규칙 제42조에서 정한 사항 외에 해당 영업신고와 관련된 다른 법령(국토의 계획 및 이용에 관한 법률 제76조)을 위반하였다 하여 이사건 영업신고 수리취소 처분을 받았습니다.

2. 건물 개요 및 영업신고

가. 청구인은 0000.00.00. 피청구인으로부터 00도 00시 00구 00동 000 외 0 필지 상에, 판매시설 건물 지하 1층, 지상 1, 2층의 건축허가를 받아 0000.0 0.00. 건물사용승인을 받았습니다.

- **건축 현황**

    ○ 지하 1층(0,000.00 ㎥) (내용 기재생략)
    ○ 지상 1층(0,000.00 ㎥) (내용 기재생략)
    ○ 지상 2층(0,000.00 ㎥) (내용 기재생략)

나. 이 사건 건물구조는 지하 1층과 지상 1, 2층으로 되어 있으며, 건물 지하 1층 부분은 직영 및 부분 임대, 지상 1, 2층 부분은 임대 계획을 세워 0000.0. 월경부터 유통산업 발전법 규정에 따라 대규모 점포개설등록을 준비하고 있었습니다.

다. 그러던 중 세계적으로 유행하는 코로나 19 펜데믹에 인한 예상 밖의 재난 상황이 발생하여 투자환경이 급속히 나빠짐에 따라 애초의 계획을 변경할 수밖에 없어 부득이 지하 1층 부분 0,000.00㎡에 대해 피청구인으로부터 기타 식품판매업 영업신고의 수리를 받아 영업행위를 시작하였습니다.

3. 영업신고 영업장에 대한 영업신고 수리 취소처분

가. 청구인은 영업신고를 적법하게 신고를 받았기 때문에 이를 신뢰하고 지하 1층 부분 0,000.00㎡에만 00억 원 상당의 시설을 투자하고, 00여 명의 직원을 채용하여 영업을 개시하였습니다.

나. 그런데, 피청구인은 0000.00.00. 청구인에 대하여 식품위생법 시행규칙 제42조에서 정한 사항 외에 해당 영업신고와 관련된 다른 법령(국토의 계획 및 이용에 관한 법률 제76조)이 위반되었다는 이유로 영업신고 수리를 취소하는 처분(이하 '이 사건 처분'이라 합니다)을 하였습니다.

4. 이 사건 쟁점 및 식품 안전처 질의 회신

가. 이 사건의 쟁점은

① 대규모 점포를 운영하지 않더라도 반드시 유통산업 발전법 제2조 제3항에 따라 대규모 점포 등록을 하여야 하는지 즉 3,000㎡ 미만으로 일부 영업을 할 경우에도 대규모 점포 등록을 하여야 하는지와

② 피청구인이 청구인의 신청에 따라 식품위생법상 영업행위신고를 수리한 이후 청구인이 이를 신뢰하고 영업행위를 하는데 그 신고 수리를 취소할 경우 신뢰 보호 원칙에 위반되는지 여부입니다.

나. 식품의약품 안전처는 질의에 대해 대규모 점포 등록이 필요하지 않은 점에 대하여는 대규모 점포의 개설등록을 하지 않더라도 기타 식품판매업 영업신

고의 수리가 있는 경우 적법한 영업을 할 수 있다고 답변을 해주었습니다.

*질의내용

① 이 사건 건물처럼 자연녹지지역에서 판매시설로 3,000㎡ 이상으로 건축계획
이 되어있으면, 지하 1층에서 식품위생법에 의거 영업신고 수리 후 영업하는
것이 위법인지 여부

② 건축주로서는 이 사건 건물처럼 3개 층을 사용하기 위해서는 판매시설 3,000
㎡가 넘으므로 유통산업 발전법 규정에 의거 개설등록을 해야 사용할 수 있
다. 그런데, 건축법은 건축물에 대한 용도 면적에 관한 법률이고, 유통산업
발전법은 판매시설 3,000㎡ 이상 사용을 하면 제한하는 법률이며, 식품위생
법은 3,000㎡ 이하에서 영업신고 후 수리가 되면 가능한 법으로 해석하는데,
어느 해석이 맞는지

*식품의약품안전처 답변

법제처 해석 예(11-0319)에 따르면, 유통산업 발전법과 식품위생법은 입법 목적
을 달리하는 법률이고, 입법 목적을 달리하는 법률들이 일정한 행위에 관한 요건
을 각각 규정하고 있는 경우에는 어느 법률이 다른 법률에 우선하여 배타적으로
적용된다고 해석되지 않는 이상 그 행위에 관하여 각 법률의 규정에 따른 요건을
갖추어야 할 것인데, 유통산업 발전법 제8조에 따른 개설등록과 식품위생법 제37
조 제4항에 따른 변경신고는 같은 사항에 대하여 둘 이상이 법률의 적용이 문제
되는 경우도 아니고 각 규정이 상호 모순 저촉되는 경우도 아니므로, 특별법 우선
의 원칙도 논의될 여지가 없다고 할 것이므로, 식품위생법 제37조 제4항에 따른
변경신고 전에 유통산업 발전법 제8조에 따른 개설등록이 선행되어야 한다고는
볼 수 없다고 할 것입니다. 따라서, 신고관청이 식품위생법 제37조 제4항에 따른
영업신고 수리 시, 유통산업 발전법에 따라 대규모 점포 개설을 등록하지 않은 사
유로 신고 수리를 거부(또는 취소)할 수 없을 것으로 판단됨을 알려드립니다.

5. 이 사건 처분의 위법 부당성

가. 청구인은 피청구인의 권고에 따라 000.00.00. 대규모 점포 개설등록 신청을 하였고, 피청구인은 이에 따라 영업개시 예정일을 0000.00.00.자로 공고를 하였습니다.

나. 피청구인은 청구인이 피청구인의 권고에 따라 대규모 점포 개설등록 신청을 하였음에도 이는 모른 체하고 영업행위 신고 수리행위만을 무단 취소하는 것은 월권행위입니다.

다. 이 사건은 청구인과 피청구인과의 법률관계는 아래와 같이 신뢰 보호의 원칙을 위반한 사례입니다. 신뢰 보호 원칙이 적용되기 위해서는 첫째, 행정청이 개인에 대하여 신뢰의 대상이 되는 공적인 견해표명을 하여야 하고, 둘째, 행정청의 견해표명이 정당하다고 신뢰한 데에 대하여 그 개인에게 귀책사유가 없어야 하며, 셋째, 그 개인이 그 견해표명을 신뢰하고 이에 따라 어떠한 행위를 해야 했고, 넷째, 행정청이 위 견해표명에 반하는 처분을 함으로써, 그 견해표명을 신뢰한 개인의 이익이 침해되는 결과가 초래되어야 한다(대법원 1997. 9. 12. 선고 96누18380 판결 등 참조).

라. 어떠한 행정처분이 이러한 요건을 충족할 때에는, 공익 또는 제삼자의 정당한 이익을 현저히 해할 우려가 있는 경우가 아닌 한, 신뢰 보호의 원칙에 반하는 행위가 되어 위법하게 된다고 할 것입니다(대법원 1998. 5. 8. 선고 98두4061 판결 참조).

마. 이 사건의 경우, 첫째, 청구인은 식품위생법상 영업행위 신고를 하였고, 피청구인은 위 신청이 적법하다고 판단하여 이를 수리처분 하였습니다(공적인 견해표명). 둘째, 청구인은 피청구인의 영업신고 수리처분을 신뢰하고 영업행위를 시작하였습니다.(신뢰 행위). 셋째, 청구인은 영업하면서 건물에만 00억

원 상당의 시설투자와 직원 OO여 명을 고용하고 OOO개 업체와 거래계약을 한 상태에서 영업신고 수리취소가 되어 앞으로 이에 수반되는 직원해고, 거래처계약 해지, 상품의 재고 문제 등으로 큰 그 피해가 예상됩니다.

바. 그러므로 피청구인이 적법한 절차에 의해 신청한 청구인의 영업행위 신고를 수리한 이후 일방적으로 취소한 이 건은 위에서 언급한 신뢰 보호의 원칙 위반에 해당됩니다.

6. 결론

피청구인의 행한 기타 식품판매업 영업신고 수리취소는 식품의약품안전처의 유권해석 판단과 맞지 않고, 청구인과 피청구인과의 법률관계에서 피청구인이 신뢰 보호의 원칙을 위반한 처분으로 이건 행정처분은 위법부당합니다. 행정심판위원회에서 이런 위법한 내용을 확인해주시어 행정처분을 취소한다는 재결을 하여 주시기 바랍니다.

입 증 서 류

1. 갑 제1호증 : 행정처분 알림 공문
1. 갑 제2호증 : 일반건축물대장
1. 갑 제3호증 : 영업신고증
1. 갑 제4호증 : 기타식품판매업 영업신고 안내문
1. 갑 제5호증 : 식품의약안전처의 질의 답변서
1. 갑 제6호증 : 대규모 점포 개설등록 신청 접수증
1. 갑 제7호증 : 고시공고

첨 부 서 류

1. 법인 등기사항증명서

2. 법인 인감계

3. 선정대표자선정서

0000년 00월 00일

청구인 : ○ ○ ○ ○ 주식회사 대표 ○ ○ ○ (인)

○○도 행정심판위원회 귀하

대규모 점포 영업신고 수리 취소된 이 사건은 행정심판위원회에서 인용 재결되었다.

16. 건물 증축 이행강제금부과처분취소 행정심판

1) 무단증축 이행강제금부과처분취소 행정심판

■ 행정심판법 시행규칙 [별지 제30호서식] 〈개정 2012.9.20〉

행정심판 청구서

접수번호	접수일	
청구인	성명 ○○○○ 주식회사	
	주소 0000시 00구 00번길 00, 000동 000호	
	주민등록번호(외국인등록번호) 000000-0000000	
	전화번호 000-0000-0000	
[ ] 대표자 [ ] 관리인 [v] 선정대표자 [ ] 대리인	성명 ○○○	
	주소 0000시 00구 00번길 00 (00동, 00아파트)	
	주민등록번호(외국인등록번호) 000000-0000000	
	전화번호 000-0000-0000	
피청구인	○○시 ○○구청장	
소관 행정심판위원회	[ ]중앙행정심판위원회 [v] ○○시·도행정심판위원회 [ ]기타	
처분 내용 또는 부작위 내용	피청구인이 0000.00.00. 청구인에게 한 건물 무단대수선 이행강제금 0,000,000원 부과처분	
처분이 있음을 안날	0000.00.00.	
청구 취지 및 청구 이유	별지와 같습니다	
처분청의 불복 절차 고지 유무	유	
처분청의 불복절차 고지 내용	이 사건 처분이 있음을 안 날부터 90일 이내에 행정심판 또는 행정소송을 제기할 수 있습니다.	
증거 서류	별첨 증거 서류 1-9, 첨부서류 1	

「행정심판법」 제28조 및 같은 법 시행령 제20조에 따라 위와 같이 행정심판을 청구합니다.
0000년 00월 00일
청구인 : ○○○○ 주식회사 대표 ○○○ (인)

○○○○○ 행정심판위원회 귀중

첨부서류	1. 대표자, 관리인, 선정대표자 또는 대리인의 자격을 　소명하는 서류(대표자, 관리인, 선정대표자 또는 대 　리인을 선임하는 경우에만 제출합니다.) 2. 주장을 뒷받침하는 증거서류나 증거물	수수료 없음

청 구 취 지

피청구인이 0000.00.00. 청구인 소유건물 지하 1층이 무단증축되어 건축법을
위반하였다는 이유로 부과한 건축이행강제금 0,000,000원을 취소한다는 재결
을 구합니다.

청 구 이 유

1. 행정처분 개요

가. 피청구인은 청구인 소유건물 0000시 00구 00동 00-0 건물(지하 4층, 지상
00층) 지하 1층에 소재한 영업시설 일부가 복층으로 무단 증축되었다 하여
건축법 제79조 제1항 위반으로, 같은 법 제80조 제1항 근거, 이사건 건축이
행강제금이 부과되었습니다.

2. 무단증축이 된 경위

가. 피청구인이 위법건축물이라 주장 한 시설은, 청구인 건물 지하 1층에 소재한
위락시설이 있는 영업장 일부입니다. 0000.00.00. 지하 1층 유흥주점을 인
수한 영업주는 이전에 노래방 형태의 업종을 극장식 주점형태의 영업으로 바
꾸면서 시설을 개조하면서 기존 시설을 철거하고 영업장 입구에 프런트바(종
업원이 고객과 마주 보고 서빙 하는 공간)로 시설하고 영업장 앞 앞면은 DJ
박스와 무대, 영업장 중간은 넓은 홀로 개조하였습니다.

나. 영업주는 0000.0월 다시 프런트바 시설을 보완하였습니다. 공사 목적은 프
런트 조명이 어둡고 프런트 종업원이 그라스 걸이를 손이 닿을 수 있는 거리
에 설치하고자 천정 중간에 새로운 천정을 만들어 그라스 걸이를 그곳에 설
치하고, 지하영업장에 돌출된 닥트 시설과 각종 배관을 가리는 내부 인테리
어 공사였습니다.

다. 그라스 걸이 공사로 인해 천정 중간에 새로운 천정이 조성되다 보니 본래 천장과의 사이에 복층 형태의 공간이 생겼습니다. 그래서 이 공간 옆을 막아 영업장에 필요한 물건을 보관하는 창고로 만들고 복층 공간으로 올라갈 수 있는 계단을 설치하였습니다.

라. 이런 시설에 대해 민원이 제기되자 피청구인은 복층 시설을 위법건축물로 단정하여 건축물관리대장에 위법건축물로 표기한 후, 청구인에게 0000.00.00까지 위법사항을 시정하라는 행정명령을 하였습니다.

마. 청구인은 복층 시설이 위법이란 지적을 받아들여 시정명령을 이행하기 위해 복층 입구를 폐쇄한 다음 0000.00.00. 피청구인에게 시정 완료 보고를 하였습니다. 그런데 피청구인은 시정내용이 미흡하다 하여 0000.00.00. 2차 시정명령 및 이행강제금 부과예고 통보를 하였습니다.

바. 청구인은 시정조치를 이미 완료하였다는 이의신청을 피청구인에게 제출하자 이를 확인 나온 공무원은 ① 복층에서 홀이 보이는 공간을 모두 막고 ② 복층으로 연결되는 계단을 철거하고 ③ 복층 부분의 공간을 사용을 못 하도록 파이프로 중간중간 빈틈없이 막으라고 지시했습니다. 그래서 피청구인의 지시대로 시정 하여 0000.00.00. 2차 시정보고를 하였습니다.

사. 피청구인은 청구인의 0000.00.00. 시정 완료는 근본적인 시정으로 볼 수 없다 하면서 공사한 모든 시설을 없애고 이전과 같이 원상복구 하도록 지시했습니다. 이에 청구인은 건축법상 불법 시설물이 아닌 시설까지 철거하라고 지시하는 것은 부당하다고 이의를 제기하자, 피청구인은 시정명령 불이행으로 이사건 이행강제금을 부과를 통보하였습니다.

4. 이사건 처분의 위법 부당성

가. 복층이란 한 개의 층을 2개로 나누어 거실 등의 용도로 사용하는 것을 말합니다. 그러나 청구인 시설은 복층의 용도와는 다릅니다. 시설목적이 기존 천장 중간에 새로운 천정을 만들어 천정에 그라스 걸이를 시설하고 천정과 천정사이에 공간은 계단을 설치하여 창고 용도로 사용코자 하였으나 피청구인이 복층이란 지적으로 1차, 2차에 걸쳐, 복층을 올라가기 위해 설치한 계단을 철거하고 복층 출입구는 폐쇄와 동시 복층 내부 공간도 이용 못 하도록 중간중간을 철재로 막고, 복층에서 무대가 보이지 않도록 앞면을 막아 실내 장식 조명 그림으로 활용했습니다.

나. 그래서 이제는 복층이란 개념은 존재하지 않고 사방이 막힌 박스에 불과합니다. 애초 이 시설이 프런트바 그라스걸이와 조명이 목적이 아니었다면 바로 철거하였겠지만, 이 시설은 건축법상 위법이 되지 않는 단순 인테리어에 불과합니다. 그러함에도 박스에 불과한 이 시설을 불법건축물로 단정하고 철거하지 않는다는 이유로 이행강제금을 부과한 것은 과잉행위로 재량권 남용입니다.

5. 결론

행정심판위원님! 청구인 건물은 상업지역에 있는 대형건물입니다. 이런 건물이 불법건축물로 표기가 된 것은 예상치 못한 손해가 따를 수 있어 이를 지시대로 2차에 걸쳐 시정을 완료하였음에도 이를 인정치 않고 원상복구만 지시하는 것은 과잉지시이며 재량권의 남용입니다. 행정심판위원회에서 제반 사안을 법적으로 검토해주시어 과잉조치로 위법 부당하게 재량권을 행사하는 피청구인의 행정처분을 취소한다는 재결을 내려주시기 비랍니다.

증 거 서 류

1. 갑 제1호증 : 이행강제금부과
1. 갑 제2호증 : 위법건축물 자진 시정명령
1. 갑 제3호증 : 청구인 1차 시정조치보고
1. 갑 제4호증 : 위법건축물 자진 시정명령 및 이행강제금부과예고
1. 갑제 5증증 : 청구인 2차 시정조치보고
1. 갑 제6호증 : 피청구인 회신 공문
1. 갑 제7호증 : 영업장 내부사진 2매
1. 갑 제8호증 : 법인등기부등본 1부
1. 갑 제9호증 : 일반건축물관리대장

첨 부 서 류

1. 선정대표자 선정서

0000년 00월 00일

선정대표자 ○ ○ ○ ○(주) 대표이사 ○ ○ ○ (인)

○ ○ ○ ○시 행정심판위원회 귀중

> 위법건축물로 이행강제금이 부과된 이 사건은 행정심판 위원회에 기각재결
> 되었다.

17. 대지 사고지 지정 고시 해제 행정심판

1) 대지 (전) 사고지지정고시 해제 행정심판

■ 행정심판법 시행규칙 [별지 제30호서식] 〈개정 2012.9.20〉

행정심판 청구서

접수번호		접수일	
청구인		성명 ○○○	
		주소 0000시 00구 00번길 00, 000동 000호	
		주민등록번호(외국인등록번호) 000000-0000000	
		전화번호 000-0000-0000	
[ ] 대표자 [ ] 관리인 [ ] 선정대표자 [ ] 대리인		성명	
		주소	
		주민등록번호(외국인등록번호)	
		전화번호	
피청구인		○○시 ○○구청장	
소관 행정심판위원회		[ ]중앙행정심판위원회 [v] ○○시·도행정심판위원회 [ ]기타	
처분 내용 또는 부작위 내용		피청구인이 0000.00.00. 청구인에게 한 소유 대지 사고자지정 고시처분	
처분이 있음을 안날		0000.00. 00.	
청구 취지 및 청구 이유		별지와 같습니다	
처분청의 불복 절차 고지 유무		유	
처분청의 불복절차 고지 내용		이 사건 처분이 있음을 안 날부터 90일 이내에 행정심판 또는 행정소송을 제기할 수 있습니다.	
증거 서류		별첨 증거서류 1-15, 첨부서류 1-3	

「행정심판법」 제28조 및 같은 법 시행령 제20조에 따라 위와 같이 행정심판을 청구합니다.

0000년 00월 00일

청구인 ○○○ (인)

○○○○○ 행정심판위원회 귀중

첨부서류	1. 대표자, 관리인, 선정대표자 또는 대리인의 자격을 소명하는 서류(대표자, 관리인, 선정대표자 또는 대리인을 선임하는 경우에만 제출합니다.) 2. 주장을 뒷받침하는 증거서류나 증거물	수수료 없음

청 구 취 지

피청구인은 0000.00.자 청구인 소유토지 0000시 00구 00동 000-0 지목 전 (0,000㎡)에 대한 사고지 지정 고시를 해제한다는 재결을 구합니다.

청 구 원 인

1. 사건 개요

피청구인은 청구인 지목 전에 식재된 임목 000이 관리소홀로 훼손된 사실을 지목하여, 0000.00.00 청구인 토지 0,000㎡에 대해 토지이용규제 기본법 제8조를 적용 사고지 지정·고시를 하였습니다.

2. 사고지 지정에 이르게 된 경위

가. 0000.00.00. 00구 00동 000-0번지 토지 00,000㎡를(이하 "해당 토지"라 칭한다) 법원 경매를 통해 청구인(0000㎡ 지분 2/1과)과 ○○ 건설(주)가 공유 지번으로 낙찰 소유한 토지로, 소유자인 청구인과 ○○ 건설(주)(이하 "청구인 측"으로 칭한다)가 해당 토지에 대해 무단형질변경 및 임목을 훼손하였다 하여 원상복구 명령과 함께 고발되었습니다.

나. 다음은 해당 토지에 대한 원상복구 명령과 고발에 이르기까지의 피청구인과 청구인 측과의 진행된 행정절차입니다.

① 0000.00.00 피청구인(공원녹지과)에서 청구인 측에 무단 임목훼손지에 대해 조림 명령을 하였습니다.

② 0000.00.00 피청구인은 무단형질변경에 대한 사고지 지정을 위한 청문회를 실시하여 청구인 측이 참석하였습니다.

③ 0000.00.00 피청구인은 청구인 측에 무단형질변경에 대해 원상복구를 명령하였습니다.

④ 0000.00.00 청구인 측에 해당 토지에 대해 원상복구를 완료하여 피청구인에게 통보하였습니다.

⑤ 0000.00.00. 피청구인은 청구인 측에 해당 토지에 대해 무단임목 벌채지 조림촉구 명령을 하였습니다.

⑥ 0000.00.00. 피청구인은 무단임목 훼손으로 인한 사고지 지정 절차로 청문을 하여 청구인 측이 참석하였습니다.

⑦ 0000.00.00 청구인은 피청구인에게 청문에 대한 의견을 제출하였습니다.

(의견 내용) 구기동 해당 토지 무단훼손에 대해 피청구인의 원상복구 명령에 따라 산림법에 의거 0000.00.00. 식재를 완료하였습니다. 그러나 지난해 심한 가뭄으로 심었던 나무가 소실된 부분은 앞으로 조경전문가 조언을 받아 식수 관리 계획을 수립하여 나무 심기 적기인 3~4월경에 원상복구를 하겠음을 각서로 제출하였습니다.

⑧ 0000.00.00. 피청구인은 무단임목 훼손에 대한 청구인의 의견제출에 따른 피청구인의 의견을 통보하였습니다.

⑨ 0000.00.00 청구인은 무단임목 훼손 청문 시행 의견제출에 따른 피청구인 협의 의견에 대해 이의신청을 제출하였습니다.

(이의신청내용) 청구인은 0000.00.00. 의견제출에서 조경 전문기술자 조언을 받아 관리계획을 수립하여 피청구인의 승인을 득한 후 원상 복구하겠음을 각서로 제출하였음에도, 공원녹지과에는 도시개발과에 사고자지정 의견으로 통보하였습니다. 앞으로 고사 된 수목의 식재는 공원녹지과와 철저한 협의를 통하여 나무의 흉고, 크기 등을 조정하여 식재, 원상복구를 완벽하게 하고, 전문관리인을 두어 관리에 완벽히 할 것이니 도시개발과로 승인의견으로 통보하여 주시기 바랍니다.

⑩ 0000.00.00. 피청구인(공원녹지과)은 청구인 토지에 대해 이미 사고지 지정 의견으로 결정된 건임을 통보하였습니다.

⑪ 0000.0.00. 피청구인(도시개발과)은 사고지 지정 청문 절차에 따라 열람 목록 등을 확인하도록 청구인에게 통보하였습니다.

⑫ 0000.00.00. 피청구인(도시개발과)은 청구인 토지를 사고지로 지정하고 사고지에 대한 지형도면 고시를 통보하였습니다.

3. 이사건 토지에 대한 사고지 지정의 위법 부당성

가. 피청구인은 0000.00.00. 이사건 청구인 토지에서 불법 임목 훼손이 있었다는 이유로 토지이용규제 기본법 제8조에 적용 사고지로 지정하고 이를 고시하였습니다.

나. 0000시 도시계획조례 제68조의2의 토지이용계획확인서에 기록되는 사고지란 '고의 또는 불법으로 임목이 훼손되었거나 지형이 변경되어 원상회복이 이루어지지 않는 토지'를 뜻하는 것으로, 사고지 지정토지로 일단 지정되면 사고지 해제가 되기까지는 개발행위 제한 등 사유재산권 행사에 제한을 받게 됩니다.

다. 그래서 사고지 지정을 함에서는, 헌법 제37조 제2항에서 도출되는 비례의 원칙(과잉금지의 원칙)이 반드시 준수되어야 하고, 국민의 기본권을 제한하는 법률이 헌법적으로 정당화되려면 목적의 정당성, 방법의 적절성. 법익의 균형성, 제한의 최소성이 준수되어야 하며, 기준의 어느 하나에 어긋나는 입법 자체가 위헌의 소지가 있다면 법률에 따른 합당한 행정조치가 따라야 합니다.

라. 그러함에도 이건 청구인 사고지 지정을 살펴보면, 임목을 고의 또는 불법으로 훼손한 사실이 없고, 사유지 "전"에 있는 임목 000주 만 훼손 되고 이에 대해

청문 단계에서 원상복구계획(각서)을 제출하였음에도 전체토지 0,000㎡에 사고지 지정을 강행했습니다.

마. 사고지 지정대상은 토지주가 임목을 고의 또는 불법으로 훼손한 경우나, 0000.00.00. 무단임목 벌채지 조림촉구 명령이 통보될 당시는 청구인 측의 공유토지로, 임목의 관리범위도 정해져 있지 않았고, 토지 소유주도 ○○ 건설(주)에만 11명으로 청구인이 토지관리에 대한 의견을 개진할 처지가 아니었습니다. 참고로 이 토지는 0000.00.00. 청구인과 ○○ 건설(주)로 개별 필지가 나뉘었습니다. 이런 과정에 기 심었던 나무가 가뭄 및 관리소홀로 소실된 것임에도 원인을 파악하지 않고 일부분 훼손만으로 전체토지를 사고지로 지정하는 행정행위는 과잉금지의 원칙에 위배 됩니다.

바. 만약 지목인 "전"에 나무가 소실된 사유로 사고지로 지정해야 한다면 법에 규정이 없으므로 유권해석을 받아서 지정해야 합니다. 참고로 국공립 소유의 "임"의 경우는 공익을 우선해야 하지만 사유재산인 "전"의 경우는 통상 소유주가 임목을 심어 판매 목적으로 활용하는 때도 있어 공익과는 무관합니다.

사. 그러므로 사유지 지목 "전"에 참나무 000주, 단풍나무 00주가 소실된 것에 대하여 전문가 자문을 거쳐 임목 복원계획을 제출했음에도 적절한 해결안을 받아들이지 않고 대지면적 0,000㎡ 전체면적에 대한 사고지 지정을 강행한 것은 비례의 원칙을 위반한 과잉행정으로 재량권의 남용입니다.

4. 결론

가. 청구인은 임목을 고의 또는 불법으로 훼손한 사실이 없고 또 훼손된 임목 000주를 원상복구 하고자 복구계획을 청문 당시에서 제출했습니다. 그러함에도 복구기회를 주는 대신, 전격적으로 0,000㎡ 토지에 사고지 지정을 강행한 것은 사적 감정이 아니고서는 객관적으로 이해가 될 수 없는 처분입니다.

나. 행정심판위원회에서 사고지 지정 경위와 과정을 면밀히 파악해 주시어, 비례의 원칙을 위반하여 위법부당하게 한 시고지 지정 고시를 해제하도록 재결하여 주시기 바랍니다.

증 거 서 류

1. 갑 제1호증 : 0000.00.00. 무단개발행위 고발 및 원상 복구명령
1. 갑 제2호증 : 0000.00.00. 무단임목 훼손지 조림 명령
1. 갑 제3호증 : 000.00.00. 무단형질변경 사고지 지정 청문실시
   (증거서류 4~12 기재생략)
1. 갑 제13호증 : 0000.00.00 청문조서 열람 · 확인 장소 등 통지
1. 갑 제14호증 : 0000.00.00. 사고지에 대한 지형도면 고시
1. 갑 제15호증 : 0000.00.00 청원서 민원회신

첨 부 서 류

1. 토지 등기부등본
2. 토지대장
3. 사고지지형도면

0000년 00월 00일

청구인 : ○ ○ ○ (인)

○ ○ ○ ○시 행정심판위원회 귀중

사고지 지정고시 처분된 이 사건은 행정심판위원회에서 기각 재결되었다.

18. 건축허가 취소처분취소 행정심판

1) 건축신고 효력상실처분취소 행정심판

■ 행정심판법 시행규칙 [별지 제30호서식] 〈개정 2012.9.20〉

행정심판 청구서

접수번호		접수일	
청구인	성명 ㈜ ○○○○		
	주소 0000시 00구 00번길 00, 000동 000호		
	주민등록번호(외국인등록번호) 000000-0000000		
	전화번호 000-0000-0000		
[ ] 대표자 [ ] 관리인 [v] 선정대표자 [ ] 대리인	성명 ○○○		
	주소 0000시1 00구 00번길 00 (00동, ○○아파트)		
	주민등록번호(외국인등록번호) 000000-0000000		
	전화번호 000-0000-0000		
피청구인	○○시 ○○구청장		
소관 행정심판위원회	[ ]중앙행정심판위원회 [v] ○○시·도행정심판위원회 [ ]기타		
처분 내용 또는 부작위 내용	피청구인이 0000.00.00. 청구인에게 한 건축신고 효력상실 처분		
처분이 있음을 안날	0000.00.00.		
청구 취지 및 청구 이유	별지와 같습니다		
처분청의 불복 절차 고지 유무	유		
처분청의 불복절차 고지 내용	이 사건 처분이 있음을 안 날부터 90일 이내에 행정심판 또는 행정소송을 제기할 수 있습니다.		
증거 서류	별첨 증거 서류 1-14 첨부 서류 1-4		

「행정심판법」 제28조 및 같은 법 시행령 제20조에 따라 위와 같이 행정심판을 청구합니다.
0000년 00월 00일
청구인 : ㈜ ○○○○ 대표 ○○○ (인)

○○○○○ 행정심판위원회 귀중

첨부서류	1. 대표자, 관리인, 선정대표자 또는 대리인의 자격을 소명하는 서류(대표자, 관리인, 선정대표자 또는 대리인을 선임하는 경우에만 제출합니다.) 2. 주장을 뒷받침하는 증거서류나 증거물	수수료 없음

청 구 취 지

피청구인이 0000.00.00. 청구인에게 한 건축신고효력상실처분은 이를 취소한
다는 재결을 구합니다.

청 구 원 인

1. 행정처분 개요

가. 청구인은 0000.00.00 피청구인으로부터 00도 00시 000구 00동 00-0외 0
필지 지상에 대해 건축신고(대지면적 000㎡, 연 면적 00㎡, 지상 0층, 제1종
근린생활시설)을 하여 0000.00.00 건축신고(개발행위허가, 산지 전용허가)
필증을 받았습니다. 그리고 건축신고 당시 의제 처리된 축대벽설치와 성토
등을 실시하여 신고필증을 받았습니다.

나. 그런데 0000.00.00 피청구인은 인근 주민과 실버타운 직원들(이하 "제3자"
라 칭한다)이 폐기물 처리 문제로 공사중지 및 건축신고취소요청 민원이 제
기되자 0000.00.00. 건축법 제11조에 근거 하여 이사건 건축신고효력상실
처분을 하였습니다.

2. 건축신고부터 효력상실 처분까지 경위

가. 건축신고 개요

구 분	건 축 개 요
대지위치	00도 00시 000구 00동 00-0외 1필지
건축주	○○○
대지면적	000㎡
연면적	00㎡
층수	지상1층
용도	제1종 근린생활시설 (소매점)
신고번호	0000-건축과-신축신고-000호

나. 피청구인은 0000.00.00. 청구인이 신청한 위 지상의 건축신고에 대하여 건축신고(개발행위허가, 산지 전용허가) 필증을 내주었습니다.

다. 0000.00.00.자 착공신고 필증을 받은 후 건축신고 당시 의제 처리된 축대벽 설치와 성토를 하였습니다. 이 과정에서 기존 축대벽이 안전상 문제가 있다는 지적이 있어 전문가 조언을 받아 안전점검을 한 후 축대벽을 재축조하고 성토를 하였습니다.

라. 축대벽 제거 후 건설폐기물을 처리하기 위해 0000.00.00 피청구인에게 건설폐기물처리계획신고 필증을 받아 폐기물을 처리하고자 하였으나, 0000.00.00 제삼자들이 피청구인에게 공사중지 및 건축신고취소요청 민원을 제기하였습니다.

마. 피청구인은 "제삼자" 민원에 대해 청구인의 건축은 합법적으로 착공한 것이기 때문에 공사중지 및 건축신고취소처분이 불가하다는 의견과 "건축주에게 집중호우 시, 토사붕괴 및 유출로 인접 토지 및 건축물에 안전사고가 발생할 우려가 있어 집중호우 등을 대비하여 현장 수방 대책 철저 및 축대벽 원상복구 요청을 하였다"라는 내용을 회신하였습니다.

바. 그리고 피청구인은 0000.00.00. 건축신고 위법사항 발생에 따른 시정촉구에서 "건축법 제40조(대지의 안전) 및 같은 법 제41조(토지 굴착 부분에 대한 조치) 등을 시정" 하도록 청구인에게 통지하였습니다.

사. 이에 청구인은 0000.00.00. 건축법 제40조 제4항에 따른 파손의 우려가 있는 부분에 대하여 필요한 조치(축대벽 제거)를 하였고, 건축법 제41조는 이미 피청구인(환경녹지과)의 지시에 따라 조치하였음을 회신하였습니다.

아. "제삼자"는 0000.00.00. 공사과정에서 건축신고 도로지정 공고된 도로 일부가 폐쇄되자 차량통행 불편 민원을 제기하였고 피청구인은 청구인에게 차량통행에 불편이 없도록 조치하라고 지시하여 차량통행에 지장이 없도록 조치하였습니다.

자. 그러나 "제삼자"는 계속하여 0000.00.00.부터 0000.00.00.까지 100여 차례(쌍방 112 신고)에 걸쳐 민원을 제기하고 물리적인 방법으로, 차량으로 공사장 입구를 막는 등 공사방해를 지속해 왔지만, 청구인은 대응하지 않고 축대벽 재설치를 위한 터파기 작업을 추가 시행하고, 건설폐기물 000톤을 반출 처리하였습니다.

차. 이후에도, "제삼자"는 공사장 입구에 화단 및 소나무 10여 그루를 심어 공사장 입구를 봉쇄하는 등 공사방해와 공사장에 채소(토마토, 고추, 고구마, 호박, 토란 등)를 심고 10여 대의 차량으로 6m 도로 100여m를 막는 등 지속적인 공사방해를 했습니다. 심지어 "제삼자"는 안전을 위해 설치한 EGA 담장을 파손하고 절도까지 했습니다. 청구인은 더는 무대응으로 일관할 수 없어 "제삼자"를 ○○○○ 경찰서에 공사방해, 모욕, 명예훼손 등으로 고소하였습니다.

타. 이상과 같이 청구인은 건축신고를 득한 이후 민원 해결을 위해 추가 건축비를 지급하면서 모든 조처를 했음에도 피청구인은 "제삼자" 입장에서 행정절차법이나, 건축법상의 필요한 모든 절차를 생략하고 0000.00.00 건축신고효력상실처분을 실행하였습니다.

3. 이 사건 처분의 위법·부당성

가. 건축신고효력상실 처분의 부당성에 대하여,

1) 건축허가는 재량행위가 아니고 건축법 규정에 적법하면 허가처분을 해야 하는 기속행위입니다. 다만 중대한 공익에 필요가 인정될 때만 예외적으로 행정청의 재량이 인정된다는 대법원판례가 있습니다. 따라서, 건축허가 취소는 건축법 제11조 제7항의 규정에 의거 아래와 같이 기속적인 제한을 받습니다.

   ① 허가를 받은 날부터 2년 이내에 공사에 착수하지 아니한 경우 ② 허가받은 후 2년 이내에 공사에 착수했으나 공사의 완료가 불가능하다고 인정하는 경우 ③ 착공신고 전에 경매 또는 공매 등으로 건축주가 대지의 소유권을 상실한 때부터 6개월이 지나간 이후 공사의 착수가 불가능하다고 판단하는 경우에 허가를 취소할 수 있도록 규정하고 있습니다.

2) 또한, 대법원판례에서도,

   (판례 1) 건축허가가 있으면 그 허가 자체가 벌써 허가받은 자에게는 일종의 이익으로 받아들이게 되어 허가받은 자는 그 허가를 기초로 하여 건물을 건축하게 되므로 그 허가를 취소할 수 있는 법적 사유가 발생 되었다고 하더라도 그것을 이유로 취소하려면, 그 사유를 취소 사유로 한 법 취지를 검색하고 그의 공익의 취소로 인하여 받게 될 허가받은 자 개인의 손해와 구체적으로 관련시키면서 검토하고 건축에서의 법질서를 유지하고 지향하는 건축물의 대지 구조설비의 기준 및 용도를 규정함으로써 공공복리를 증진하려는 건축 행정의 목적 실현을 위하여서는 허가받은 자 개인의 권리나 이익을 희생시켜도 부득이하다고 인정되는 경우가 아니면 함부로 그 허가를 취소할 것이 아니라 할 것이다(대법원 1977. 9. 28. 선고 76누243 판결) (갑 제17호증).

   (판례 2) 건축허가를 받게 되면 그 허가를 기초로 하여 일정한 사실관계와 법률관계를 형성하게 되므로 그 허가를 취소함에서는 허가를 받은 자가 입

게 될 불이익과 건축 행정상의 공익 및 제삼자의 이익을 허가조건 위반의 정도와 비교교량하여 개인적 이익을 희생시켜도 부득이하다고 인정되는 경우가 아니면 함부로 그 허가를 취소할 수 없는 것이므로, 건축허가가 된 대지 중 일부에 대하여 아직 도시계획사업시행자가 소유권이나 사용권을 취득하지 못하고 있었다는 사정만으로 건축허가를 취소할 정도의 하자라고 할 수는 없다(대법원 2001. 2. 9. 선고 98다52988판결) (갑 제18호증).

3) 이와 같은 건축허가 취소는 명백한 법령과 판례가 규정하고 있음에도 불구하고 근거도 없는 주관적인 해석만으로 청구인의 건축허가를 취소한 것은 비록 법령에 대한 해석이 복잡, 미묘하여 워낙 어렵고, 이에 대한 학설, 판례조차 획일화되어 있지 않은 등의 특별한 사정이 없으면 일반적으로 공무원이 관계 법규를 알지 못하거나 필요한 지식을 갖추지 못하고 법규의 해석을 그르쳐 행정처분을 하였다면 그가 법률전문가가 아닌 일반직 공무원이라고 하여 과실이 없다고는 할 수 없으므로 청구인의 손해는 너무나도 막대하여 나아가서는 국민 경제상으로 보아도 바람직한 일이 못 된다고 할 것으로, 이건 건축허가효력상실처분은 재량권을 남용한 처분으로 위법 부당하여 취소되어야 합니다.

나. 행정절차법과 건축법을 위반한 건축신고효력상실 처분의 부당성에 대해

1) 행정심판법 제2조 제1호에 따르면 "처분"이란 '행정청이 행하는 구체적 사실에 관한 법 집행으로서의 공권력의 행사 또는 그 거부, 그 밖에 이에 준하는 행정작용'을 말하며, 행정청의 부당한 거부처분으로 침해된 국민의 권리 또는 이익을 구제하고 아울러 행정의 적정한 운영을 꾀함을 목적으로 한다고 명시하고 있다.

2) 행정청이 부당한 처분, 특히 권익을 제한하는 처분의 경우 행정절차법 제21조(처분의 사전통지) 제1항의 규정에 따라 행정청은 당사자에게 의무를

부과하거나 권익을 제한하는 처분으로 이 경우 미리 당사자 등에게 통지하여야 한다. 라는 강행규정이 있어 절차에 따라 사전통지를 하여야 함에도 별 다른 절차 없이 건축신고효력상실 처분을 한 것은 행정절차법을 위반한 재량권의 남용입니다

3) 또한, 행정절차법 제22조(의견청취) 제1항의 규정에 따르면 행정청은 인허가 등의 취소를 하려면 반드시 청문이라는 절차를 거치게 되어있고, 건축법 제86조(청문) 규정에 따르면 '허가권자는 제79조에 따라 허가나 승인을 취소하려면 청문을 하여야 한다'. 라는 규정이 있음에도 피청구인은 청문 절차 없이 '건축신고효력상실'이라는 행정처분을 단행한 것은 행정절차법 및 건축법을 위반한 위법부당한 행정처분입니다.

4) 그리고, 행정절차법 제26조(고지)에는 '행정청이 처분할 때에는 당사자에게 그 처분에 관하여 행정심판 및 행정소송을 제기할 수 있는지, 그밖에 불복할 수 있는지, 청구절차 및 청구 기간, 그밖에 필요한 사항을 알려야 한다.'라고 분명히 명시되어 있음에도 피청구인은 청구인에게 '건축신고효력상실' 처분을 하면서 어떠한 '고지'도 하지 않고 일방적으로 기속행위인 건축허가를 취소한 것은 이 또한 위법부당한 처분에 속합니다.

4. 결론

위 사실관계에서 살펴보았듯이 피청구인의 건축신고효력상실처분은 재량권을 남용한 위법 부당한 행정행위에 해당하여 마땅히 취소되어야 할 것입니다. 행정심판위원회에서 청구인이 주장한 위법부당함을 밝혀주시어 이사건 건축신고효력상실처분을 취소한다는 재결을 내려주시기 바랍니다.

입 증 자 료

1. 갑 제 1호증 : 건축신고 신고필증
1. 갑 제 2호증 : 건축신고착공신고필증

1. 갑 제 3호증 : 공작물축조 신고필증

갑 제 4호증 : 옹벽제거 현장사진

1. 갑 제5호증 : 건설폐기물처리계획신고필증

1. 갑 제6호증 : 건축신고 위법사항 발생에 따른 사전통지 및 시정명령

1. 갑 제7호증 : 건축신고 위법사항 발생에 따른 시정촉구

1. 갑 제8호증 : 112 신고 내역

(증거자료 9-12 기재생략)

1. 갑 제13호증 : 산지전용기간 연장허가 공문

1. 갑 제14호증 : 건축신고 효력상실 공문

첨 부 자 료

1. 대법원 1977. 9. 28. 선고 76누243 판례
2. 대법원 2001. 2. 9. 선고 98다52988 판례
3. 행정절차관련 건축법, 행정절차법 사본
4. 선정 대표자선정서

0000년 00월 00일

청구인 : ㈜ ○ ○ ○ ○ 대표 ○ ○ ○ (인)

○○도 행정심판위원회 귀하

건축허가효력상실 처분된 이 사건은 행정심판위원회에서 인용 재결되었다.

2) 건축허가 용도변경신청 반려처분취소 행정심판

■ 행정심판법 시행규칙 [별지 제30호서식] 〈개정 2012.9.20〉

행정심판 청구서

접수번호	접수일	
청구인	성명 ㈜ ○○○○	
	주소 0000시 00구 00빈길 00, 000동 000호	
	주민등록번호(외국인등록번호) 000000-0000000	
	전화번호 000-0000-0000	
[ ] 대표자 [ ] 관리인 [v] 선정대표자 [ ] 대리인	성명 ○○○	
	주소 0000시 00구 00번길 00 (00동, 00 아파트)	
	주민등록번호(외국인등록번호) 000000-0000000	
	전화번호 000-0000-0000	
피청구인	○○시 ○○구청장	
소관 행정심판위원회	[ ]중앙행정심판위원회 [v] ○○시·도행정심판위원회 [ ]기타	
처분 내용 또는 부작위 내용	피청구인이 0000.00.00. 청구인에게 한 건축허가취소처분	
처분이 있음을 안날	0000.00.00.	
청구 취지 및 청구 이유	별지와 같습니다	
처분청의 불복 절차 고지 유무	유	
처분청의 불복절차 고지 내용	이 사건 처분이 있음을 안 날부터 90일 이내에 행정심판 또는 행정소송을 제기할 수 있습니다.	
증거 서류	별첨 증거 서류 1-6, 첨부서류 1-4	

「행정심판법」제28조 및 같은 법 시행령 제20조에 따라 위와 같이 행정심판을 청구합니다.
0000년 00월 00일
선정대표자 : ㈜ 0000 대표 000 (인)

○○○○○ 행정심판위원회 귀중

첨부서류	1. 대표자, 관리인, 선정대표자 또는 대리인의 자격을 소명하는 서류(대표자, 관리인, 선정대표자 또는 대 리인을 선임하는 경우에만 제출합니다.) 2. 주장을 뒷받침하는 증거서류나 증거물	수수료 없음

청 구 취 지

피청구인이 0000.00.00. 청구인에 대하여 한 건축허가(용도변경)신청반려처분은 이를 취소한다는 재결을 구합니다.

청 구 이 유

1. 사건 개요

가. 청구인은 00도 00군 00면 00리 000-00 지상에 묘지 관련 시설(동물전용 납골시설)을 하고자 건축허가(용도변경)를 신청하였고 피청구인은 실현 불가능한 주민설명회를 개최하도록 보완지시를 한 후, 기한 내 설명회가 이루어지지 않는 이유로 0000.00.00 '민원서류처리에 관한 법률 시행령 제25조'를 근거하여 청구인의 건축허가(용도변경)신청을 반려하였습니다.

2. 건축허가신청 반려 경위

가. 건축허가(용도변경) 신청 내용

건물소재지 : 00도 00군 00면 00리 000-00번지

층 수	용도변경 전		용도변경 후		비 고
	용 도	면 적	용 도	면 적	
A동 지하1층	제2 종근린생활시설 (제조업소)	000.0.00 m²	묘지관련시설 (동물전용 납골시설)	000.00m²	
A동 지상1층	제1 종근린생활시설 (의원)	000.00m²	묘지관련시설 (동물전용 납골시설)	000.00	
계		000.00m²		000m²	

나. 피청구인 보완지시

인근 주민 000여 명이 제기한 청구인의 묘지 관련 시설 용도변경 신청을 불허하라는 주민의 진정에 대해, 청구인에게 주민을 대상으로 이해와 공감대 형성을 위

한 주민설명회를 개최하도록 보완지시(1차 0000.00.00.까지 보완지시, 2차 0000.00.00.까지 보완지시) 하였습니다.

다. 청구인은 1차, 2차 보완지시에 대해, 허가를 반대하는 주민을 상대로 주민설명회 개최는 현실적으로 불가능하며 법적으로 주민설명회가 필요하다면 행정관청에서 해야 한다고 주장하였습니다.

라. 이에 대해 피청구인은 0000.00.00 청구인의 건축허가(용도변경)신청서를 반려 처분하였습니다.

3. 관련 법령 검토

가. 이사건 토지지역에 신청한 청구인 민원, 건축허가(용도변경)는 국토이용계획에 관한 법률 제36조, 제76조 및 시행령 제71조, 00군 조례 제33조, 별표 19, 동물보호법 등 관련 법에 저촉되지 않으므로, 민원신청을 불허할 법적 근거가 없어 마땅히 허가되어야 합니다. 특히 건축행위는 기속행위에 해당함에도 이를 반려 처분한 것은 위법 부당합니다.

나. 대법원판례(2006.11.9. 선고 2006두1227판결 참조)에 의하면 '용도변경허가권자는 용도변경허가신청이 건축법 등 관계 법령에서 정하는 어떠한 제한에 배치되지 않는 이상 원칙적으로 허가하여야 하고, 용도변경 때문에 주변 환경과 조화를 이루지 못하거나 주변 지역에 환경오염 등의 피해가 발생하는 등 중대한 공익상의 필요가 있다면 이를 이유로 허가하지 아니할 수 있는데, 중대한 공익상의 필요가 없음에도 요건을 갖춘 자에 대한 허가를 관계 법령에서 정하는 제한 사유 이외의 사유를 들어 거부할 수는 없다.' 고 명시하고 있습니다.

4. 이사건 처분의 위법부당성

가. 피청구인은 청구인의 용도변경 신청이 법률상 하자가 없는 적법한 경우 법정

기간 내에 허가처분을 해야 합니다.

그런데 인근 주민들의 허가 불허 민원이 있다는 이유만으로 어떤 법적 근거 없이 현실적으로 불가한 주민설명회 개최를 요구하고 이행하지 않는 이유로 민원서류를 반려한 것은 무사안일의 표본입니다.

나. 무엇보다, 이사건 주민설명회 목적이 혐오시설에 대한 인근 주민의 이해와 공감대 형성이 필요하여 주민설명회가 법적으로 필요하다면 이는 피청구인 주관하에 주민설명회를 개최해야 하며, 주민들에게 용도변경 허가신청이 법적으로 하자가 없음을 설명하고 님비현상 해소를 위해 오히려 주민을 공적으로 설득해야 할 것입니다.

다. 그러함에도 피청구인은 향후 장묘시설에 대한 주민들의 반대를 우려하여 청구인 민원정보를 님비현상에 민감한 마을 주민들에게 흘려, 반대 민원이 제기되는 원인을 제공한 사실이 있습니다(녹취록 참조). 이런 행위는 법을 집행하는 공무원이 직권을 남용한 행위입니다.

5. 결론

대법원판례(1992.12.11.선고 92누3038판결, 2003.4.25.선고 2002두3201판결)는 '건축허가권자는 건축허가신청이 건축법 등 관계 법령에서 정하는 어떠한 제한이 배치되지 않는 이상 같은 법령에서 정하는 건축허가를 하여야 하고, 중대한 공익상의 필요가 없음에도 불구하고 요건을 갖춘 자에 대한 허가를 관계 법령에서 정하는 제한 사유 이외의 사유를 들어 거부할 수 없다.' 라고 판시하였습니다.

존경하는 행정심판위원님

청구인이 신청한 건축허가(용도변경)는 건축법 등 관계 법령에서 정하는 어떠한 제한에 반하지 않고 달리 이사건 건축허가를 불허할 중대한 공익상의 필요가 없습니다. 그러함에도 규정에도 없는 실현 불가능한 보완지시를 하고 이를 이행하지 않는 이유를 내세워 용도변경신청을 불허한 것은 재량권을 일탈·남용한 위법 부당한 행정행위입니다.

행정심판위원회에서 이사건 건축허가(용도변경)신청서 반환처분을 취소한다는 재결을 내려주시기 바랍니다.

입 증 자 료

1. 갑 제1호증 : 건축허가 2차 보완요청 공문
1. 갑 제2호증 : 건축허가(용도변경)신청서 반려공문
1. 갑 제3호증 : 토지이용확인원
1. 갑 제4호증 : 국토의 이용 및 관리에 관한 법률, 법령
1. 갑 제5호증 : 00 군 조례 동물보호법 시행규칙
1. 갑 제6호증 : 대법원판례

첨 부 자 료

1. 법인등기부 등본
1. 법인사업자등록
1. 법인 인감계
1. 선정대표자 선정서

0000년 00월 00일.

청구인 : ○○○ 조합법인 대표 ○○○ (인)

○○도 행정심판위원회 귀중

건축허가(용도변경)신청반려 처분은 행정심판위원회에서 기각 재결되었다 (이 사건은 혐오시설에 대한 주민 반대로 사정 재결된 것으로 본다).

3) 건축허가신청 반려처분취소 행정심판

■ 행정심판법 시행규칙 [별지 제30호서식] 〈개정 2012.9.20〉

행정심판 청구서

접수번호	접수일	
청구인	성명 ○○○	
	주소 0000시 00구 00번길 00, 000동 000호	
	주민등록번호(외국인등록번호) 000000-0000000	
	전화번호 000-0000-0000	
[v] 대표자 [ ] 관리인 [ ] 선정대표자 [ ] 대리인	성명 ○○○	
	주소 0000시 00구 00번길 00 (00동, 00아파트)	
	주민등록번호(외국인등록번호) 000000-0000000	
	전화번호 000-0000-0000	
피청구인	○○시 ○○구청장	
소관 행정심판위원회	[ ]중앙행정심판위원회 [v] ○○시·도행정심판위원회 [ ]기타	
처분 내용 또는 부작위 내용	피청구인이 0000.00.00. 청구인에게 한 건축허가 반려 처분	
처분이 있음을 안날	0000.00.00.	
청구 취지 및 청구 이유	별지와 같습니다	
처분청의 불복 절차 고지 유무	유	
처분청의 불복절차 고지 내용	이 사건 처분이 있음을 안 날부터 90일 이내에 행정심판 또는 행정소송을 제기할 수 있습니다.	
증거 서류	별첨 증거 서류 1-5, 첨부서류 1	

「행정심판법」 제28조 및 같은 법 시행령 제20조에 따라 위와 같이 행정심판을 청구합니다.
0000년 00월 00일
청구인 : ○○○ (인)

○○○○○ 행정심판위원회 귀중

첨부서류	1. 대표자, 관리인, 선정대표자 또는 대리인의 자격을 소명하는 서류(대표자, 관리인, 선정대표자 또는 대 리인을 선임하는 경우에만 제출합니다.) 2. 주장을 뒷받침하는 증거서류나 증거물	수수료 없음

청 구 취 지

피청구인은 0000.00.00. 청구인에 대하여 한 건축허가신청서 반려 처분은 이를 취소한다는 재결을 구합니다

청 구 이 유

1. 행정처분 개요

가. 청구인은 0000.00.00. 00구 00번길 00. 청구인 대지에 건축허가를 신청하였습니다. 피청구인은 건축허가를 심의하면서 건축계획심의신청서 배치도면에 표시된 "현황통로선"이 단순 통로임에도, 건축법 제2조1항 11호 나목 "건축법상 도로"로 인정하여 건축법 제18조에 근거 건축허가신청을 반려 처분하였습니다.

2. 건축허가신고 반려 사유

가. 피청구인이 0000.00.00. 청구인의 건축계획심의신청서를 반려한 사유는 다음과 같습니다.

① 건축계획심의 신청된 배치 도면상 표시된 00구 00동 000-00. 대지 내 「현황통로선」으로 기재되어 있는 부분은 주민의 통행에 장기간 이용된 건축법 제2조1항 11호 나목에 의한 건축법상 도로에 해당하여, 건축법 제47조(건축선에 따른 건축제한) 및 제60조(건축물의 높이 제한), 제55조(건축물의 건폐율)등에 부적합하다.

② 아울러 심의 신청된 설계도서와 같이 건축하고자 할 때는 건축법 제45조(도로의 지정. 폐지 또는 변경)에 의거 상기 도로에 대한 이해관계인의 동의를 받아 도로의 폐지 또는 변경절차를 이행하여야 한다.

2. 반환처분의 위법 부당성

가. 청구인 소유 대지(면적 : 000.00㎡)에 건축하고자 하는 건물은 3층 다가구 주택(면적 00.00㎡, 건폐율 00.00, 전체면적 000.00㎡, 용적률 00.007%) 이며, 지역·지구지정은 도시지역, 제1종일반주거지역, 자연 경관지구, 최고고도지구(0층 00m 이하-완화)와 전면 0m 도로에 접하고 있습니다.

나. 건축계획심의신청서 6면「배치도」대지 하단 점선 표시면 현황통로 선(2m) 은, 2면「위치 및 현황도」도면 하단 사진(파손된 도로)과 같이 일부 주민이 통행하는 통로입니다.

다. 이 통로는 오래전에는 인접한 주택주민이 통로로 이용하였으나 현재는 0000 년 6m 도로(00로 00길)가 개설되고 또 주변 필지 들이 건축되면서 현재는 각각의 필지로 보행 및 차량통행이 가능토록 여건이 변화되어 배치 도상 2m 통로는 하루에도 통행인이 수명 정도로 거의 없어 풀이 나고 파손된 상태로 방치된 폐 통로입니다.

라. 청구인이 제출한 건축계획심의 신청서에는 설계하면서 기존에 있던 2m 통 로를 고려하여 설계도면과 같이 2m 폭의 현황통로 선을 구획하여 설계 반영 한 것으로 이는 기본 통로를 존중하고 소수의 통행인에 대한 불편을 해소하 고자 하는 애초의 계획이었습니다.

마. 그러나 피신청인은 설계도상 명시된 현황통로 선을 건축법 제2조 1항 11호 나목 "건축법상 도로"로 인정하고 건축계획심의 신청서를 반려하였습니다. 이는 사실 현황을 인정하기보다는 혹시나 있을 행정적 문제를 염두에 두고 행정편의를 우선으로 처분한 지극히 소극적인 행정행위입니다.

바. 건축법 2조 항 1호 11호 도로란 보행과 자동차통행이 가능한 너비 4m 이상의 도로(지형적으로 자동차통행이 불가능한 경우와 막다른 도로의 경우에는 대통령령으로 정하는 구조와 너비의 도로)로서 다음 각목의 어느 하나에 해당하는 도로나 그 예정도로를 말하며, 나목에는 건축허가 또는 신고 시에 시장 또는 구청장이 위치를 지정하여 공고한 도로라 규정되어 있습니다.

사. 신청 대지에 있는 통행로는 다시 한번 정의해드리면 건축법상 도로가 아닌 단순 통로입니다. 피청구인은 오래전 주민통로로 이용된 사실만으로 건축법상 도로로 인정하는데 이는 이후 주택이 들어서면서 각각 통행 환경이 변하였으며 한편 지금까지 신청인 대지 내 통로를 도로로 지정하고 공고한 사실조차도 없는 통로입니다.

아. 사실인정보다는 행정 편의적으로 과다한 규정을 적용 건축행위를 규제하는 것은 사유재산 침해에 해당하는 것으로 이는 재량권을 남용한 위법부당한 처분에 해당합니다.

3. 결론

신청 대지 내 현황통로 선은 지금까지 도로로 지정·고시된 적도 없고 또 현재는 주변 필지들이 건축하면서 각자의 통로를 이용하여 통행인이 거의 없는 폐 통로로 변했습니다.
그리고 청구인의 이번 건축설계에는 기존통로로 활용되었던 것을 고려, 신청 대지 내에 현황통로선 2m를 구획하여 계속 통로로 활용토록 설계되었습니다.

행정심판위원회에서 피청구인이 건축법상도로라 단정하여 반려한 건축계획심의서를 적법하게 검토해주시어 신청 대지 내 현황통로 선이 도로법상 도로가 아닌 단순 통로임을 정의해, 이로 인해 반려 처분된 건축허가신청을 재심의하여 신고

처리 되도록 재결하여 주시기 바랍니다. 그리고 청구인 대리인이 행정심판심의
회에 참가하여 설명할 수 있도록 신청하오니 허락하여 주시기 바랍니다.

증 거 서 류

1. 갑 제1호증 : 건축계획 심의신청서 반려공문
1. 갑 제2호증 : 토지이용계획도면 열람용
1. 갑 제3호증 : 건축계획심의신청서
1. 갑 제4호증 : 현황도로 사진
1. 갑 제5호증 : 가족관계증명서

첨 부 서 류

1. 대리인 선임서

0000년 00월 .00일

청구인 : ○ ○ ○ (인)

○○○○시 행정심판위원회 귀중

건축허가신청 반려 처분은 행정심판위원회에서 인용 재결되었다.

제3편 집행정지 신청

1. 집행정지 개요

① 행정처분은 공정력이 인정되어 집행력이 있기에, 이를 관철하면 상대방에게 회복할 수 없는 손해를 입힐 우려가 있다. 이때 직권 또는 당사자의 신청에 따라 처분의 효력, 처분의 집행 또는 절차 속행의 전부 또는 일부의 정지를 결정하는 것을 집행정지라 한다. 집행정지가 결정되면 본안 행정심판이 재결될 때까지 마치 당해 처분 등이 없었던 것과 같은 효력을 갖는다.

② 다만 집행정지는 공공복리에 중대한 영향을 미칠 우려가 있을 때는 허용되지 아니하며, 처분의 집행 또는 절차의 속행을 정지함으로써 그 목적을 달성할 수 있을 때는 허용되지 않는다(행정심판법 제30조).

2. 집행정지 신청서 작성

집행정지 신청서는 통상 행정심판 청구서와 동시에 제출하며 신청서작성은 신청서의 신청취지에 행정청의 행정처분을 행정심판 재결 시까지 그 효력을 정지해달라는 요지를 기재한다. 신청이유는 별도 작성할 필요 없이 행정심판청구서 청구 이유를 그대로 인용하면서 청구인을 신청인으로 청구취지를 신청취지로 변경하고 끝부분에 집행정지 신청이 왜 필요한지를 간단하게 기술하면 된다. 그리고 심판청구서 사본과 접수증, 입증서류를 집행정지 신청서에 첨부하여 제출한다.

3. 집행정지 신청이 기각되는 사례

① 윤락행위 조장 및 성매매알선
② 청소년 유해업소(단란 · 유흥주점, 주류전문카페 등) 청소년고용
③ 청소년 주류제공 3차 적발
④ 범행의 형태가 상습적이고 고의적인 경우
⑤ 죄질이 나빠 검찰에서 고액의 벌금부과나 기소된 경우
⑥ 이행강제금부과, 음주운전 면허취소 행정심판사건
(이 경우는 집행정지신청이 기각되더라도 본안 심의에 영향을 미치지 않는다)

4. 집행정지 신청서 작성사례

1) 청소년 주류제공 영업정지 처분 집행정지 신청

■ 행정심판법 시행규칙 [별지 제33호서식]

집행정지 신청서

접수번호	접수일	
사건명	일반음식점 영업정지 처분취소 청구	

신청인	성명 ○○○
	주소 ○○○○시 ○○구 ○○번길 ○○, ○○○동 ○○○호(○○ 아파트)

피신청인	○○○○○시 ○○구청장
신청 취지	피신청인이 ○○○○.○.○. 신청인에 대하여 한 일반음식점 영업정지 2개월(○○○○.○○.○○~○○○○.○○.○○) 처분을 재결시까지 정지한다.
신청 원인	행정심판 청구
소명 방법	행정심판 청구서 및 입증자료 1-8

「행정심판법」 제30조 제5항 및 같은 법 시행령 제22조 제1항에 따라 위와 같이 집행정지를 신청합니다.

0000년 00월 00일

신청인 : ○○○ (인)

○○○○○ 행정심판위원회 귀중

첨부서류	1. 신청의 이유를 소명하는 서류 또는 자료 2. 행정심판청구와 동시에 집행정지 신청을 하는 경우에는 심판 청구서사본과 접수증명서	수수료 없음

신 청 취 지

피신청인이 0000.00.00.자 신청인에 대하여 한 일반음식점 영업정지 2개월 (0000.00.00~0000.00.00) 처분은, 이사건 행정심판 재결 시까지 그 효력을 정지한다.

신 청 이 유

1. 행정처분 개요

신청인은 0000시 00구 00로 00번 길 0(000, 0동, 0층) 소재에서 "○○○"이라는 상호의 일반음식점을 0000.00.00 피신청인으로부터 신고(면적 : 00.00㎡)을 득하여 영업하던 중, 0000.00.00. 00경, 청소년 주류판매 사건 발생으로, 신청인이 ○○ 경찰서에 청소년 보호법 위반으로서 조사를 받고 ○○ 지방검찰청에서 50만 원 약식기소되어, 피신청인으로부터 식품위생법 제44조 제2항 4호 위반, 제75조 및 시행규칙 제89조에 근거하여 이사건 영업정지 처분을 받았습니다.

2. 청소년 주류제공 경위

가. 신청인이 운영하는 일반음식점은 일명 포차 식당이며, 신청인이 개업 초기부터 직접 운영하고 있습니다. 청소년 주류제공 발생 경위입니다. 식당은 평소 신청인과 주방장 1명, 홀 서빙 종업원 1명이 영업하는데, 사건 발생 당일은 급한 일로 평상시보다 집에 먼저 들어간 날이기에 식당영업은 3일 전에 들어온 종업원(○○○, 여, 23세) 혼자 맡아 일하고 있었습니다.

나. 종업원 혼자 일하는 밤 10시경 남자 손님 3명이 들어왔습니다. 이들의 외모는 건장한 체격이었지만, 완전 성인이 아니라는 생각에 신분증 제시를 요구하였습니다. 그때 손님 한 명이 종업원을 빤히 쳐다보면서 "사장님 어디 가셨나 봐요?" 그러면서 "우리 며칠 전에도 왔는데"하며 단골처럼 말했습니다.

다. 당시 종업원은 식당에 근무한 지가 3일째 되는 날로, 손님이 단골손님처럼 행세하며 종업원이 자기들을 몰라주고 귀찮게 군다는 표정으로 대하면서 빤히 쳐다보기까지 하자 심리적인 부담을 느꼈습니다. 그래도 청소년 나이확인 잘해야 한다는 영업주의 당부가 떠올라 재차 신분증 제시를 요구하였습니다. 그러자 손님 한 명이 내가 대표로 제시하면 믿겠느냐 하면서 선뜻 주민등록증을 보여주었는데 만 19세 성인이었습니다. 우리가 청소년으로 보이느냐고 불평하면서 배고프니 주문이나 빨리 받으라고 채근하였습니다. 종업원은 상당한 부담을 느끼고 신분증 확인을 더는 하지 않고 주문을 받아 19,000원 상당의 소주 2병과 안주를 제공하였습니다.

라. 그리고 약 40분이 지난 시간에 경찰관이 청소년 주류제공 제보를 받고 출동하여 3명이 있는 테이블로 바로 가서 손님의 나이를 확인하니, 손님 3명 중 신분증을 제시한 1명을 제외하고 2명이 만 18세 청소년으로 밝혀졌습니다. 신청인은 식당에 문제가 발생했다는 전화를 받고 급히 도착했을 때는 경찰관은 이미 사건 조사를 마치고 돌아간 상태였습니다. 종업원에게 손님에게 주류제공 경위를 자초지종 듣고 난 후, 사실을 확인하고자 CCTV를 돌려보니, 실재 3명 중 1명만 확인하는 장면을 확인할 수 있었습니다. 이 일로 영업주인 신청인이 청소년 보호법 위반으로 조사를 받았습니다.

3. 이사건 처분의 가혹함과 부당성

가. 0000.00.00 피신청인으로부터 영업정지 사전통지서가 도착했습니다. 신청인은 사건 발생 당시 종업원이 손님 3명에 대해 신분증 제시를 요구했던 CCTV 장면을 첨부하여, 고의가 아님을 해명하면서 영업정지 2개월 처분의 부당함에 대해 이의를 제기하고 정상참작을 요구하였습니다.

나. 식품위생법 시행규칙 [별표 23] 행정처분 기준을 참조하면 사건의 위반 정도

가 가볍거나 고의성이 없는 사소한 부주의로 인한 것이면 정지 처분 기간의 2분의 1 이하의 범위에서 경감 할 수 있다는 규정이 있습니다. 그러함에도 사소한 부주의인 사건에 대해 행정처분 최고의 기준인 영업정지 2개월 처분을 단행한 것은 위법 부당합니다.

4. 신청인의 현재의 처지와 형편

가. 신청인 사정을 말씀드리겠습니다. 가족은 아내와 고등학생인 두 아들이 있으며, 신청인은 3년 전 직장에서 일하다가 넘어져 고관절 골절로 장애 4급 등급을 받았습니다. 아내는 2년 전까지 옷가게를 하다가 영업 부진으로 문을 닫으면서 그때 발생한 부채를 해결하기 위해 현재 신용회복 상태에 있습니다.

나. 현재 식당영업은 코로나 발생 이후 영업규제로 손님이 끊겨 운영자금 부족으로 자영업자 대출 5,000만 원을 받아 충당하였습니다. 앞으로 영업을 해야지 대출금도 갚고 가족을 부양할 수 있는데 식당 문을 닫으면 살아갈 대책이 없습니다.

5. 결론

행정심판위원님 이사건 주류제공사건은 고의성이 없는 사소한 부주의에서 비롯됨이 객관적으로 입증되었습니다. 무엇보다 이건 행정처분으로 인해 얻는 공익적 효과와 한 가정이 입는 파탄을 비교하면 신청인 가족이 겪는 사회적 손실이 너무 크다 할 것으로, 이를 무시한 피신청인의 처분은 재량권의 남용에 해당하여 위법부당합니다. 행정심판위원회에서 영업정지 처분을 취소한다는 재결을 내려주시기 바랍니다.

6. 집행정지의 필요성

피청구인의 이건 영업정지 처분은 청구인이 아직 영업정지 준비가 되지 않은 상황이기에 처분이 집행되면 예상치 않은 손실이 발생됩니다. 그러므로 행정심판이 종결될 때까지 영업정지 처분의 효력을 정지하여 주시기 바랍니다.

증 거 서 류

1. 갑 제1호증 : 행정처분 공문
1. 갑 제2호증 : 영업신고증
1. 갑 제3호증 : 사업자등록증
1. 갑 제4호증 : 업소임대차계약서
1. 갑 제5호증 : 복지카드
1. 갑 제6호증 : 은행대출확인서
1. 갑 제7호증 : 주민등록등본
1. 갑 제8호증 : CCTV 자료화면

0000년 00월 00일

신청인 ㅇㅇㅇ (인)

ㅇㅇㅇㅇㅇ시 행정심판위원회 귀중

2) 관광호텔 성매매 장소제공 영업정지처분집행정지 신청

■ 행정심판법 시행규칙 [별지 제33호서식]

집행정지 신청서

접수번호	접수일	
사건명	숙박업소(관광호텔) 성매매 장소제공 영업정지처분취소	
신청인	성명 ㈜ ○○○○○	
	주소 0000시 00구 00번길 00, 000동 000호 (00 아파트)	
피신청인	00도 00구청장	
신청 취지	피신청인이 0000.0.0. 신청인 숙박업소에 한 영업정지 처분은 이사건 재결시까지 효력을 정지한다.	
신청 원인	행정심판 청구	
소명 방법	행정심판 청구서 및 입증자료	

「행정심판법」 제30조 제5항 및 같은 법 시행령 제22조 제1항에 따라 위와 같이 집행정지를 신청합니다.

0000년 00월 00일

신청인 : ㈜ ○○○○ 대표이사 ○○○ (인)

○○○○○ 행정심판위원회 귀중

첨부서류	1. 신청의 이유를 소명하는 서류 또는 자료 2. 행정심판청구와 동시에 집행정지 신청을 하는 경우에는 심판 　청구서사본과 접수증명서	수수료 없음

신 청 취 지

피신청인이 0000.00.00.자 신청인에 대하여 한 숙박업소 영업정지 2개월
(0000.00.00~0000.00.00) 처분은 이사건 행정심판 재결 시까지 그 효력을 정
지한다.

신 청 이 유

1. 행정처분 개요

가. 신청인은 0000.00.00. 피신청인으로부터 숙박업 영업허가를 받아 00시 00구
00호 000번 길 00, 0, 0-0층 소재에서 0000 관광호텔을 운영해 오던 중,
0000.00.00.00 : 00경 투숙객 성매매 장소제공으로 객실을 안내한 객실 과
장(○ ○ ○, 00세)이, ○ ○ 경찰서에 조사를 받고 현재 재판이 계류하고 있어
피신청인으로부터 성매매알선 등 행위에 관한 법률 제4조 위반으로 공중위
생법 제11조 및 같은 법 시행규칙 제19조에 근거 이사건 행정처분을 받았습
니다.

2. 사건 발생 경위

가. 신청인이 운영하는 ○ ○ 호텔은 00시 중심가에 있는 객실 수 00개의 호텔로
0000년부터 전문종업원 책임체재로 운영하는 업소입니다.

나. 이사건 호텔 성매매 장소제공에 대한 개요입니다. 지난 0000.00.00.00 :
00경 호텔 투숙객으로 성인 남녀 2명이 들어와 객실 과장이 객실을 안내하
였는데 약 30여 분이 지나 경찰관이 호텔에서 성매매 행위가 이루어지고 있
다는 제보를 받고 출동하여 확인하니 사실로 밝혀졌습니다.

다. 성매매알선이 되기까지의 이들의 행적은 남자 손님이 인근 유흥주점에서 여
자 유흥접객원과 술을 마시고 나오면서 유흥업소 책임자에게 유흥접객원과

2차 호텔에 가는 것까지 알선받아 신청인 호텔에 투숙한 것입니다. 경찰에 제보된 과정은 알 수 없으나, 조사결과 여자투숙객이 유흥접객원으로 밝혀져, 이들을 알선한 유흥업소는 성매매알선행위로, 신청인 호텔은 성매매 장소제공으로 적발되었습니다.

3. 이사건 처분의 위법 부당성

가. 공중위생 관리법에서 숙박업이란 손님이 잠을 자고 머물 수 있도록 시설 및 설비 등의 서비스를 제공하는 영업을 말한다고 명시하였습니다. 호텔 프런트에서는 청소년 혼숙이나 윤락행위 장소제공이 발생하지 않도록 항상 긴장하며 영업합니다. 그런데 청소년 혼숙은 외모상 어려 보이는 남녀가 투숙하려 하면 신분증 확인을 통해 혼숙을 막을 수 있지만, 성인의 경우는 당사자간 성매매를 약속하고 투숙객으로 오기 때문에 확인할 방법이 없는 것이 현실입니다.

나. 하루에도 수백여 명이 이용하는 관광호텔에서 성인 남녀의 성매매를 호텔책임으로 돌려 무거운 처벌을 한다면 숙박업계는 그 책임을 감당할 수 없어 무너지고 말 것입니다. 그러므로 결과만을 기준으로 행정벌 기준을 그대로 적용하는 것은 행정편의주의적으로 재량권 남용에 해당합니다.

4. 결론

가. 신청인 호텔은 관광호텔로의 기능과 역할을 다하기 위해 지금까지 준수사항을 잘 지키면서 건전한 숙박업소 정착을 위해 노력해왔습니다. 그리고 지역 관광 활성화에 이바지한다고 자부하고 영업해왔습니다.

나. 그러나 이 사건 발생은 호텔에서 발생한 사건이기에 대표자로서 사과를 드리고 앞으로는 더 조심하면서 영업하겠음을 약속드립니다. 다만 관광호텔이 2

개월 동안 문을 닫는다면 호텔 경영은 무너지고 수십 명의 종업원이 직장으로 잃게 되며 지역경제에도 큰 타격이 될 것으로 크게 우려됩니다.

다. 현재 객실을 안내한 객실 과장이 피고인으로 재판계류 중이기 때문에 그 결과를 지켜볼 필요가 있습니다. 행정심판위원회에서 이런 사안을 참작해 주시어 행정심판 심의는 재판 결과가 나올 때까지 기다려 주시거나, 행정심판이 진행된다면 이 사건 발생을 현실적으로 막을 수 없었던 점을 인정해 주시어 행정처분이 취소되도록 재결해주시기 바랍니다.

5. 집행정지의 필요성

신청인 호텔에 대한 영업정지 처분은 준비가 전혀 되지 않은 상황에서 갑자기 영업을 중지할 경우 숙박객의 불편은 물론 종업원 고용문제 등으로 회복하기 힘든 손실이 발생하게 됩니다. 그러므로 이사건 행정심판이 종결될 때까지 영업정지 처분의 효력을 정지하여 주시기 바랍니다.

증 거 서 류

1. 소 갑제1호증 : 행정처분 공문
1. 소 갑제2호증 : 영업허가증
1. 소 갑제3호증 : 사업자등록증
1. 소 갑제4호증 : 재판사건 진행 내용
1. 소 갑제5호증 : 주민등록등본

0000년 00월 00일

신청인 : ㈜ ○ ○ ○ ○ 대표 ○ ○ ○ (인)

○ ○ ○ **행정심판위원회 귀중**

부 록

1. 청원서 작성

1) 청원서 작성방법

○ 청원은 헌법 제26조에 명시된 국민의 권리로 국민은 법률에 정하는 바에 의하여 국가기관에 문서로 청원할 권리를 가지며, 국가는 청원에 대해 심사할 의무를 진다. 라고 명시하고 있다. 권리 구제는 물론 위법한 조항에 대한 시정요구, 기타 복리 증진을 요구하는 청원을 할 수 있다.

○ 그래서 국회에 대한 청원은 국회법에서, 지방의회에 대한 청원은 지방자치법에 그 밖에 청원은 청원법에 청구방법이 소개되어 있다. 참고로 국회에 제출하는 청원은 국회의원의 소개를 받아 청원을 제출하고, 지방의회에 대한 청원은 지방의원의 소개를 받아 청원을 제출한다. 이때 소개한 의원의 의견서를 첨부해야 한다.

○ 청원서 작성은 청원법에 규정된 서식에 따라 기본사항을 적고 내용은 별지에 기재하면 된다.

2) 청원서 작성사례

■ 청원법 시행규칙 [별지 제3호서식]

청 원 서

<table>
<tr>
<td rowspan="3">청원인</td>
<td colspan="2">성 명 : ○○○ 외 0명</td>
<td>생년월일 :
0000년 00월 00일</td>
</tr>
<tr>
<td colspan="3">주소 : 0000시 00구 00동 000-00 (00빌딩 0층)</td>
</tr>
<tr>
<td>전화번호 :
000-0000-0000</td>
<td>팩스번호</td>
<td>전자우편주소</td>
</tr>
<tr>
<td>청원기관</td>
<td colspan="3">0000시 의회</td>
</tr>
<tr>
<td>청원사항</td>
<td colspan="3">[　] 피해의 구제
[　] 공무원의 위법 · 부당한 행위에 대한 시정이나 징계의 요구
[v] 법률 · 명령 · 조례 · 규칙 등의 제정 · 개정 또는 폐지
[　] 공공의 제도 또는 시설의 운영
[　] 그 밖에 청원기관의 권한에 속하는 사항</td>
</tr>
<tr>
<td>청원내용</td>
<td colspan="3" style="text-align:center">별첨합니다</td>
</tr>
<tr>
<td>공개청원여부</td>
<td colspan="3">[v] 공 개 청 원　　　　　　[　] 비 공 개</td>
</tr>
</table>

위와 같이 청원합니다.

0000년 00월 00일

청원인　○○○ 외 0인 (명단 별첨)

(접수기관의 장)　　○○○○시 의회 의장 귀하

청원서 접수증

<table>
<tr>
<td>청원서 접수번호</td>
<td>청원인 성명</td>
</tr>
<tr>
<td>청원서 접수기관</td>
<td>접수자 성명</td>
</tr>
</table>

귀하의 청원서는 위와 같이 접수되었습니다.

년　　　　월　　　　일

접 수 기 관 장 　 직인

210㎜×297㎜[백상지(80g/㎡)]

청 원 서

피청원인 : 0000시 시의회 의장
청원인 : 0000시 00구 00동 000-00 (00빌딩 000호)
　　　　○○○ 외 0명 (명단 별첨)

청 구 취 지

저희 청원인들은 00구 00동 문화지구 안에서 ○○업종과 ○○업종에 종사하는 영업주입니다. 0000.00.00. 저희는 얼마 전, 귀 의회에 ○○업종과 ○○업종의 명의변경을 제한한 법령의 불합리에 대해 진정한 바 있으며, 귀 의회는 아래와 같이 회신하였습니다. 이에 관계되는 저희 영업주 일동은 사유재산권을 심히 제한하는 현행 조례는 위헌의 소지가 있음을 주장하며, 이의 개정을 요구하는 청원을 합니다.

청 구 이 유

1. 귀 의회의 진정서 회신내용입니다. (요약)

영업권의 명의 이전에 대하여는 지역 문화진흥법 제18조 3항, 같은 법 시행령 1항에 따라, 00동을 문화지구로 지정 보호하기 위해 0000.00.00. 0000시 문화지구관리 및 육성에 관한 조례를 제정하여 00동 문화지구 안에서 ○○업종과 ○○업종의 영업 신규허가를 제한할 수 있는 0000시 조례를 제정하고. 0000.00.00. 부터 신규허가뿐만 아니라 영업권을 양수하는 것까지 제한하고 있다. 이는 00동 문화지구 안의 문화예술 활동의 육성 보존을 위한 정책으로 자치법규 입법절차에 따라 이루어지는 제한사항임을 이해해 주시기 바란다.

2. 영업주 일동은 다음과 같이 청원합니다.

지역 문화진흥법 제00조 0항, 같은 법 시행령 제00조 0항에 근거, 0000시가 0000.00.00. 제정한 0000시 문화지구관리 및 육성에 관한 조례 제0조 0항에는 00동 문화지구에서 00 업종, 00 업종의 신규영업허가를 금지하였으며, 0000.00.00. 조례개정으로 신규영업 이외 영업권의 양도 양수까지 금지하였습니다.

○○○○○ **의장님**

행정목적을 위해 신규로 영업허가를 금지하는 것은 문제가 될 수 없습니다. 그러나 기존에 허가된 영업권까지 제한하는 것은 국민의 기본권을 침해하는 법령으로 위헌의 소지가 있습니다. 헌법 23조는 공공필요에 의한 재산권의 수용·사용 또는 제한 및 그에 대한 보상은 법률로써 하되 정당한 보상을 지급하여야 한다. 라고 명시하였습니다. 그러함에도 현재 조례는 행정 목적을 달성하려는 의도만을 우선하였지 저희 업종 종사자에 대한 재산권 제한으로 겪게 되는 손해에 대하여는 아무 대책이 없습니다.

이는 헌법상 보장된 국민의 재산권을 공권력으로 무작정 제한하고 있는 것으로 해석할 수밖에 없습니다. 그렇다면 이 조례는 위헌의 소지가 있다 할 것으로 0000.00.00. 개정된 0000시 문화지구 관리 및 육성에 관한 조례 부칙 0조는 위헌에 해당한다 할 것으로 0000.00.00. 당시의 조례 내용으로 개정하여 주실 것을 청원합니다. 끝

0000년 00월 00일

00동 문화지구 안 00 업종, 00 업종 업주 일동 (명단 붙임)
청원인 대표 : 0000시 00구 00동 000, ○○○

청원인 명단

업소명	대표자	주 소 / 영업소재지	생 년 월 일	연락처	서명 (인)
0000	○○○	00구 000동 00번지 000동 000호(00아파트)	0000년 00월 00일	000- 0000- 0000	
		00구 00동000-00 (00빌딩 지하1층)			
		(이하생략)			

2. 탄원서 작성

1) 탄원서 작성방법

탄원서는 개인이나 단체가 국가나 공공기관에 사정을 하소연하여 도와주기를 간절히 바라는 내용의 의사를 전달하는 문서이다. 주로 어떤 처분을 받은 이를 구제하기 위해 사용되며, 사법기관에는 형량감소나 가해자를 엄벌 처벌해 달라는 취지로 사용된다.

○ 특별히 규정된 서식은 없으며 기본적으로 피탄원인의 인적사항, 탄원취지, 탄원 이유로 구분하여 작성하고, 탄원 이유는 사실관계에 기초하여 객관적으로 기술하고 육하원칙에 맞게 핵심을 짚어 작성하여야 한다. 또한, 이를 뒷받침할 수 있는 증거자료를 첨부하면 더욱 효과적이다.

○ 탄원서는 공식적이고 의무적인 것이 아니다. 형사사건에서 선처를 바라거나, 상대를 엄하게 벌해 달라는 가 외적인 요구이기에 사실에 근거하여 진

정성 있게 작성하여야 한다. 근거 없는 상대방 비방은 오히려 역효과를 불러올 수 있다. 진정성과 신뢰감을 주는 잘 쓴 탄원서 한 장은 판사나 검사의 마음을 움직일 수 있어 형량 결정에 큰 도움을 받을 수 있다.

○ 탄원서 제출 시기는 될 수 있는 대로 빠르면 좋다. 판사나 검사가 처벌수위를 이미 결정하여 마음을 굳힌 다음에 접수되는 탄원서는 효과를 못 볼 수 있기 때문이다.

2) 탄원서 작성사례

탄 원 서

[피탄원인]

주　　소 : 000도 00시 0000로 00길 00

생년월일 : 0000.00.00　　　전화번호 : 000- 0000-0000

성　　명 : ○○○

[탄원인]

주　　소 : 000도 00시 000대로 00길 00

성　　명 : ○○○ 외 00명 (동료 개인택시 기사)

존경하는 ○○ 행정심판위원장님

탄원을 올리는 저희는 지난 00월 00일 교통사고를 내고 후속 조치를 제대로 하지 않고 자리를 떠나 특정범죄 가중처벌죄로 운전면허가 취소된 피탄원인 ○○○와 개인택시 봉사단에서 함께 봉사하고 있는 봉사 단원입니다.

저희는 ○○○의 운전면허가 취소된 후 국가 구제기관인 행정심판위원회에 취소된 운전면허 구제를 위해 행정심판을 청구한 사실을 알고 서로 많은 것을 알고 있는 저희 동료기사들이 ○○○에 대해 말씀드리고 선처를 바라는 마음으로 이 탄원서를 올립니다.

○○○에 대해 말씀 올리겠습니다. ○○○은 평소 근면하고 성실한 사람입니다. 집에서는 성실한 가장으로 만성 당뇨병으로 거동이 어려운 82세 모친을 극진히 부양하는 효자이며, 시각장애 1급으로 홀로 사는 친형을 부양하는 동생입니다.

또한 2년 전에는 운행 중 뒷좌석에 탄 노인이 목적지에 가기 전 중간지점에서 불안한 증세를 보이며 어눌한 말로 여기 세워달라고 하자 ㅇㅇㅇ은 손님이 건강에 갑자기 문제가 발생했음을 알아차리고 계속 말을 걸면서 병원으로 직행하여 응급실에 인계하고 가족에게 연락해준 다음 운행을 마치고 돌아온 적이 있었는데, 다음날 손님의 아들로부터 아버지가 갑자기 뇌출혈이 발생하였는데 병원에 급히 가지 않았다면 돌이킬 수 없는 상태가 될 뻔했다며 감사함을 표한 적이 있었습니다. ㅇㅇㅇ은 당일 정상적인 영업을 뒤로하고 한 사람의 생명을 지켜 준 선행이 알려져 모범기사로 선정되어 경찰서장 표창장을 받은 적도 있습니다.

ㅇㅇㅇ은 이번 교통사고 발생 이후 충분한 후속 조치를 하지 못한 것에 대해 지금도 눈물로 반성하고 그랬던 자신을 매일 자책하고 있습니다. 그리고 피해를 본 차주에게 합의 이후에도 수시로 찾아가 진심으로 사과하고 용서를 빌고 있습니다. 그리고 지금도 봉사단에 나와 궂은 봉사 일을 자청하고 있습니다. 저희 봉사단원들은 이런 ㅇㅇㅇ의 반성과 진심된 행동에 감화하여 도와야 한다는 마음의 일치로 행정심판위원회에 ㅇㅇㅇ의 운전면허구제를 간곡히 부탁드리고자 탄원서를 제출하기에 이르렀습니다. 부디 관용을 베풀어 주시어 앞으로 ㅇㅇㅇ이 사회에 감사하는 마음으로 살아갈 기회를 주시기를 간절히 호소드립니다.

끝으로 국민의 권익을 지켜 주시기 위해 항상 애써주시는 행정심판위원님과 공무원 여러분께 깊은 존경을 표합니다. 두서없는 글 읽어주시어 감사합니다. 건강하세요.
(모친 진단서, 형 진단서, 표창장사본, 최근 봉사 활동사진도 첨부합니다)

0000년 00월 00일

탄원인 ㅇㅇㅇ 외 00명 (붙임 명단)

ㅇㅇ 행정심판위원장님 귀하

3. 진정서 작성

1) 진정서 작성방법

○ 진정서는 행정기관이 위법 부당하거나 소극적인 처분으로 인해 권리침해 또는 부당한 경우를 당했을 경우나 행정업무에 관한 질의 또는 해석을 요구하는 경우, 사법기관에 억울함을 호소하거나 타인에 대하여 처벌을 요구하는 경우 등에 제출한다.

○ 공통된 서식은 없다. 경찰서 등에서 따로 정한 서식은 홈페이지에서 참고하면 된다. 진정인, 피진정인 인적사항은 가능한 한 상세하게 적고 진정서에서 가장 핵심적인 부분인 진정 취지와 진정내용 즉 어떤 이유로 진정을 하고 어떤 조치를 원하는지를 핵심을 짚어 작성하고 현재 진행되는 상황도 잘 서술한다. 특히 처벌을 요구하는 진정은 사실적 근거를 바탕으로 작성하고 사실을 뒷받침해줄 수 있는 증거자료나 참고자료를 첨부한다. 말미에 진정서를 작성한 날짜와 진정인의 성명에 날인 또는 서명한다.

2) 진정서 작성사례

진 정 서

(피진정인)

상 호 : 00도 00시장

주 소 : 00도 00시 000로 000-000 (00동)

(진정인)

상 호 : 주식회사 0000

주 소 : 0000시 00구 000로 000, 00층(00동, 00빌딩)

성 명 : 대표이사 ○○○   전화번호 : 000-0000-0000

진 정 요 지

지방자치단체인 00시가 진정인에게 사업승인과 실시계획을 해주는 조건으로 갑의 관점에서 위법부당하게 재량권을 남용함으로 진정인의 회사가 막대한 손실을 보고 어려움에 부닥친 상태입니다. 이에 국가기관인 00원에서 감사를 시행하여 잘못을 부분이 시정되도록 조치하여 주시기 바랍니다.

진 정 내 용

○○ 원장님께

깨끗하고 청렴한 국가기관의 파수꾼으로 국민의 삶을 향상시켜 주시는 00원 공무원 여러분께 먼저 감사를 드립니다. 진정인이 대표이사로 있는 ㈜ ○○○○ 종합건설은 ○○ 건설의 계열사(시행사)로 0000년 설립되어 국내 건설 분야에서 일익을 담당하는 중견 회사입니다.

가. 진정에 이르게 된 과정

1) 진정인 회사는 00도 00시가 0000년 0월 00도 00시 00동 000-0번지 일원을 제2종 일반주거지로 도시계획변경 공람 공고하여 아파트 건설을 목적으로 000억 원을 투자하여 토지를 매입하였습니다. 그러나 00시의 도시계획변경 지연으로 토지 매입 후 0년이 지난 0000년 00월에 되어서야 주택건설 사업계획승인을 받았습니다.

2) 그러나 사업을 추진하는 과정에 사업승인자 00시는 하루빨리 사업승인을 받아야 하는 진정인 회사에 사업승인 권한을 이용하여 과도한 기부채납을 부담시켰습니다. 그리고 사업승인에 00시가 부담해야 할 토지보상비 000,000만 원을 진정인 회사에 부담시켰습니다. 계속되는 00시의 횡포에 눈덩이처럼 부푼 재정적 손해로 인해 회사가 재정적인 위기에 처했습니다.

나. 구체적인 손실 발생 내용입니다.

1) 00시가 도시계획변경지연으로 발생한 회사의 손실

① 진정인 회사는 0000.00.00. 00시가 사업부지 일원을 제2종 일반주거지역으로 도시계획변경 공람공고 함에 따라 사업부지를 약 000억에 매입하였습니다. 그러나 도시계획변경이 지연되어 0000.00월에야 완료됨에 0년 동안의 금융비용 상승, 기부채납면적의 증가, 주택사업경기의 침체 여건 변화로 회사는 막대한 재정적 손실을 보게 되었습니다.

② 00시는 토지취득비용에 금융비용이 빠졌다 하여 취·등록세 약 0.0억 원 추징하고, 하수도부담금 조례변경 등, 각종 부담금 약 00억 원을 추가로 내게 함으로 재정적 부담이 가중되었습니다.

2) 00시의 부당한 주택건설 사업계획승인조건

① 00시는 주택건설 사업계획을 승인해 주면서, 주택건설 사업승인조건 제31
호 나항에, 사업부지 및 주변 지역에 설치하고자 하는 도시계획시설(도로,
공원 완충 지역)은, 국토의 계획 및 이용에 관한 법률 제99조에 따른 실시
계획 인가를 득하고 준공검사를 받아야 하며, 사업 완료 후 같은 법 제99
조에 따른 공동주택 입주 전 00시로 기부채납(무상귀속)하도록 조건을 달
았으며

② 사업승인조건 제46항에서, 대(보) 0-00선에 중 사업부지 남측에 있는 00동
000번지 일원의 사거리까지 도로를 연장 개설하여야 한다는 조건으로 주
택건설사업계획을 승인했습니다.

다. 00시는 아래와 같이 재량권을 남용한 부당함이 있습니다.

1) 00시는 주택건설사업계획 승인 시 사업부지의 약 00%를 도로, 공원, 완충녹
지로 기부채납을 하도록 하였는데 사업승인을 이용한 착취나 다름없습니다.
국토교통부는 공동주택사업 시 기부채납비율을 사업부지의 최대 00%를 초
과하지 않도록 하는 운영기준이 있으며, 공원 용지는 도시공원 및 녹지 등에
관 법률 및 시행규칙 별표2에 의하여 가구당 3㎡이므로 0,000㎡(0,000세대
×0㎡)이면 됩니다. 그러나 실제는 0,000㎡를 부담하게 하여 0,000㎡가 과
다하게 기부채납되었습니다.

2) 그리고 사업부지 서측 도로는 00시도 00호선 내의 대(보) 0-00호의 도시계
획도로이므로 주택법 시행령 제42조(주택단지의 구분되는 도로) 2항 도로법
에 따른 일반국도. 특별시. 광역시 또는 지방도에 의하여 기간도로이므로 이
는 기부채납대상이 아닙니다.

3) 그리고 애초 00시는 사업승인조건 제46항에 사업부지 남쪽에 있는 000, 000번지 일원의 토지보상 절차는 00시가 실시한다고 하였다가 실시계획인 가 시 재정상의 여건이 지난하다고 하며 토지보상을 진정인 회사에게 하라 하면서 도로, 공원에 대한 실시계획인가를 차일피일 미루어 아파트 준공이 지연되면 입주 지연에 따른 지연배상금을 입주자에게 지급해야 하는 상황에 서 울며겨자먹기식으로 00시의 요구대로 2차에 걸쳐 0,000,000,000원을 납부 예치하였지만, 이는 갑의 월권에 의한 반강제적인 동의로 납부된 토지 보상금으로 이는 반환되어야 합니다.

4) 또한 (보) 0-00호선은 00시가 시도 00호선 도로를 실시 계획한 도시계획도 로로서, 진정인 회사 사업 지구가 아니고, ○○ 공사가 기반시설 부담(약 0백 억) 하여 실시한 도시계획도로이므로 00시가 책임지고 사업해야 할 구간입 니다. 그러함에도 청구인 회사에게 도로개설을 부담시킨 것은 권한을 이용한 행정청의 횡포입니다.

라. 결론

진정인 회사는 0000년 00시의 도시계획변경 공고 후 아파트 건설을 위해 000억 원의 토지매수비가 투자된 후, 0000.00월에야 도시계획 결정이 되어 0년 동안 의 금융비용 발생, 주택사업경기 침체 등으로 많은 재정적 손실이 발생하였습니 다. 특히 사업승인을 조건으로 과도하게 적용된 기부채납(도시계획도로, 공원, 완충 지역) 및 각종 부담금으로 인하여 엄청난 사업비가 투자됨으로써 진정인 회 사는 최악의 경영난으로 회사의 존립위기를 맞고 있는 것입니다.

존경하는 ○○원장님!

회사가 이렇게 위기에 처하게 된 원인은 00시가 사업승인과 실시계획을 조건으로 갑의 처지에서 위법부당하게 재량권을 남용함으로 발생한 것입니다. 000에서 00시가 재량권을 남용함으로써 한 회사가 경제적 위기에까지 처하게 된 사유를 감사를 통해 밝혀주시고 위법부당한 부문에 대하여 시정되도록 조치하여 주시기 바랍니다.

첨 부 서 류

(1 ~10 첨부서류 내용 기재생략)

0000년 00월 00일

위 진정인 : ㈜ ○ ○ ○ ○ 대표이사 ○ ○ ○ (인)

○ ○ ○ **귀하**

4. 반성문 작성

1) 반성문 작성방법

○ 반성문은 이름 그대로 반성하는 글이다. 그래서 반성의 마음이 잘 전달되기 위해서는 정성이 요구된다. 반성문은 잘못을 돌이켜 보면서 반성의 마음을 글에 담는 것으로, 자신이 무엇을 어떻게 잘못 했는지, 이미 잘못 벌어진 상황을 어떻게 수습할 것인지, 다시는 이런 실수를 하지 않기 위해 어떤 각오로 임할 것인지에 대해 솔직히 밝히고 앞으로의 다짐도 적어야 한다. 그래야 반성문을 대하는 상대(검사, 판사, 선생님 등)의 마음을 움직여 용서의 마음이 생길 수 있다.

○ 참고할 것은 반성에 대해 중언부언하거나, 뻔한 변명 조의 문구를 반복하며 선처만을 요구한다면 도움이 되지 못한다. 반성문 마지막 부분에 봉사활동이나 기부를 통해 사회에 이바지한 실적 또는 표창장 등을 첨부하면 도움이 되며, 신변의 어려운 사정을 잘 호소할 경우 정상참작을 받을 수 있다. 글 작성은 가능한 성의를 보이기 위해 자필로 또박또박 쓰는 것이 좋다,

2) 반성문 작성사례

반 성 문

성 명 : ○ ○ ○

생년월일 : 0000년 00월 00일

주 소 : 00도 00시 00로 00-0, 0동 000호

전화번호 : 000-0000-0000

운영식당 : 0000 (00도 00시 000로 00(00동, 00빌딩)

존경하는 ○ ○ ○ 검사님

추운 날씨에 공무에 수고하시는 검사님 감사합니다. 저는 00동에서 제 큰아들
(·○ ○ ○, 00세)과 함께 ○ ○ ○ 치킨 통닭집을 운영하는 영업주 ○ ○ ○입니다.

지난 00월 00일 제 식당에서 발생한 청소년 주류제공에 대해 말씀 올립니다. 평
상시처럼 저는 주방에서 일하고 아들은 홀에서 서빙 일을 하는 있는 오후 7시경
여자 손님 2명이 들어 왔습니다. 아들이 보니 손님 2명 중 1명은 자주 오는 대학
생 단골손님이고 1명은 처음이기에 1명에게 신분을 보자고 하니 단골손님이 우
리 고등학교 친구인데 미성년자 아니니 걱정하지 마세요. 라고 하는 말에, 아들
은 단골손님이 성인이니까 친구도 성인이겠지 하는 생각에 나이확인을 하지 않
고 술을 제공하였습니다. 그런데 나중에 경찰관이 청소년신고를 받고 출동하여
확인하니 친구라는 1명이 청소년이었습니다. 그래서 영업주이며 아버지인 제가
청소년 보호법 위반으로 조사를 받았습니다.

1년 전 제 아들이 저를 도우며 식당일도 배우겠다고 했을 때, 아들에게 제일 먼저
교육한 것이 미성년자 술 제공 시 발생 되는 문제점과 예방 방법이었습니다. 나

이 어려 보이면 예외를 두지 말고 원칙대로 신분증을 통해 나이를 확인하도록 하였습니다. 그리고 지난 1년 동안 원칙대로 잘해주어 아무 사고 없이 영업했었는데 이번 방심하여 큰 실수를 했습니다.

제가 좀 더 챙기면서 영업했더라면 이번 사고를 예방할 수 있었는데 그렇지 못하여 죄송합니다. 아들도 자신이 경솔하여 미성년자에게 술이 제공된 것이라며 많이 자책하고 반성하고 있습니다. 그래서 앞으로라도 실수하지 말자는 뜻에서 "어려 보이면 무조건 나이확인 잘 하자" 라는 문구를 냉장고와 계산대에 붙였고 순간순간 글을 보며 조심하면서 영업하고 있습니다.

검사님 미성년자에게 술이 제공되면 처벌이 따른다는 사실을 잘 알고 있습니다. 그래서 앞으로 어떤 처벌이 따를까 하는 걱정으로 구청에 문의해보니 곧 있을 처벌은 검사님의 처분 결과에 따라 처벌수위가 결정될 거라고 했습니다.

검사님 도와주세요. 식당운영은 제 가족의 유일한 생계수단입니다. 영업정지로 문을 닫으면 임대료를 감당하며 살아갈 방도가 없습니다. 부디 식당 문만은 닫지 않도록 관용을 베풀어 주시기 바랍니다.

개인적인 어려움을 아룁니다. 가족은 아내와는 오래전에 이혼하고 아들 둘과 살고 있습니다. 현재 큰아들은 식당영업을 돕고 있고 작은아들은 고등학생입니다. 저는 식당영업 이전에는 신발가게를 하였는데 그때 잘못되어 부채만 남게 되었습니다. 그래서 마지막이라는 각오로 전셋집을 줄여 이사하면서 차액으로 현재의 식당을 차려 영업하였는데 예상치도 못한 코로나 발생으로 영업이 안 되어 운영비 충당을 위해 영업자 대출 5천만 원을 받았습니다. 앞으로 영업하면서 갚아야 합니다. 어려운 말씀만 드려 죄송합니다.

검사님 다시 한번 저와 저의 자식의 과실에 대해 사죄드리고 앞으로 잘하겠다는 약속을 드립니다. 부족한 저의 반성문을 끝까지 읽어 주시어 감사합니다. 안녕히 계십시오.

(참고되시도록 주민등록등본, 원룸계약서, 은행대출확인서, 신용회복서류를 첨부합니다)

0000년 00월 00일.

○ ○ ○ 드림 (인)

○ ○ ○ 검사님 귀하

5. 국민권익위원회 고충민원

1) 고충민원 개요

행정기관 등의 위법 부당하거나 소극적인 처분, 불합리한 행정제도로 인하여 국민의 권리를 침해하거나 불편·부담을 주는 사항에 관한 민원을 의미한다.

2) 고충민원 작성방법

신청내용은 육하원칙에 따라 사실관계를 중심으로 정확하게 작성하고, 관련 증빙자료(문서·사진 등)가 있는 경우 첨부하여 신청한다.

3) 고충민원 신청방법

□ 국민권익위원회 싸이트(https://www.acrc.go.kr/)
□ 우편신청((30102) 세종특별자치시 도움5로 20, 국민권익위원회
□ 팩스신청(팩스 번호 044-200-7971)
□ 직접방문 신청「국민권익위원회(세종시)」
□ 정부합동민원센터「서울 외교부 건물1층」

4) 신청서 작성사례

[별지 제2호서식]

고충민원 신청서

① 신청인 성 명 : ○○○ 외 명

　　　　　주 소 : 0000시 00구 0000로 00길 00

　　　　　전 화 : 000-0000-0000 (이동전화)

② 대표자 성 명 :

　(대리인) 주 소 :

　　　　　전 화 :　　　　　　　(이동전화)

　　　　　신청인과의 관계

③ 피신청인 기관명 : 000도 00군수

　주 소 : 000도 000면 000로 00길00

④ 민원제목 : 소하천 편입토지보상실시 이행촉구

⑤ 민원내용 : 별첨합니다.

⑥ 기타 참고사항

　가. 소송 또는 다른 불복구제절차의 신청유무 :

　나. 증거 · 참고자료 기타 조사방법에 관한 의견 :

⑦ 처리결과 통보방식

　서신 [V], 전자우편 [　], 휴대전화 문자메세지 [　]

⑧ 개인정보공개 : 동의 [V], 부동의 [　]

0000년 00월 00일

신청인 : ○○○ (서명 또는 인)

국민권익위원회 귀하

신 청 요 지

민원인 소유토지 000도 00군 00면 00리 000-0 토지(답) 000㎡가, 0000.0월 홍수로 인한 하천범람으로 민원인 토지가 유실되어 00 군이 관리하는 ○○ 하천에 편입되어 이에 대한 보상을 요구하였으나 00 군은 미불 용지 운운하며 보상을 하지 않고 있습니다. 국민권익위원회에서 사실을 조사하여 보상토록 권고하여 주시기 바랍니다.

신 청 내 용

1. 민원개요

가. 민원인이 소유하고 있는 000도 00군 00하면 00리 000-0 토지(답) 000㎡는 0000.0월 홍수로 인해 하천이 범람하여 토지(답)가 유실되면서 소하천으로 편입되었습니다. 그래서 하천으로 편입된 토지에 대해 손실 보상을 청구하였으나, 00 군청은『소하천 정비법』제8조(소하천정비시행계획의 수립)에 근거 시행된 소하천정비사업에 따라 소하천 편입토지 보상절차를 진행하고 있으나, 민원인의 토지는 현재 00하천 정비사업 구역에 편입은 되나『공익사업을 위한 토지 등의 취득 및 취득 및 보상에 관한 법률 시행규칙』제25조(미지급용지의 평가)의 미불용지에 해당하지 않아, 추후 00하천 정비사업 진행 시 보상이 진행될 수 있다는 막연한 통보만 한 후 수년이 지났습니다.

2. 민원인 주장

가. 『공익사업을 위한 토지 등의 취득 및 보상에 관한 법률』에는 사유재산이 손실되거나 수용으로 사용이 제한된다면 그 피해를 본 당사자에게 손실을 정당하게 보상해 줘야 한다고 규정이 있습니다.

나. 『소하천 정비법』제12조(토지 등의 수용) 제①②③ 각항 ②항의 제8조 제2항은 시행계획이 공고되면『공익사업을 위한 토지 등의 취득 및 보상에 관한 법

률』제20조 제1항에 따른 사업인정 및 고시가 있는 것으로 보며, (이하생략) 제③항은 제1항에 따른 수용 또는 사용에 관해서는 이 법에 특별한 규정이 있는 경우를 제외하고는『공익사업을 위한 토지 등의 취득 및 보상에 관한 법률』을 준용한다. 라고 규정되어, 달리 특별한 규정이 없는 한『소하천 정비법 제24조(공용부담 등으로 인한 손실 보상)』의가 손실을 보상하여야 한다. (증 제9호)라고 규정하고 있다. 그렇다면 즉시 보상에 착수해야 합니다.

3. 국민권익위원회에 바랍니다.

가. 이 건 민원인의 토지(답)는 하천유실로 소멸되어 토지의 고유 기능인 농작물 재배가 불가능합니다. 사유토지가 하천관리 소홀로 유실되었다면 하천 관리 청이 조속히 피해 규모를 파악하여 적절한 대책을 수립하여야 함에도, 00군 청은 미불용지에 해당하지 않는다는 이유를 들어 보상을 하지 않고 있습니다. 이는『공익사업을 위한 토지 등의 취득 및 보상에 관한 법률』과『소하천 정비법 제24조』의 강행규정을 위반한 것으로 이는 직무유기이며 재량권을 남용하는 것입니다.

나. 국민권익위원회에서 위 토지가 하천에 편입된 경위와 관계법령에 의거 정당 한 보상을 하여야 함에도 보상을 하지 않는 군청의 부당한 행정행위에 대해 조사를 해주시어 조속한 보상이 되도록 권고하여 주시기 바랍니다.

입 증 서 류

(입증서류 1~9 내용 기재생략)

0000년 00월 00일.

민원인 : ○ ○ ○ (인)

국민권익위원회 귀중

6. 녹취록 작성방법과 사례

1) 녹취록 작성방법

○ 녹취록이란 후에 재생할 목적으로 취해둔 음성이나 화상 따위를 법정에 내거나 자료로 보관하기 위하여 녹취록이란 제목으로 작성한 문서다.

○ 녹취는 상대방의 대화를 녹음하는 것으로 위 행위가 불법이 되지 않을까 하는 불안이 있다. 여기에 대해 통신비밀 보호법은 다음과 같이 정의하고 있다. 「통신비밀 보호법 제14조(타인의 대화 비밀 침해금지) : 누구든지 공개되지 아니한 타인 간의 대화를 녹음하거나 전자장치 또는 기계적 수단을 이용하여 청취할 수 없다.」
그런데 이 법 조항은 잘못 해석하여 오해가 있을 수 있어 정리해 본다. "공개되지 않은 타인 간의 대화를 녹음하는 것은 대화 참가자 이외의 타인이 녹음하는 것을 뜻하는 것으로, 여기에서 녹음은 불법도청으로 처벌의 대상이 된다.
한편 이 법 조항을 달리 해석하면, 대화 당사자 간에 자신이 대화자로 참여했을 때는 공개된 대화에 해당함으로 상대방의 동의 없이도 녹음할 수 있어 불법도청이 아니다.

○ 녹취록 작성은 법에 작성 권한이 있는 자가 할 수 있다. 행정사는 녹취록 작성(행정사법 제2조)과 작성된 녹취록에 대한 사실확인 증명서(행정사법 제20조)를 발급할 수 있는 권한이 행정사법에 부여되어 있다.
따라서 행정사는 다른 사람으로부터 위임을 받아 녹취록을 작성하고 자신이 그 녹취록을 작성하였다는 내용의 '사실확인증명서'를 발급하여 녹취록에 첨부함으로써 별도의 공증절차를 거치지 않아도 행정기관이나 사법기관에서 증거력을 인정받을 수 있다.

○ 녹취록 작성에서 유의할 것은 녹취파일을 수차례 반복해서 청취하여 들리는 내용 그대로 정확하게 작성하는 것이 핵심이다. 잘 들리지 않은 대화 내용을 추정하여 작성해서는 안 되고, 청취 불능 부분은 그대로 표시를 해서 작성해야 한다.

2) 녹취록 작성사례

녹 취 록

1. 녹음장소	김○○ 영업장 (0000시 00구 00동00번길 00)	
2. 녹음시간	0000.00.00. 00시 00분	
3. 대화자	김 ○ ○ 강 ○ ○	
4. 발행일시	0000년 00월 00일	5. 의뢰형식
		휴대폰파일

※ 註, "(…)"은 정확한 청취가 어려운 부분임

※ 본, 녹취록의 녹음일시, 장소, 대화자 및 중략 설정은 의뢰인이 정하였고, 지방색에 따라 사투리의 표현이나 녹음청취의 미미로 인하여 표기에 오류가 있을 수도 있음.

※ 이 기록은 녹음파일의 내용과 상위 없음을 증명함.

○○ 행정사사무소 행정사 : ○ ○ ○ (인)

(행정사 자격증 번호 : 00000000)

녹 취 록

통화일시 : 0000년 00월 00일. 00시 00분

녹음방법 : 핸드폰으로 녹음 (녹음자 : 김 ○○)

통 화 자 : 김 ○○   강 ○○

파 일 명 : 000000-000000 m&s

파일길이 : 00 : 10 : 00 (10분)

김○○ : 여보세요

강○○ : 안녕하세요, ○○구청 ○○○○과 ○○○입니다.

김○○ : 안녕하세요. 예 예

강○○ : 전화 주셨다 해서요.

김○○ : 어저께 그저께 전화했었죠. ○○식당예요.

강○○ : 네 네

김○○ : 혹시 경찰서에서 연락 왔었나 싶어가지고요.

강○○ : 경찰에서요? 아니요. 연락 온 게 없어요.

김○○ : 없어요?

강○○ : 예

김○○ : 혹시 병합처분 그건 어떻게 돼는 건지

강○○ : 병합처분으로 가야 할 것 같아요. 근데

김○○ : 예 예

강○○ : 지금 아무것도 내려온 게 없기 때문에 애매 한게요.

　　　　일단은 저는 저대로 처분은 진행하긴 해야 해요.

김○○ : 예

강○○ : 근데 문제는 이게 병합처분이 되려면 저한테 행정처분하라고 공문이 내
　　　　려와야 하는데 그게 공문이 안 내려왔잖아요.

김○○ : 아 내려와야지 병합처분이 가능한 겁니까 병합 처분이?

강○○ : 그렇죠, 이렇게 아무것도. 그냥 선생님이 위반했다는 사실만으로는 못
　　　　하고요. 그래서 경찰한테 저한테 그 행정처분 의뢰공문이 와야지 처분
　　　　할 수 있어요.

김○○ : 예~

강○○ : 일단은 어쨌든 이번 주 금요일까지는 의견제출 기간 드렸으니 일단은
　　　　제가 말씀하신 의견은 무조건 제출하시고요,

　　　　(이하 녹음 내용 기재생략)

제 2024-00 호

사실확인증명서

신청인	성 명	○○○
	생년월일	0000년 00월 00일
	주 소	0000시 00구 00로 00-0
사실 확인 내용		신청인이 신청한 핸드폰 아래 녹취파일에 대해 사실대로 별첨과 같이 녹취하였기 확인합니다. • 통화일시 : 0000년 00월 00일. 00시 00분 • 녹음방법 : 핸드폰으로 녹음 (녹음자 : 김○○) • 통 화 자 : 김 ○○, 강 ○○ • 파 일 명 : 00000000 m&s • 파일길이 : 00 : 00 : 00 (10분)
용도		행정심판 제출

위 사실 확인 내용은 신청인 000의 0000년 00월 00일 위임에 의하여

0000.00.00부터 0000.00.00까지 본인이 처리하였으며,

이에 대한 사실이 틀림없음을 증명합니다.

0000년 00월 00일

행정사 ○ ○ ○ (인)

210mm×297mm(일반용지 60g/㎡(재활용품))

7. 행정사 창업 초기 영업전략

1) 업무 분야에 전문가가 되도록 학습하자

분야 업무에 대해, 관계 법률, 판례, 성공사례 등을 전문가 수준까지 학습하고, 업종별 매뉴얼을 만들어 사건 상담에 활용하자.

2) 초기 1~2년 사무실 임대료를 줄이자

수입이 적은 초창기에 사무실 임대료 해결은 큰 현안이며 문제다. 초창기는 수입이 적기 때문에 임대료를 줄여야 부담 없이 일할 수 있다.

임대료를 줄이는 방법은 합동사무실이나 소호사무실을 이용하면 독립사무실 임대료보다 임대료를 2/1에서 3/1로 줄일 수 있다. 합동사무소는 임대료를 나눠 내는 이점도 있지만, 동료 간 서로 업무에 관한 정보를 교환하는 장점이 있다. 소호사무실은 면적은 적지만 위치가 도심지에 있어 접근성이 좋고 공동이지만 상담실과 휴게실을 이용하는 장점이 있다.

집 주소로 사무실을 개업하는 것은 임대료는 제로이지만, 그 대신 불이익도 감수해야 한다. 사건의뢰인은 상담하는 과정에 사무실 위치를 묻게 마련인데, 이때 사무실이 집이라고 하면 신뢰가 떨어져 사건 수임을 꺼리는 게 사실이다.

3) 상담 온 고객을 놓치지 않는 것이 최고의 영업전략이다

사무실 운영을 잘하고 못하는 것은 상담 온 고객을 놓치지 않고 사건을 수임하는 것이다. 그러기 위해서는 상담을 잘해야 하고 상담을 잘하기 위해서는 전문가로서 자신 있게 상담하여 고객에게 신뢰감을 주어야 한다. 상담 시 사건별 매뉴얼을 활용하면 도움이 된다.

고객과 상담방법은 우선 사건 발생 경위를 육하원칙에 따라묻고 상담내용을 메모하거나 녹음해야 한다. 상담 시 사건의 성격에 따라 초동단계(경찰, 검찰 조사)에서 어떻게 대처할 것인지, 사건에 도움이 될 준비서류가 무엇인지, 행정처분이 나오기까지 진행절차, 행정심판이 청구된 후 재결되기까지의 진행 과정을 일목요연하게 설명해주는 재치가 필요하다. 이렇게 자신 있고 친절하게 설명해주면 고객에게 신뢰감을 주기 때문에 수임확률이 높아질 수밖에 없다.

4) 영업의 성패는 홍보(광고)가 좌우한다

(1) 광고의 효과

아무리 경험과 전문 지식이 많고, 사건 성공률이 높은 행정사라도 자신을 알리지 못한다면 그 명성은 무용지물이 되고 만다. 한편 개업한 지 얼마 안 되는 초보 행정사가 비싼 광고비를 지급하며 자신이 이 분야전문가라고 적극적으로 광고한다면 광고 효과는 바로 나타날 것이다. 그러나 이런 광고는 수익보다는 지출이 많아 오래 버틸 수가 없다. 그래서 저자는 광고비용이 전혀 안 들어가면서 신뢰성 면에서 다른 광고보다 우위로 인정받는 블로그 광고를 적극적으로 추천한다.

(2) 블로그관리와 광고

저자가 블로그 광고를 추천하는 이유는 현업행정사 시절 블로그 광고 덕분에 전국적으로 사건을 수임할 수 있는 기반을 마련한 경험이 있었기 때문이다. 개업 당시만 해도 저자는 관리하는 블로그가 있었음에도 활용방법을 잘 몰라 사무실 홈페이지를 도메인으로 개설하고, 업무광고는 광고료를 지불하고 네이버 파워링크를 이용했었다.

그러다가 언젠가 블로그 강의를 받고 나서야 다양한 블로그의 활용도를 알게 되어 기존 도메인 홈페이지를 폐쇄하고 블로그를 사무실 홈페이지로 활용하면서 본격적으로 블로그 키우기 작전에 돌입하였다. 초창기 블로그 누적방문객은 30만 명이었으나 3년 차 이후부터 방문객이 서서히 늘기 시작하여 1년 방문객이 70만으로 증가하였다. 그때부터 블로그 광고의 효과가 서서히 나타났다. 참고로 현재 누적방문객이 600만 명이 넘는다.

블로그 방문객을 많이 유입할 수 있었던 저자의 방법을 소개한다. 통상 행정사들의 블로그 콘텐츠는 행정 분야를 벗어나지 않는다. 그래서 블로그 방문객이 일정 수에 그치기 때문에 이런 블로그는 성장에 한계가 있다. 방문객 수를 올리는 저자의 방법은 간단하다. 콘텐츠는 행정에 관한 글을 우선했지만, 이외 불특정다수의 사람들이 검색할 만한 내용이라면 주제를 가리지 않고 포스팅했다. 저자의 경우는 역사문화, 전통음식, 건강, 여행, 관광, 전통시장 소개에까지 영역 넓혔다. 이런 경우 블로그의 정체성이 없지 않겠냐고 생각할 수 있지만, 블로그를 키우는 전략이라면 그런 것은 중요하지 않다. 이렇게 약 3년 집중하다 보면 일일 방문객이 놀랄 만큼 증가하고, 블로그 평균 데이터가 상위권으로 진입하게 된다.

그때부터는 영업 관련 인기키워드를 넣어 광고 글을 포스팅하면 VIEW 상단에 글이 노출된다. 온라인의 힘은 대단하다. 저자의 경우 광고 글이 상위권에 노출되는 순간 서울, 경기. 부산, 제주, 거제에 이르기까지 전국적으로 상담 전화가 걸려왔다. 저자는 이때부터 자칭 전국구행정사가 되어 은퇴할 때까지 안정적으로 사무실을 운영할 수 있었다.

5) 사건 발생 이후 초동대처가 중요하다

사건이 발생하면 초동단계인 경찰이나 검찰 조사단계에서 신속하게 잘 대처하는 것이 정말 중요하다. 유리한 증거자료, 목격자 진술, 반성문, 탄원서 등을 적기에 활용하여 잘 대처하는 경우 의외로 검찰에서 기소유예처분이나 혐의없음으로 사건이 종결되는 사례가 적지 않다.

이런 경우, 대부분 고객은 이 정도면 된 것 같으니 사건 진행을 종결하자고 한다. 행정사로서는 행정심판까지 갈 필요가 없어져 일 량이 줄어들뿐더러 계약에 없던 성공보수금도 받기도 한다. 최선을 다한 대가다.

6) 신규상담 건수의 약 25%는 소개받고 전화 온 고객이다. 적정한 수임료와 최선의 서비스는 길게 보는 영업자산이다

저자는 개업 3년 차부터 모르는 고객에게서 상담 전화가 오면 저를 어떻게 알고 전화했는지를 물었다. 그리고 유입경로를 기록하여 연말에 그 수를 통계해 보았는데 신규상담 고객의 약 25%가 저자에게 민원사건을 맡겼던 기존 고객으로부터 소개받은 동종의 영업주로 나타났다. 예상 밖의 고객이 소개를 통해 유입된 것으로 큰 소득이었다. 그 이유를 분석한다면 첫째 적정한 수임료를 받았고 둘째 사건의뢰인에게 초동단계부터 끝날 때까지 고객의 위치에서 최선을 다해준 결과라 생각한다.

☑ 저자 약력

■ 이경열

- 서울특별시 인재개발원(은퇴자 교육반) (전) 강사
- 종로 행정사사무소(전) 대표(2010년~2022년)
- (상훈) 대통령 표창, 녹조근정훈장
- 블로그 방문객 1,000만 명 돌파를 위한 열심 블로거
  http// blog.naver.com/lky94312

〈행정경력〉
- 정부합동민원실(대통령 비서실 민원처리반)
- 국무총리 직속 국민고충처리위원회(조사관)
- 서울특별시청(도로국, 문화관광국, 환경관리실)
- 호주 NSW 주(서울특별시 자매도시) 주재관

사건 · 사례 중심 **행정심판**

1판 1쇄 발행 2024년 5월 20일

저자 이 경 열
발행인 김 용 성
발행처 법률출판사

주소 서울특별시 동대문구 휘경로 2길3. 4층
전화 02) 962-9154
팩스 02) 962-9156
전자우편 lawnbook@hanmail.net
등록번호 제1-1982호

ISBN 978-89-5821-435-9   03360
정가 20,000원

Copyright ⓒ 2024
본서의 무단전재와 복제를 금합니다.